察颜观色看羊病

主　编

邓先德　赵远良

副主编

李　涛　孙家玉　夏翠梅

吕孟新　陶金林　陈文武

编著者

王　军　王建江　王　超　王建成

王　霞　马新安　马忠民　毛广文

刘国庆　刘　晓　赵义龙　苏占江

李　军　冯贵喜　郑建立　张新军

杨光泽　陈　荣　陈耸岭　杨　芳

陈鲁彧　韩　刚　侯　群　秦允刚

蔡国宝　蒋　涛　蒋新环　董嘉益

金盾出版社

内容提要

本书将主要临床症状相类似的羊病归纳总结，从类症鉴别方面给予简述，并介绍了常见羊病的防治措施。主要内容包括：羊消化系统、呼吸系统、循环系统、泌尿生殖系统等类症疾病速诊要点以及羊常见传染病、寄生虫病和内科病、中毒病、产科病、外科病的防治技术。本书内容实用，文字通俗易懂，对新近从事养羊行业的人士、畜牧兽医工作者、缺乏系统理论学习的一线养殖人员、基层兽医以及初出学校从事临床工作的兽医人员，具有较强的实用和参考价值。

图书在版编目(CIP)数据

察颜观色看羊病/邓先德，赵远良主编．—北京：金盾出版社，2015.12

ISBN 978-7-5186-0403-6

Ⅰ.①察… Ⅱ.①邓…②赵… Ⅲ.①羊病—防治 Ⅳ.①S858.26

中国版本图书馆 CIP 数据核字(2015)第 161854 号

金盾出版社出版、总发行

北京太平路 5 号(地铁万寿路站往南)

邮政编码：100036 电话：68214039 83219215

传真：68276683 网址：www.jdcbs.cn

封面印刷：北京印刷一厂

正文印刷：北京万博诚印刷有限公司

装订：北京万博诚印刷有限公司

各地新华书店经销

开本：850×1168 1/32 印张：9 字数：215 千字

2015 年 12 月第 1 版第 1 次印刷

印数：1～5 000 册 定价：25.00 元

前　言

疾病的症状很多，同一疾病可能有不同的症状，不同的疾病又可有某些相同的症状。本书的主要特点是将看得见、摸得着的主要临床症状相类似的羊病归纳总结，从类症症状鉴别方面给予简述，并介绍了一些常见羊病的预防措施和治疗方法。本书内容实用，文字通俗易懂，对新近从事养羊行业的人士、畜牧兽医工作者、缺乏系统理论学习的一线养殖工人、基层兽医以及初出学校从事临床工作的兽医人员，具有较强的实用和参考价值。

本书在编写过程中，使用了有关专家、学者撰写的文献，在此表示诚挚的感谢。

由于笔者水平有限，加之编写时间紧迫，书中错误、遗漏之处在所难免，敬请广大读者批评指正。

编著者

目录

第一章　羊类症疾病速诊…………………………………………（1）

第一节　表现突然死亡症状类症疾病速诊……………………（1）

第二节　消化系统类症疾病速诊………………………………（4）

流涎…………………………………………………………（4）

舌麻痹………………………………………………………（8）

口腔黏膜水疱、溃疡、坏死…………………………………（9）

牙关紧闭 ……………………………………………………（10）

吞咽困难 ……………………………………………………（11）

腹围膨大 ……………………………………………………（13）

腹痛 …………………………………………………………（16）

腹泻且发热 …………………………………………………（19）

腹泻但不发热 ………………………………………………（22）

异食癖 ………………………………………………………（26）

呕吐 …………………………………………………………（27）

第三节　呼吸系统类症疾病速诊 ………………………………（28）

鼻流血或鼻液中混有血液 …………………………………（28）

咳嗽 …………………………………………………………（29）

流鼻液但不发热 ……………………………………………（30）

流鼻液且发热 ………………………………………………（31）

呼吸急迫、困难但不发热……………………………………（34）

呼吸急迫、困难并伴随发热…………………………………（36）

呼出气味发臭 …………………………………………… (39)
第四节 泌尿生殖系统类症疾病速诊 ……………………… (39)
尿闭、排尿疼痛 ………………………………………… (39)
尿频 …………………………………………………… (41)
尿失禁 ………………………………………………… (41)
血尿 …………………………………………………… (42)
酮尿 …………………………………………………… (44)
睾丸肿大 ……………………………………………… (45)
流产 …………………………………………………… (45)
第五节 神经系统类症疾病速诊 ………………………… (48)
头向一侧偏斜或做转圈运动 ………………………… (48)
其他神经症状 ………………………………………… (49)
第六节 皮肤变化类症疾病速诊 ………………………… (53)
皮肤结节、丘疹、水疱 ………………………………… (53)
脱毛 …………………………………………………… (54)
皮肤瘙痒 ……………………………………………… (56)
皮下水肿 ……………………………………………… (57)
皮下气肿 ……………………………………………… (61)
皮肤发黑 ……………………………………………… (61)
淋巴结肿大 …………………………………………… (62)
第七节 眼部变化类症疾病速诊 ………………………… (64)
眼睑肿胀 ……………………………………………… (64)
结膜黄染但不发热 …………………………………… (65)
结膜黄染并伴随发热 ………………………………… (67)
角膜混浊 ……………………………………………… (68)
夜盲症、失明、视力障碍 ……………………………… (68)
第八节 其他类症疾病速诊 ……………………………… (70)
颌下骨肿 ……………………………………………… (70)

稽留热 ……………………………………………………………… (70)
跛行 ………………………………………………………………… (71)
第二章 羊常见病防治技术 ……………………………………… (75)
第一节 传染病防治技术 ………………………………………… (75)
口蹄疫 ……………………………………………………………… (75)
小反刍兽疫 ………………………………………………………… (77)
羊痘 ………………………………………………………………… (79)
狂犬病 ……………………………………………………………… (81)
伪狂犬病 …………………………………………………………… (82)
轮状病毒感染 ……………………………………………………… (84)
蓝舌病 ……………………………………………………………… (85)
梅迪-维斯纳病 …………………………………………………… (86)
绵羊痒病 …………………………………………………………… (87)
山羊病毒性关节炎-脑炎 ………………………………………… (88)
羊传染性脓疱病 …………………………………………………… (90)
绵羊肺腺瘤病 ……………………………………………………… (91)
炭疽 ………………………………………………………………… (93)
恶性水肿 …………………………………………………………… (94)
气肿疽 ……………………………………………………………… (96)
羊链球菌病 ………………………………………………………… (98)
羊支原体性肺炎 …………………………………………………… (100)
肉毒梭菌中毒 ……………………………………………………… (102)
坏死杆菌病 ………………………………………………………… (103)
弯曲菌性流产 ……………………………………………………… (105)
土拉杆菌病 ………………………………………………………… (106)
结核病 ……………………………………………………………… (107)
副结核病 …………………………………………………………… (109)
伪结核病 …………………………………………………………… (110)

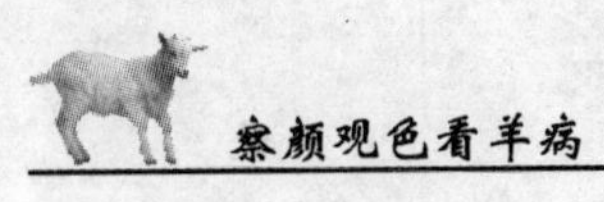

钩端螺旋体病……………………………………………(111)
破伤风……………………………………………………(112)
羔羊大肠杆菌病………………………………………(115)
羊沙门氏菌病…………………………………………(118)
绵羊巴氏杆菌病………………………………………(119)
布鲁氏菌病……………………………………………(121)
李氏杆菌病……………………………………………(123)
羊快疫…………………………………………………(125)
羊肠毒血症……………………………………………(127)
羊猝狙…………………………………………………(128)
羊黑疫…………………………………………………(129)
羔羊痢疾………………………………………………(129)
衣原体病………………………………………………(132)
放线菌病………………………………………………(133)
第二节　寄生虫病防治技术……………………………(134)
肝片吸虫病……………………………………………(134)
血吸虫病………………………………………………(139)
东毕吸虫病……………………………………………(142)
歧腔吸虫病……………………………………………(143)
阔盘吸虫病……………………………………………(144)
前后盘吸虫病…………………………………………(146)
消化道线虫病…………………………………………(147)
肺线虫病………………………………………………(151)
脑脊髓丝虫病…………………………………………(152)
脑多头蚴病……………………………………………(154)
棘球蚴病………………………………………………(155)
细颈囊尾蚴病…………………………………………(157)
反刍兽绦虫病…………………………………………(159)

疥螨病……………………………………………………………(161)
蠕形螨病…………………………………………………………(163)
羊狂蝇蛆病………………………………………………………(164)
绵羊虱蝇病………………………………………………………(166)
羊球虫病…………………………………………………………(167)
羊焦虫病…………………………………………………………(169)
弓形虫病…………………………………………………………(172)
第三节　内科病防治技术…………………………………………(175)
口炎………………………………………………………………(175)
食管阻塞…………………………………………………………(177)
前胃弛缓…………………………………………………………(178)
瘤胃积食…………………………………………………………(180)
瘤胃臌气…………………………………………………………(182)
瘤胃酸中毒………………………………………………………(184)
瓣胃阻塞…………………………………………………………(186)
创伤性网胃心包炎………………………………………………(187)
皱胃溃疡…………………………………………………………(189)
羔羊毛球阻塞症…………………………………………………(190)
羔羊肠痉挛………………………………………………………(192)
胃肠炎……………………………………………………………(192)
羔羊消化不良……………………………………………………(194)
感冒………………………………………………………………(196)
支气管炎…………………………………………………………(197)
支气管肺炎………………………………………………………(200)
羔羊肺炎…………………………………………………………(202)
腹膜炎……………………………………………………………(203)
肾炎………………………………………………………………(205)
膀胱炎……………………………………………………………(206)

尿结石……………………………………………………………………(208)
脑膜脑炎…………………………………………………………………(211)
山羊癫痫病………………………………………………………………(212)
中暑………………………………………………………………………(213)
骨软症……………………………………………………………………(214)
佝偻病……………………………………………………………………(216)
异食癖……………………………………………………………………(217)
维生素 A 缺乏症 ………………………………………………………(218)
B 族维生素缺乏症 ………………………………………………………(219)
酮病………………………………………………………………………(220)
低镁血症…………………………………………………………………(221)
绵羊脱毛症………………………………………………………………(222)
羔羊维生素 E 缺乏症 …………………………………………………(223)
锌缺乏症…………………………………………………………………(224)
铜缺乏症…………………………………………………………………(225)
碘缺乏症…………………………………………………………………(226)
第四节　中毒病防治技术………………………………………………(227)
亚硝酸盐中毒……………………………………………………………(227)
食盐中毒…………………………………………………………………(228)
马铃薯中毒………………………………………………………………(229)
酒糟中毒…………………………………………………………………(230)
氢氰酸中毒………………………………………………………………(231)
棉籽饼中毒………………………………………………………………(233)
有机磷农药中毒…………………………………………………………(234)
有机氟化物中毒…………………………………………………………(235)
尿素中毒…………………………………………………………………(236)
有毒紫云英中毒…………………………………………………………(238)
萱草根中毒………………………………………………………………(238)

铅中毒…………………………………………………………… (239)
铜中毒…………………………………………………………… (240)
蛇毒中毒………………………………………………………… (241)
第五节 产科病防治技术……………………………………… (244)
妊娠毒血症……………………………………………………… (244)
流产……………………………………………………………… (246)
阴道脱…………………………………………………………… (248)
胎衣不下………………………………………………………… (250)
子宫脱…………………………………………………………… (252)
子宫内膜炎……………………………………………………… (254)
产后瘫痪………………………………………………………… (255)
乳房炎…………………………………………………………… (258)
胎粪不下………………………………………………………… (260)
脐炎……………………………………………………………… (261)
第六节 外科疾病防治技术…………………………………… (262)
结膜炎…………………………………………………………… (262)
风湿病…………………………………………………………… (264)
创伤……………………………………………………………… (266)
腐蹄病…………………………………………………………… (270)
参考文献……………………………………………………………… (272)

第一章 羊类症疾病速诊

第一节 表现突然死亡症状类症疾病速诊

羊只无先兆症状或表现症状很少，或夜间表现正常，早晨发现羊只已死，可能见于如下疾病(表1)。

表1 表现突然死亡症状疾病的速诊要点

病 名	速诊要点
羊快疫	病羊痛苦、磨牙、呼吸困难、腹胀，天然孔流出红色液体，黏膜呈蓝红色，有时见有血色下痢。在昏迷中死亡。剖检可见皱胃发炎或坏死，肾脏和脾脏变软而呈髓样，腹腔有积液
羊肠毒血症	多见于肥壮的青年羊，在饲料丰富或多汁饲料饲喂时期多发，病羊死于痉挛或昏迷。个别羊只出现疝痛，呼吸困难、流涎、腹泻。剖检可见肾肿大或变软；小肠几乎是空的，内容物呈乳酪样，肠管易破裂；心包积液，心肌出血
羊黑疫	有肝片吸虫的地区多发，体况良好的羊只易发，多突然发生死亡。延至1～2天者，精神沉郁、呼吸促迫，体温高达40℃～41.5℃，剖检可见肝脏表面有小的灰色坏死灶
炭 疽	病羊突然死亡后，尸体易膨胀，天然孔出血，脾脏肿大2～3倍。急性型病羊表现不安，呼吸困难，行走摇摆，体温升高，黏膜发紫，唾液及排泄物呈红色。间或身体各部分发生水肿，肛门出血。本病夏季多发
公羊肿头病	发生于公羊抵架之后，先是眼睑肿胀，以后由头、颈下部延至胸下。剖检可见皮肤内面呈深红色或黑色，心包积液

续表 1

病　名	速诊要点
沙门氏菌病	病羔发热、腹泻。肝脏充血，肠系膜淋巴结肿大，脾脏肿大，有不同程度的胃肠炎。发病呈流行性
破伤风	多发生于剪毛或受外伤时，病羊表现肌肉僵硬，牙关紧闭，强直性痉挛，呈腹部臌胀而迅速死亡
恶性水肿和黑腿病	多由外伤引起，感染部位周围肿胀、发黑，有时生殖道排出黑色且恶臭的液体
羔羊痢疾	病羔腹泻带血，很快死亡
败血症	急性发作，与不同微生物引起的恶性水肿相似，有全身性出血
急性肝片吸虫病	贫血，肝肿大发黑；肝内有肝片吸虫造成的出血通道，腹腔有大量血色液体
消化道线虫	消瘦，贫血，皱胃内寄生有大量捻转线虫
瘤胃臌气	腹围胀大，特别是左侧更为明显
急性肺炎	体温升高，流鼻液、咳嗽，急性者突然死亡
低钙血症	多发生产羔母羊，见于采食青草的情况下；突然发生，病羊跌倒、挣扎、麻痹，昏迷而死；有的突然死亡；注射钙剂有效
低镁血症	与低钙血症相似，但更易兴奋，注射钙剂无效，使用镁制剂有效
氢氰酸中毒	有吃入含氢氰酸植物如桃树叶、杏树叶、樱桃树叶及含有硝酸钠的饲草料病史。羊只口流泡沫，臌气，呼出气体有杏仁味，死前黏膜发红或发绀；羊只痉挛，昏迷死亡
中毒病	多发生胃肠炎和腹泻
毒蛇咬伤	发生昏迷、死亡

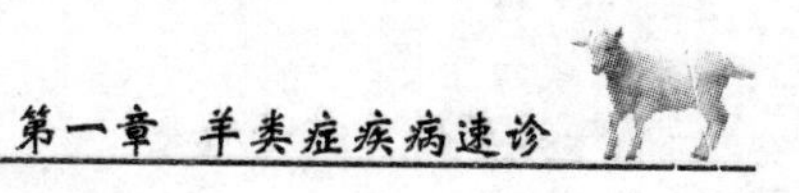

续表 1

病名	速诊要点
尿结石	多见于阉羊，有时见于种公羊，呈现尿闭、膀胱破裂、腹胀而死亡
中暑	多由日光暴晒或羊舍闷热、潮湿、拥挤所引起
大肠杆菌病(肠型)	多发生于 3 周龄羔羊，病羔体温升高，腹泻带血，多在 24～36 小时死亡
巴氏杆菌病	最急性型多见于哺乳羔羊，病羔体温升高，全身震颤，数分钟至数小时死亡。急性型病羊体温升高，腹痛，肌肉震颤，呼吸困难；眼、鼻有分泌物。慢性型病羊关节肿大，呈现跛行 剖检可见病羊呈败血症变化；肺有肝变区，内有坏死灶；胸腔内有浆液性纤维素性渗出液，胸膜、心包被覆有纤维素性凝块；有的颌下、颈部、胸前部皮下有出血样浸润
李氏杆菌病	羔羊多发，多呈急性败血症而迅速死亡
羊败血性链球菌病	多数病羊不见症状，常于 24 小时内死亡或在清晨检查圈舍时发现死亡。有的羔羊呈现关节肿大，关节囊蓄脓，呈现跛行
硒缺乏症(白肌病)	病羊常不表现前驱症状而突然死亡，尤其在运动时更易发生，如在羔羊吃奶前见到母羊或赶出羊舍蹦跳运动时，突然死亡。病羔运动无力，站立困难；有时表现强直性痉挛，出现麻痹、血尿。剖检可见骨骼肌、心肌和肝脏色淡，出现局限性发白或发灰的变性区，呈煮肉状
羊猝狙	体温升高，腹痛、昏迷和痉挛死亡。剖检可见出血性肠炎，有大量腹水
肉毒梭菌中毒症	最急性病例数分钟至数小时死亡。急性病例吞咽困难，卧地不起，颈、腹、腿部肌肉松弛。舌下垂于口外，流涎，便秘，知觉和反射正常

续表 1

病　名	速诊要点
捻转血矛线虫病	肥羔羊突然死亡。腹泻与便秘交替发生，颌下、胸或腹下水肿，水肿常在夜间消失。剖检可见皱胃黏膜水肿，胃内容物呈浅红色，含有虫体

第二节　消化系统类症疾病速诊

流　涎

临床上见到口腔中分泌物流出口外，称为流涎，是口腔唾液分泌增加（正常或病理性的）所致。大量流涎乃是由于各种刺激致使口腔分泌物增多的结果。主要表现为口边异常湿润，有少量泡沫状液体或大量唾液从口角边不停流出，甚至唾液黏稠，拖曳成丝挂于唇边。病因不同，唾液的性质也存在差异，有的稀薄如水、清亮，有的黏稠。临床上出现流涎症状的疾病速诊要点见表 2。

表 2　表现流涎症状疾病的速诊要点

病　名	速诊要点
口　炎	口腔黏膜敏感性增高，病羊咀嚼小心、缓慢，往往稍加咀嚼就将草团吐出。大量流涎，呈牵缕状。口腔不洁，有腐臭气味，黏膜呈斑纹状或弥漫性潮红，温热疼痛、肿胀；上腭、下腭、颊部、舌、齿龈等黏膜呈鲜红色或暗红色，或有大小不等的溃烂面。继而分泌物增多，有白色泡沫附着于唇缘。溃疡性口炎以口腔黏膜发生红肿、水疱、溃烂以及病羊流涎、口臭等为特征

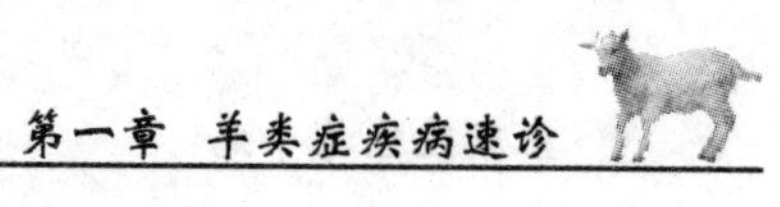

续表 2

病名	速诊要点
食管阻塞	病羊突然骚动不安，摇头，流涎，头向前伸，张口伸舌，做吞咽动作。触诊颈部食管沟可摸到阻塞硬块，常有继发性瘤胃臌气
口蹄疫	本病是偶蹄动物的一种高度接触性急性发热性传染病，以传染速度快、大流行和口腔黏膜、乳房皮肤发生水疱为特征。趾间、蹄冠处柔软皮肤红、肿、痛，并迅速形成水疱，但没有牛口蹄疫症状严重。乳头皮肤形成水疱，并很快破裂形成烂斑。哺乳羔羊多发生出血性胃肠炎
羊肠毒血症	多见于膘情肥壮的青年羊，且在饲料丰富尤其是多汁饲料丰富时多发，病羊死于痉挛或昏迷。个别羊只出现疝痛，呼吸困难、流涎，腹泻。剖检可见肾肿大或变软；小肠几乎是空的，内容物呈乳酪样，肠管易破裂；心包积液，心肌出血
羔羊痢疾	病初羔羊精神委顿，低头拱背，不吃奶。不久后下痢，粪便恶臭，有的稠如面糊，有的稀薄如水，后期含有血液，成为血便 有的病羔腹胀而不下痢，或只排少量稀便(也可能带血或呈血便)，主要表现为神经症状，四肢瘫软，卧地不起，呼吸急促，口流白沫，最后昏迷，头向后仰，体温降至常温以下
狂犬病	以神经兴奋、意识障碍，继之局部或全身麻痹而死为特征。病羊舌舔或口咬奇痒部位。出现阵发性的兴奋，冲击墙壁和其他动物或人，出现跃踏饲槽、磨牙、性欲亢进、流涎等症状
小反刍兽疫	急性型病例体温可上升至 40℃～41℃，有类似于感冒的症状，流黏液脓性鼻液，呼出恶臭气体。口腔黏膜充血，颊黏膜有进行性广泛性损害，大量流涎，口腔黏膜出现小的粗糙的红色浅表性坏死病灶，严重病例可见坏死病灶波及齿龈、腭、颊部及其乳头、舌等处。后期出现带血水样腹泻，病羊严重脱水

续表 2

病 名	速诊要点
蓝舌病	病羊体温高达 40℃以上，且呈稽留热。流涎，口、双唇肿胀，耳部、颈部及胸、腹部水肿；口腔黏膜充血后发绀，呈青紫色，舌呈蓝色发绀。随后，口腔、唇、齿龈、颊、舌黏膜糜烂、溃疡。蹄叶发炎并形成溃烂，容易被误诊为口蹄疫
肉毒梭菌中毒	有采食被肉毒梭菌污染的腐烂草料或饮水病史。最急性病例数分钟至数小时死亡。病羊表现急性吞咽困难，卧地不起，颈、腹、腿部肌肉松弛。舌头下垂口外，流涎，便秘，知觉和反射正常
肝、肺坏死杆菌病	多有口疮继发病史。舌面覆盖一层灰黄色假膜，下面溃烂，气味恶臭，病羊流涎。剖检可见肝脏和肺脏有大量的坏死病灶
羊溶血性链球菌病	病羊体温达 40℃～41℃及以上。咳嗽，颌下淋巴结肿大、咽喉肿胀，呼吸困难、流鼻液，流涎。眼结膜充血肿胀，畏光流泪，有黏脓性分泌物
伪狂犬病	以发热、奇痒和脑脊髓炎为特征。主要表现头颈肌肉痉挛，头、颈、肩、后腿皮肤剧痒，病羊不停地舔患部，往往因止痒而摩擦痒处皮肤，引起擦伤。当病情发展至延髓时，表现吞咽麻痹、流涎、磨牙、鸣叫
破伤风	本病是由破伤风梭菌经伤口感染引起的一种人兽共患急性、中毒性传染病。临床上以运动神经中枢兴奋性增高和肌肉持续痉挛为特征。病羊牙关紧闭，采食、咀嚼、吞咽困难，流涎
细颈囊尾蚴病	病羊表现不安、流涎、不食、腹泻和腹痛等症状，可能以死亡而告终。慢性型病羊症状不明显，有时可见消瘦、虚弱，羔羊发育受阻

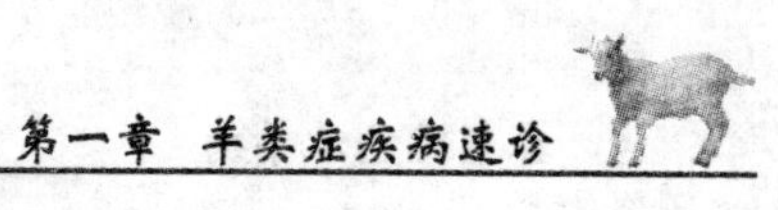

续表 2

病　名	速诊要点
亚硝酸盐中毒	由于羊采食富含硝酸盐的饲料(如菜叶、野草、幼嫩玉米秸、甜菜叶,牧草有堆放、受潮史)而导致,以突然发病、流涎、呕吐、腹痛、腹泻、呼吸困难、黏膜发绀、发病率与病死率均高为特征
氢氰酸中毒	是由于羊采食富含氰化物或氰苷的青绿饲料而引起的一种急性中毒性疾病。临床上以发病突然、流涎、呕吐、腹痛、臌气、腹泻、呼吸困难、震颤、惊厥、迅速死亡为主要特征
食盐中毒	病羊口渴、臌气、口流大量泡沫状涎液、呼吸困难、腹泻带血。病初兴奋不安、磨牙、肌肉震颤、盲目行走
有机磷农药中毒	病羊有接触有机磷农药史,临床上以腹泻、流涎、尿失禁、神经症状为特征
乌头中毒	多发生在有乌头植物地区。病羊流涎、磨牙、呕吐、呻吟不安、肌肉震颤,山羊有腹痛症状
水蓬中毒	有食入水蓬史。初期病羊表现神经症状,突然倒地抽搐,磨牙,空嚼,有的羊表现四肢如“踏步走”样,有的向前冲或做转圈运动。神经症状出现后即表现颌下水肿,大量流涎
硝酸铵中毒	病羊有食入硝酸铵史。发病突然,病羊流涎、腹痛、臌气、腹泻、呼吸困难、不安、震颤、惊厥
尿素中毒	病羊有食入尿素病史。发病突然,病羊流涎、腹痛、臌气、腹泻、呼吸困难、不安、震颤、惊厥
羔羊毛球阻塞症	羔羊腹泻,严重时腹胀,不见排便,流涎,磨牙。触诊腹部,胃肠部位有大小不一的硬状物,压捏有疼痛反应
咽　炎	病羊流涎,严重病例有时可见有液体从鼻孔回流,喝水可从鼻孔流出。头颈伸直,吞咽困难,咽部肿胀,触诊有疼痛性咳嗽等反应,病羊不安

续表 2

病名	速诊要点
锌缺乏症	病羊表现脱毛、皮肤增厚、流涎和跗关节肿大，公羊睾丸发育障碍
酮病	病羊视力减退，呆立不动，走路摇摆。头部肌肉痉挛，头向后仰或偏向一侧，或做转圈运动。空嚼，口流泡沫样唾液，呼出气及尿液中有烂苹果味

舌麻痹

健康羊舌头胖瘦适度，有弹性，灵活自如。舌麻痹时，舌软如绵，伸缩不灵，垂于口外，多见于某些中枢神经性疾病的后期或饲料中毒，其速诊要点见表 3 所示。

表 3　表现舌麻痹症状疾病的速诊要点

病名	速诊要点
肉毒梭菌中毒	病羊可突然死亡，以唇、舌、咽喉等麻痹为特征，多突然表现吞咽困难，虽有知觉和反射，但运动麻痹。头歪向一侧，瞳孔散大，舌头外露，流涎不止，腹痛，当天或 4～5 天后死亡
脑膜脑炎	病羊兴奋与抑制交替发生。兴奋时狂暴不安，前冲后撞，甚至攻击人、畜。转圈或突然倒地，四肢划动，尖声鸣叫，磨牙空嚼，口吐白沫。抑制时头低耳耷，视觉、听觉功能失常，闭眼似睡，反应迟钝，共济失调，呼吸、脉搏变慢。疾病中后期出现头颈僵硬，牙关紧闭，口、眼歪斜等症状。有的病例出现面神经麻痹和舌脱出等现象
砷中毒	有过量使用砷酸铅或砷酸铅污染饲料、饮水、环境等病史。急性者数小时发病死亡，表现呼吸困难，臌气，腹痛。慢性者表现视力减退或失明，不避障碍物，舌和咽麻痹

续表 3

病　名	速诊要点
产后瘫痪	母羊分娩后突然发生，病羊体温下降至正常以下，后肢无力、软弱，摇摆，站立不稳，以后倒地起立困难，四肢瘫痪。病羊排尿、排便停止，少数羊知觉丧失，咽、舌、肠道麻痹

口腔黏膜水疱、溃疡、坏死

临床上出现口腔黏膜破损，表现红肿、水疱、结节、溃疡等症状疾病的速诊要点见表 4 所示。

表 4　表现口腔黏膜水疱、溃疡、坏死症状疾病的速诊要点

病　名	速诊要点
口　炎	口腔黏膜敏感性增高，病羊拒绝采食粗硬饲料，咀嚼小心，流涎。有的口腔黏膜呈现水疱、溃疡、脓疱、坏死或弥漫性潮红，温热疼痛、肿胀，或有体温升高变化
口蹄疫	病羊体温达 40℃～41℃，口腔、齿龈、舌黏膜出现水疱。水疱破裂后形成边缘整齐的红色浅表糜烂。趾间、蹄冠等处柔软皮肤红、肿、痛，并迅速形成水疱，但没有牛口蹄疫症状严重。乳头皮肤形成水疱，并很快破裂形成烂斑。哺乳羔羊多发生出血性胃肠炎
羊传染性口脓疱病	口腔内外的皮肤和黏膜发生红斑、丘疹、水疱、脓疱，形成痂块
小反刍兽疫病	急性型病例体温可上升至 40℃～41℃。类似于感冒症状，流黏液脓性鼻液，呼出恶臭气体。口腔黏膜充血，颊黏膜有进行性、广泛性损害，流涎，口腔黏膜出现小的粗糙的红色浅表坏死病灶，严重病例可见坏死病灶波及齿龈、腭、颊部及其乳头、舌等处。后期出现血水样腹泻，病羊严重脱水

续表 4

病　名	速诊要点
蓝舌病	病羊体温高达 40℃以上，且呈稽留热。流涎，口、双唇肿胀，以至耳部、颈部、胸部、腹部水肿；口腔黏膜充血后发绀呈青紫色，舌呈蓝色发绀。随后，口腔、唇、齿龈、颊、舌黏膜糜烂、溃疡。蹄叶发炎并形成溃烂，容易被误诊为口蹄疫
坏死杆菌性口炎	在病羊口腔发生小结节和水疱的同时，其他部位也呈现不同病变，如引起腐蹄病时，病羊初呈跛行，多为一肢患病，蹄间隙、蹄踵和蹄冠红、肿、热、痛，而后溃烂，流出恶臭脓液。羔羊可在鼻、唇、眼部发生结节和水疱
磷化锌中毒	有食入磷化锌毒物病史，病羊结膜苍白，口腔黏膜糜烂，呈蓝紫色，口吐白沫，呼吸困难。呼出气体和排出的粪便有蒜臭味
中毒病	多有食入毒物病史，如有机汞中毒、氨中毒、棘豆草中毒等

牙关紧闭

病羊咬肌痉挛，开口困难，牙关紧闭，导致饮水和采食障碍。临床上出现牙关紧闭症状疾病的速诊要点见表 5 所示。

表 5　表现牙关紧闭症状疾病的速诊要点

病　名	速诊要点
脑膜脑炎	病羊兴奋与抑制交替发生。兴奋时狂暴不安，前冲后撞，甚至攻击人、畜。转圈或突然倒地，四肢划动，尖声鸣叫，磨牙空嚼或牙关紧闭，口吐白沫。抑制时头低耳耷，视觉、听觉功能失常，闭眼似睡，反应迟钝，共济失调，呼吸、脉搏变慢

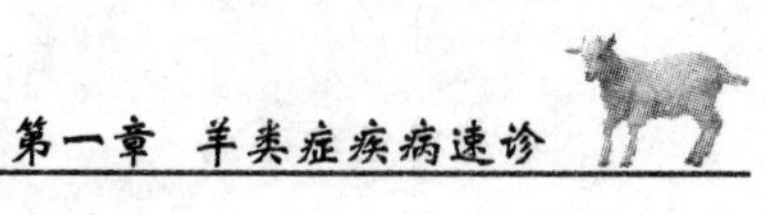

续表 5

病 名	速诊要点
青草抽搐	发病有明显的季节性，春季放牧时病羊常无临床表现而突然死亡。采食中突然抬头咩叫，惊恐不安，行走时摇摆似醉酒状。对响声感觉过敏，肌肉震颤、抽搐，瞬膜外露，牙关紧闭，耳、尾和四肢强直，全身呈现间歇性和强直性痉挛。用氯化钙、硫酸镁制剂治疗有特效
尿素中毒	有食入尿素或饮尿史。病羊无临床表现即突然死亡。不安，腹痛，臌气，呻吟，流涎，有时口、唇挛缩。肌肉颤抖，全身性痉挛，呈角弓反张姿势
山羊癫痫病	发作时反复发生阵发性痉挛以及感觉和意识障碍，且时间短，过后生理状态恢复正常
破伤风	是经伤口感染引起的一种人兽共患急性、中毒性传染病。临床上以运动神经中枢兴奋性增高和肌肉持续痉挛为特征
中毒病	有食入毒物病史，如毒芹中毒、小萱草中毒、棘豆草中毒等

吞咽困难

病羊采食、咀嚼正常，但咽下困难，表现不断伸颈，做吞咽动作。临床上表现吞咽困难症状疾病的速诊要点见表 6 所示。

表 6 表现吞咽困难症状疾疾的速诊要点

病 名	速诊要点
狂犬病	有被犬咬伤史。病羊体温在 40℃以上，被咬部位奇痒，病羊舌舔或口咬奇痒部位，嘶哑鸣叫。吞咽麻痹、困难，伸颈、流涎

续表 6

病　名	速诊要点
破伤风	多发生于分娩、断角、去势等外伤之后。病羊初期头部肌肉强直性痉挛，表现为易惊，对光线、声响、触摸等敏感，使痉挛加剧。病羊躯干、四肢僵硬，呆立呈木马状。或牙关紧闭，吞咽困难或障碍，流涎。后期卧地不起，多以死亡告终
肉毒梭菌中毒	病羊常在无任何症状的情况下突然死亡，发病突然，表现吞咽困难，虽有知觉和反射，但运动神经麻痹
羊溶血性链球菌病	病羊体温达40℃～41℃或以上。咳嗽，流涎，颌下琳巴结肿大，咽喉肿胀，呼吸困难，流鼻液。眼结膜充血肿胀，畏光流泪，有黏脓性分泌物
蓝舌病	病羊体温高达40℃以上，且呈稽留热。流涎，口、双唇肿胀，以至耳部、颈部、胸部、腹部水肿。口腔黏膜充血后发绀，呈青紫色，舌呈蓝色发绀。随后，口腔、唇、齿龈、颊、舌黏膜糜烂、溃疡。蹄叶发炎并形成溃烂，容易被误诊为口蹄疫
咽　炎	病羊咽下困难，流涎，严重病例有时可见液体从鼻孔回流，喝水可从鼻孔流出。头颈伸直，咽部肿胀，触诊有疼痛性咳嗽等反应，病羊表现不安
食管阻塞	病羊突然出现骚动不安，摇头，流涎、头向前伸，张口伸舌，做吞咽动作。触诊颈部食管沟可摸到阻塞硬块，常有继发性瘤胃臌气
硝酸铵中毒	有过量使用硝酸铵或硝酸铵污染饲料、饮水、环境等病史。表现腹痛，流涎，口腔发炎，黏膜脱落、糜烂；咽肿胀，吞咽困难，臌气，多尿
砷中毒	有过量使用砷酸铅或砷酸铅污染饲料、饮水、环境等病史。急性者数小时发病死亡。表现呼吸困难，臌气，腹痛。慢性者表现视力减退或失明，不避障碍物，舌和咽麻痹

腹围膨大

在生理状态下，腹围的大小因羊的年龄大小、性别、个体营养状况、妊娠及某些疾病发生过程中等不同而存在差异，检查时应从羊体不同角度观察，看是否有异常。腹围增大时嗳气停止，左肷部膨大、突出，叩诊呈鼓音，反刍停止，有腹痛表现。病羊表情淡漠，回顾左侧腹部等。临床上出现腹围膨大症状疾病的速诊要点见表7所示。

表7　表现腹围膨大症状疾病的速诊要点

病　名	速诊要点
瘤胃臌胀	左侧肷窝隆起、臌胀，瘤胃叩诊呈现鼓音，呼吸困难
瘤胃积食	腹围增大，触诊瘤胃坚实，似捏粉状。病羊呼吸困难，腹痛，踢腹，起卧不安，瘤胃蠕动减弱甚至消失。有过食谷物史
前胃弛缓	食欲减少或饮欲增加，反刍缓慢或减少，听诊瘤胃蠕动减弱或异常。病羊磨牙，常有便秘。慢性型常由急性型转变而来。多数病羊食欲时好时差，多有间歇性臌气
瓣胃阻塞	病初呈现前胃弛缓症状，空嚼磨牙，听诊瓣胃蠕动音减弱或消失，突然触诊病羊右侧7～9肋间和肩关节水平线，病羊表现疼痛不安。常伴有瘤胃弛缓、积食、臌气。可见顽固性便秘，粪便干少。继发感染时则有体温升高症状
羔羊毛球阻塞症	羔羊腹泻，严重时腹胀，不见排便，流涎，磨牙。腹部触诊，胃肠部位有大小不一的硬状物，压捏有疼痛反应
食管阻塞	病羊骚动不安，摇头，流涎，头向前伸，张口伸舌，做吞咽动作。触诊颈部食管沟可摸到阻塞硬块，常有继发性瘤胃臌气

续表 7

病 名	速诊要点
胃肠炎	山羊羔见有腹胀。病羊腹泻呈水样,排泄物腥臭或恶臭,混有黏液、黏膜组织或血液。脱水,体温升高,腹痛。慢性病例有异食癖等特征
创伤性网胃腹膜炎	反复发生慢性臌气。病羊行动谨慎,表现疼痛、拱背、不愿急转弯或下坡等症状。前胃弛缓,肘肌外展及颤动。触诊网胃或顶压剑状软骨时病羊表现疼痛、呻吟、躲闪
皱胃阻塞	病羊表现前胃弛缓症状,粪便干燥,附有黏液或血丝,右腹部皱胃扩张,瘤胃积液,脱水。触诊皱胃坚硬并有疼痛感。羔羊持续腹泻,触诊瘤胃、皱胃膨胀
肠变位	突然出现持续不安和剧烈腹痛,全身发抖,磨牙,呻吟。腹胀,听诊肠音消失
食毛症	啃咬羊毛,多有臌气、腹痛和腹膜炎症状,常常引起肠梗阻
腹膜炎	病羊食欲废绝,口渴,腹围增大,腹部僵硬,拱背,腹围紧缩,行动小心。当腹腔积液增多时,则腹下部对称性增大,触诊有疼痛反应,叩诊呈水平音。体温升高达 40℃以上,胸式呼吸
腹腔积液	体温正常。腹部向下、向两侧对称性臌胀,腹肋窝下陷。病羊体位改变时,腹部的形态也随之改变,腹部的最低处膨起。病羊常表现呼吸困难,触诊腹部不敏感,如在一侧冲击腹壁,可听到振水音,并可在对侧腹壁看到或摸到波动。叩诊两侧腹壁有对称性等高的水平浊音区。腹腔穿刺流出大量透明或稍浑浊的淡黄色、淡红色或绿黄色液体

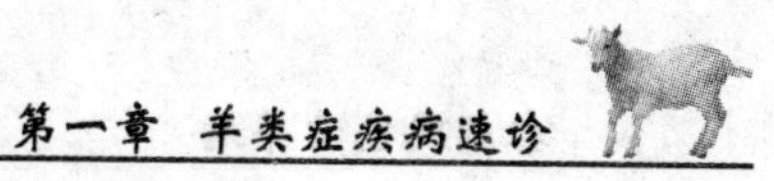

续表 7

病 名	速诊要点
羔羊痢疾	病初羔羊精神委顿，低头拱背，不吃奶。不久后下痢，粪便恶臭，有的稠如面糊，有的稀薄如水，后期含有血液，直至成为血便 有的病羔腹胀而不下痢，或只排少量稀便(也可能带血或呈血便)，主要表现为神经症状，四肢瘫软，卧地不起，呼吸急促，口吐白沫，最后昏迷，头向后仰，体温降至常温以下
羊快疫	病羊痛苦、磨牙、呼吸困难、腹胀，天然孔流出红色液体，黏膜呈蓝红色，有时可见血色下痢，病羊在昏迷中死亡。剖检可见皱胃发炎或坏死，肾和脾脏变软而呈髓样，腹腔有积液
棘球蚴病	病羊长期慢性呼吸困难，叩诊可在不同部位发现局限性半浊音。当肝脏受侵害时，触诊病羊疼痛，严重者右侧腹部膨大
细颈囊尾蚴病	多不表现症状，引起腹膜炎时，体温升高，发生腹水。移行至肝脏时，表现脱水，体温升高，腹痛。慢性者有消瘦、虚弱、羔羊发育受阻等特征
瘤胃酸中毒	急性型病例采食后 4～8 小时发病，不表现症状即突然死亡。病羊精神沉郁。先期表现为瘤胃蠕动停止、腹胀。触诊瘤胃胀软，内容物为液体，腹泻。体温正常或升高，机体发生严重脱水，眼窝明显凹陷
氢氰酸中毒	是由于羊只采食富含氰化物或富含氰苷的青绿饲料而引起的一种急性中毒性疾病。临床上以发病突然、流涎、呕吐、腹痛、臌气、腹泻、呼吸困难、震颤、惊厥、迅速死亡为主要特征
食盐中毒	病羊口渴，臌气，口吐大量泡沫，呼吸困难，腹泻带血。病初兴奋不安，磨牙，肌肉震颤，盲目行走

续表 7

病　名	速诊要点
硝酸铵中毒	有食入硝酸铵史。发病突然，流涎、腹痛、臌气、腹泻、呼吸困难，病羊不安、震颤、惊厥
尿素中毒	有食入尿素史。发病突然，流涎、腹痛、臌气、腹泻、呼吸困难，病羊不安、震颤、惊厥
蓖麻中毒	有食入蓖麻史。病羊耳尖、鼻端和四肢发凉，臌气，腹泻便中带有血液
砷中毒	有过量使用砷酸铅史。急性者数小时发病死亡，表现呼吸困难、臌气、腹痛。慢性者表现视力减退或失明，不避障碍物，舌和咽麻痹

腹　痛

病羊表现腹痛是腹腔和盆腔各组织器官内疼痛性刺激发生反应所表现的综合征。腹痛综合征并非独立的疾病，而是许多疾病的一种共同的临床表现。伴有腹痛综合征的一些疾病，往往病情危剧，病程短急，临床上病羊多呈站立不安，来回走动，前肢刨地，后肢蹴腹，频频起卧，回顾腹部，呻吟，磨牙。临床上出现腹痛症状疾病的速诊要点见表 8 所示。

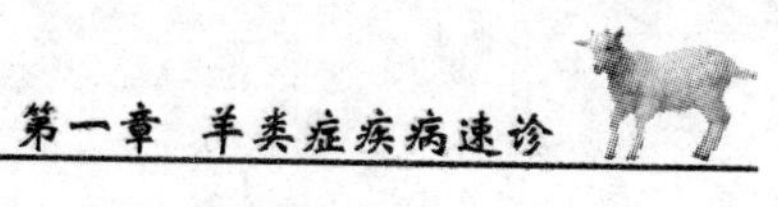

表 8　表现腹痛症状疾病的速诊要点

病　名	速诊要点
巴氏杆菌病	最急性型多见于哺乳羔羊，体温升高，全身震颤，数分钟至数小时死亡 急性型病羊体温升高，腹痛，肌肉震颤，呼吸困难。初便秘，后腹泻，有时粪便全部为血水。眼、鼻有分泌物，有的带血 慢性型病羊咳嗽，有的颈、胸部发生水肿。有的关节肿大，呈现跛行 剖检可见败血症变化，肺有肝变区，内有坏死灶；胸腔内有浆液性纤维素性渗出液，胸膜、心包被覆有纤维素性凝块；有的颌下、颈部、胸前部皮下有出血样浸润
羊猝狙	病羊体温升高，腹痛、昏迷，痉挛死亡。剖检可见出血性肠炎，有大量腹水
羊肠毒血症	以青年羊、肥壮的羊和饲料（尤其是多汁饲料）丰富的时期多发，病羊可死于痉挛或昏迷。个别羊只出现疝痛，呼吸困难、流涎，腹泻。剖检可见肾肿大或变软；小肠几乎是空的，内容物呈乳酪样，肠管易破裂；心包积液，心肌出血
细颈囊尾蚴病	移行至肝脏时，病羊表现不安、流涎、不食、腹泻、腹痛等症状，可能以死亡告终。慢性型病羊症状不明显，有时可见消瘦、虚弱，羔羊发育受阻
瘤胃积食	食后不久即见腹痛不安，踢腹，起卧不安。腹围增大，左腹膨大，左肷充满。触诊瘤胃坚实，似捏粉状，用手触压有压痕，并有痛感
瓣胃阻塞	病初呈现前胃弛缓症状，病羊空嚼磨牙，听诊瓣胃蠕动音减弱或消失，突然触诊病羊右侧 7～9 肋间与肩关节水平线，病羊表现疼痛不安。常伴有瘤胃弛缓、积食、臌气，可见顽固性便秘，粪便干少，继发感染时则有体温升高症状

续表 8

病　名	速诊要点
瘤胃臌气	采食后 2～3 小时突然发病，表现不安，腹围迅速膨大，左肷窝隆起甚至高于髋结节，病羊不时发出"吭吭"呻吟，嘴边黏附许多泡沫。触诊瘤胃时腹壁紧张但按压有弹性，肷部叩诊有响鼓音
肠变位	突然出现持续不安和剧烈腹痛，全身发抖，磨牙，呻吟。腹胀，听诊肠音消失
肠痉挛	有食入冰冻饲料及饮水史。病羔耳鼻俱冷，体温正常或偏低，结膜苍白，拱背或蜷曲而卧。或表现阵发性轻度或剧烈腹痛，腹痛时病羊回头顾腹、后肢蹴踢，有时做排尿姿势
胃肠炎	以剧烈腹泻、脱水、体温升高、粪便腥臭、腹痛为主要特征
皱胃溃疡	病初出现周期性食欲不良，食欲减少或废绝，反刍减退或停止，病羊精神沉郁、紧张，腹壁收缩，按压皱胃区时病羊安静如常，去除按压反而表现疼痛。磨牙、呻吟，听诊瘤胃蠕动音低沉，蠕动波短而不规则。排便量少，粪便发黏，表面呈棕褐色，混有黏液、血液，里面多见到暗褐色肉质索状物或絮状物(为脱落的胃黏膜)
便　秘	初生羔羊伏卧，后腿伸直，哀叫，痛苦。有时起卧不安。成年羊不时做伸腰动作，腹痛，起卧不安
尿结石	病初病羊腹痛拱背，痛苦咩叫，频频努责做排尿动作，但仅排出少量尿液，尿液中混有血液。包皮及被尿液浸过的羊毛晾干后可见附有灰白色粉末状结石尿迹。当尿闭时，病羊多呈现腹痛症状
膀胱破裂	多发生在结石症的病程中，病羊不断翘尾、努责，呈排尿姿势但不见排尿，或排出少量混有血液的尿液。膀胱破裂后，腹痛症状减轻，下腹部迅速增大，在腹下部用力冲击，可听到明显的拍水音。腹腔穿刺有大量尿液排出，一般呈黄色，有尿味

续表 8

病 名	速诊要点
子宫捻转	妊娠期间发生子宫捻转，母羊一般体温正常，仅稍有不安，有轻度腹痛，有时踢腹。临产前或分娩时发生子宫捻转，母羊表现不安、踏步、踢腹。子宫阵缩，频频努责但不见胎膜、胎水排出。阴道检查可摸到阴道因狭窄而呈漏斗状，其深部子宫颈皱襞呈螺旋状
食毛症	病羊啃咬羊毛，多有臌气、腹痛和腹膜炎症状，常常引起肠梗阻
瘤胃酸中毒	急性型病例采食后 4～8 小时发病，不表现症状即突然死亡。病羊精神沉郁，先期表现为瘤胃蠕动停止，腹胀。触诊瘤胃胀软，内容物为液状。病羊腹泻，体温正常或升高，机体发生严重脱水，眼窝明显凹陷
铜中毒	急性中毒主要表现呕吐、流涎，剧烈腹痛、腹泻，心动过速，惊厥、麻痹和虚脱，最后死亡。粪便中含有黏液，呈深绿色
中毒病	如尿素中毒、亚硝酸盐中毒、氢氰酸中毒、酒糟中毒、食盐中毒、有机磷中毒以及铜、砷、氟、氨、铅、硒中毒等，这类中毒病多有毒物接触史

腹泻且发热

腹泻指排便次数增多，粪质稀薄，或带有黏液、脓血、脱落的黏膜或未消化的饲料。病羊表现排便频繁，粪便呈粥状或水样，有的不自主地排出粪便，有的呈排便动作，但每次仅排出少量粪便或黏液。临床上表现腹泻并伴有体温升高症状疾病的速诊要点见表 9 所示。

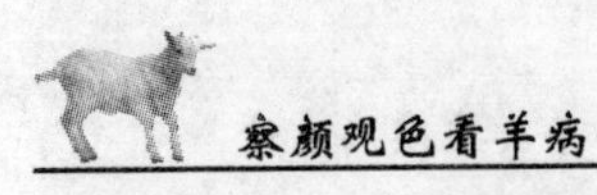

表9　表现腹泻并伴有发热症状疾病的速诊要点

病　名	速诊要点
巴氏杆菌病	最急性型多见于哺乳羔羊，病羊体温升高，全身震颤，数分钟至数小时死亡。急性型体温升高，腹痛，肌肉震颤，呼吸困难。初便秘，后腹泻，有时粪便全部为血水。眼、鼻有分泌物，有的带血。慢性型病羊咳嗽，有的颈、胸部水肿，有的关节肿大，呈现跛行。剖检可见败血症变化，肺有肝变区，内有坏死灶。胸腔内有浆液性纤维素性渗出液，胸膜、心包被覆有纤维素性凝块。有的颌下、颈部、胸前部皮下有出血样浸润
羔羊沙门氏菌病	以下痢为主要特征。体温可高达40.5℃～41℃，食欲废绝，不久后排出灰黄色液状粪便，混有黏液、血液，具有恶臭味
羔羊大肠杆菌病	以呈现急性败血症或剧烈腹泻为主要特征。病初体温升高达41℃，数小时后发生腹泻。几乎都发生于2～3周龄的初生羔羊。肠型大肠杆菌病3日龄羔羊多发，以排灰白色稀便为特征
小反刍兽疫	急性型体温可上升至40℃～41℃，症状类似于感冒，流黏液脓性鼻液，呼出恶臭气体。口腔黏膜充血，颊黏膜有进行性、广泛性损害、流涎，口腔黏膜出现小且粗糙的红色浅表性坏死病灶，严重病例可见坏死病灶波及齿龈、腭、颊部及其乳头、舌等处。后期出现带血水样腹泻和严重脱水
钩端螺旋体病	最急性型病例病初体温升高达40.5℃～41.5℃，表现黄疸、血尿、腹泻，常于1天内窒息死亡。急性型病例精神沉郁，鼻流黏脓性或脓性分泌物，有黄疸。耳、躯干及乳头部皮肤发生坏死。皮下组织发黄，内脏有广泛的点状出血，肾表面有灰白色小病灶，肝肿大，有坏死灶，肺有出血斑，肠系膜淋巴结肿大明显
土拉杆菌病	体温高达41℃～42.5℃，腹泻，呼吸加快和咳嗽。四肢强直，运步时头部高抬。肩前淋巴结肿大，有蜱虫咬伤史

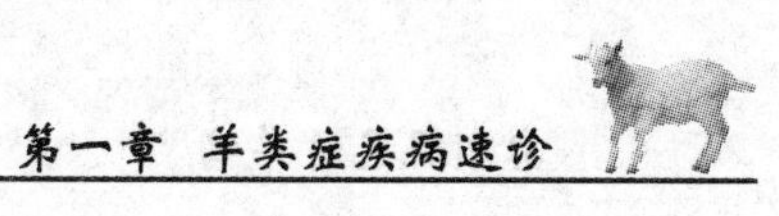

续表 9

病　名	速诊要点
胃肠炎	山羊羔见有腹胀，腹泻呈水样，排泄物腥臭或恶臭，混有黏液、黏膜组织或血液，脱水、体温升高、腹痛。慢性病羊有异食癖等特征
羔羊中毒性消化不良	病初病羊体温正常或偏高，发生胃肠炎时可达 40.5℃～41℃，剧烈腹泻，粪便带血、恶臭，呈水样。频频排尿，有时混有血液和蛋白质。母羊阴唇水肿，阴道黏膜潮红、肿胀
血吸虫病	体温升高至 40℃～41℃或以上。腹泻，粪便中混有黏液、血液和脱落的黏膜；腹泻加剧者，最后出现水样便，排便失禁；逐渐消瘦、贫血 慢性病例表现间歇性下痢，粪便中含有黏液、血液，甚至块状黏膜，气味恶臭。有里急后重现象，病羊颌下、腹下水肿，贫血、消瘦，羔羊发育不良，妊娠母羊易流产
东毕吸虫病	病羊体温升高，食欲减退，贫血，颌下、腹下水肿，腹围增大，消瘦，结膜苍白或黄染，发育不良，长期腹泻，粪便中混有黏液、黏膜和血丝
隐孢子虫病	羔羊顽固性腹泻
住肉孢子虫病	病羊不安，肌肉僵硬，发热，贫血，淋巴结肿大，腹泻，跛行，后肢麻痹，妊娠母羊流产
羊焦虫病	病羊感染巴贝斯焦虫时，体温可达 40℃～42℃，呈稽留热，可视黏膜充血，黄疸，血液稀薄。腹泻，出现血红蛋白尿，尿液呈浅红色或深红色。继而贫血，红细胞减少至 200 万～400 万个/毫米^3，大小不均 病羊感染泰勒焦虫时，体温可达 40℃～42℃，呈稽留热，可视黏膜初充血，继而苍白，并有轻度黄疸，腹泻与便秘交替发生。体表淋巴结肿大，尤以肩前淋巴结肿大显著。血检可见虫体

续表 9

病　名	速诊要点
羊球虫病	以出血性肠炎、渐进性贫血、消瘦为主要特征。病理变化特征是直肠出血性肠炎和溃疡，黏膜上可见散布有点状或索状出血点以及大小不等的白点或灰白点，并常有直径4～5毫米的溃疡。直肠内容物呈褐色，有纤维性薄膜和黏膜碎片
棉籽饼中毒	病羊拱背，粪球黑干，体温升高，妊娠母羊流产。腹式呼吸，听诊肺部有啰音。畏光流泪，有时失明。严重者腹泻带血，排尿困难或排血尿
马铃薯中毒	有食入马铃薯及其叶、茎病史。病羊兴奋、狂暴或沉郁、昏睡，痉挛、麻痹，共济失调。有不同程度的胃肠炎症状，皮肤出现干性疹或水疱性皮炎。溶血性贫血和血尿
蕨中毒	有食入蕨类植物史。病羊失明，无目的地行动，站立不稳，伴有角弓反张，周期性强直阵挛性惊厥。体温升高，腹泻。鼻、眼和阴道出血。老龄羊可见有血尿
有机磷农药中毒	有接触有机磷农药史。临床上以腹泻、流涎、尿失禁、神经症状为特征

腹泻但不发热

病羊体温不高，但排便频繁，粪便呈粥状或水样，有的不自主地排出粪便。有的呈排便动作，但每次仅排出少量粪便或黏液。临床上出现腹泻但无体温变化症状疾病的速诊要点见表 10 所示。

表10 表现腹泻但不发热症状疾病的速诊要点

病 名	速诊要点
羊肠毒血症	以青年羊、肥壮的羊以及饲料(尤其是多汁饲料)丰富时期多发,病羊可死于痉挛或昏迷。个别羊只出现疝痛,呼吸困难、流涎,腹泻。剖检可见肾肿大或变软;小肠几乎是空的,内容物呈乳酪样,肠管易破裂;心包积液,心肌出血
羔羊痢疾	初生1～3天的羔羊不吃奶,不久后下痢,粪便恶臭,有的稠如面糊,有的稀薄如水,后期含有血液,直至成为血便 有的病羔腹胀但不下痢,或只排少量稀便(也可能带血或呈血便),主要表现神经症状,四肢瘫软,卧地不起,呼吸急促,口流白沫,最后昏迷,头向后仰,体温降至常温以下
羊副结核病	以顽固性腹泻和逐渐消瘦为特征,禽型结核菌素反应呈阳性
羊快疫	病羊痛苦、磨牙、呼吸困难、腹胀,天然孔有红色液体流出,黏膜呈蓝红色,有时可见血色下痢。病羊在昏迷中死亡。剖检可见皱胃发炎或坏死,肾和脾脏变软而呈髓样,腹腔有积液
肝片吸虫病	表现急性或慢性肝炎和胆管炎,并伴发全身中毒和营养障碍。病羊表现渐进性消瘦,黏膜苍白,贫血,黄疸,周期性前胃弛缓或消化紊乱,腹泻,颌下,胸、腹部水肿等。肝脏、胆管内可见大量肝片吸虫
双腔吸虫病	病羊腹泻,消瘦,黏膜黄染,颌下水肿,肝脏、胆管内寄生可引起胆管卡他性炎症
前后盘吸虫病	以腹泻、消瘦等为特征。可视黏膜苍白,血液稀薄,全身水肿。瘤胃、网胃和食管沟有大量虫体附着。皱胃黏膜水肿,有出血点。胆囊膨大,充满黄褐色稀薄液体,内含有童虫,胆管内也有童虫

续表 10

病　名	速诊要点
绦虫病	病羊腹泻，粪便中含有绦虫头节，淋巴结肿大。若虫体阻塞肠道，则病羊表现腹痛不安，出现腹胀。有时出现转圈、肌肉痉挛、头向后仰
细颈囊尾蚴病	病羊表现不安、流涎、不食、腹泻和腹痛等症状，可能以死亡告终。慢性型症状不明显，有时可见病羊消瘦、虚弱，羔羊发育受阻
消化道线虫病	病羊消瘦，腹泻与便秘交替发生，颌下、胸或腹下水肿。剖检可见皱胃黏膜水肿，胃内容物呈浅红色，含有虫体
羔羊毛球阻塞症	羔羊腹泻，严重时腹胀，不见排便，流涎，磨牙。触诊胃肠部位有大小不一的硬状物，压捏有疼痛反应
消化不良	以消化功能障碍、腹泻、营养不良和内中毒为特征。粪便有酸臭味，有的粪便呈绿色。本病具有群发性特点，但一般不具有传染性
维生素 B_2 缺乏症	病羊以生长缓慢、皮炎、脱毛、腹泻、贫血为特征
维生素 B_5（泛酸）缺乏症	病羊以生长缓慢、皮炎、脱毛、腹泻、贫血为特征
维生素 B_1 缺乏症	病羊表现厌食和严重的多发性神经炎症状。体弱，生长不良，四肢无力，走路摇摆，痉挛，角弓反张，腹泻，黏膜发绀
异食癖	病羊食欲紊乱，采食异物如泥土、煤渣、垫料、粪便、尿液、污水、被毛、麻袋及塑料等
铜缺乏症	病羊全身被毛褪色，表现结膜炎、慢性贫血、腹泻，共济失调或走路摇摆，骨骼变形。主要由于饲料中铜含量不足所致
肝　炎	病羊厌食，消化不良，常伴有便秘或腹泻。可视黏膜黄染，严重时皮肤也可见到黄疸，皮肤瘙痒。容易兴奋或昏迷，共济失调，痉挛或呈昏迷状态

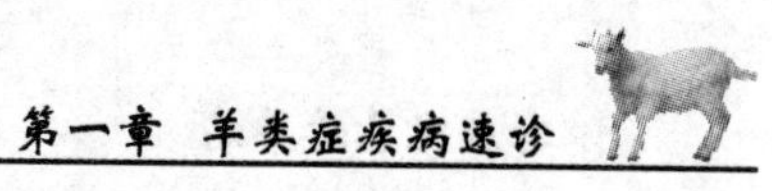

续表 10

病名	速诊要点
钴缺乏症	病羊消瘦、贫血，结膜、口和鼻黏膜发白，常腹泻。将病羊移至不缺钴地区则很快痊愈，若返回则会复发
酮病	反复发生消化紊乱，异食癖，便秘与腹泻交替发生，乳汁、尿液中有酮味
瘤胃酸中毒	急性型病羊采食后 4～8 小时发病，不表现症状即突然死亡。病羊精神沉郁，先期表现为瘤胃蠕动停止，腹胀、腹痛，触诊瘤胃胀软，内容物呈液状，腹泻。有时出现蹄叶炎而跛行。体温正常或升高，机体发生严重脱水，眼窝明显凹陷
棉籽饼中毒	因长期饲喂过量的棉籽饼、棉籽和棉叶所致。病羊表现胃肠炎和瘤胃臌气，先便秘，后腹泻，有腹痛。慢性中毒时病羊食欲减退，尿频或尿闭，排血尿。磨牙、呻吟、呼吸困难、流鼻液，听诊肺部有湿性啰音。有时腹下及四肢出现水肿。有的羔羊以视力障碍为主(类似维生素 A 缺乏导致的夜盲症)
酒糟中毒	大量饲喂酒糟，缺乏其他饲料的适当搭配，或饲喂发霉变质酒糟，都会引起中毒。病羊以兴奋、共济失调、胃肠炎、呼吸困难、皮肤湿疹为特征
硫酸铜中毒	发生慢性中毒时，病羊饮欲增加，可视黏膜苍白或黄染。消化紊乱，呈现腹泻，排黑色粪便，有血红蛋白尿
亚硝酸盐中毒	病羊流涎、呕吐、腹痛、腹泻、呼吸困难、肌肉震颤
氢氰酸中毒	是由于采食富含氰化物或富含氰苷的青绿饲料而引起的一种急性中毒性疾病。临床上以发病突然、流涎、呕吐、腹痛、臌气、腹泻、呼吸困难、震颤、惊厥、迅速死亡为主要特征
食盐中毒	病羊口渴，臌气，口流大量泡沫，呼吸困难，腹泻带血。病初兴奋不安，磨牙，肌肉震颤，盲目行走
硝酸铵中毒	有食入硝酸铵病史。发病突然、流涎、腹痛、臌气、腹泻、呼吸困难，病羊不安、震颤、惊厥

续表 10

病　名	速诊要点
尿素中毒	有食入尿素病史。发病突然，流涎、腹痛、臌气、腹泻，呼吸困难，病羊不安、震颤、惊厥
蓖麻中毒	有食入蓖麻病史。病羊耳尖、鼻端和四肢发凉，臌气，腹泻便中带血

异食癖

羊表现食欲紊乱，采食异物如泥土、煤渣、垫料、粪便、尿液、污水、被毛、麻袋及塑料等。临床上表现异食癖症状疾病的速诊要点见表 11 所示。

表 11　表现异食癖症状疾病的速诊要点

病　名	速诊要点
骨软症	以消化紊乱、异食癖、跛行、骨质疏松和骨骼变形等为主要特征
酮　病	病羊反复发生消化紊乱，异食癖，便秘与腹泻交替发生。乳汁、尿液中有酮味(烂苹果味)
佝偻病	以异嗜、消化功能紊乱、跛行和骨骼变形等为主要特征
胃肠炎	山羊羔见有腹胀。病羊腹泻呈水样，排泄物腥臭或恶臭，混有黏液、黏膜组织或血液，脱水、体温升高、腹痛。慢性病例有异食癖等特征
铜缺乏	病羊食欲减退，营养不良，生长缓慢，有异食癖，喜舔土。站立时拱背，后肢叉开，呈犬坐姿势，起立困难，共济失调，后肢拖地，表现左右摇摆，故又称“摇摆病”。全身被毛褪色，无光泽，毛失去弯曲

续表 11

病名	速诊要点
食毛症	病羊啃咬羊毛,多有臌气、腹痛和腹膜炎,常常引起肠梗阻
羔羊毛球阻塞症	初期仅个别羔羊表现异食癖,以后多数羔羊表现异食癖。当发生严重阻塞时,羊只卧下或休息反刍时,可见口唇下及卧下的地面上有唾液或绿色液汁(青草汁)。病羔腹胀,不排便。口流唾液,磨牙,喜卧。隔着腹壁触摸胃肠部位时,可感觉到有枣核大或蚕豆大的硬物,压捏时疼痛剧烈,病羊发出叫声

呕 吐

呕吐是将胃内容物或部分小肠内容物不自主地经口或鼻腔排出体外的一种病理现象。病羊采食某些对胃有刺激性的物质时,可能发生呕吐,借此将有害物质排出。因此,呕吐也是一种保护性动作。各种家畜的胃和食管构造不同,呕吐的发生也不一样。其中肉食类动物最易发生呕吐,猪次之,反刍兽再次之。临床上表现呕吐症状疾病的速诊要点见表 12 所示。

表 12 表现呕吐症状疾病的速诊要点

病名	速诊要点
咽炎	病羊咽下困难,流涎,呕吐,吐出混有食糜、唾液的炎性物。严重病例有时有液体从鼻孔回流,喝水时可从鼻孔流出。头颈伸直,咽部肿胀,触诊有疼痛性咳嗽等反应,表现不安
亚硝酸盐中毒	病羊流涎、呕吐、腹痛、腹泻、呼吸困难、肌肉震颤
氢氰酸中毒	临床上以发病突然、流涎、呕吐、腹痛、臌气、腹泻、呼吸困难、震颤、惊厥、迅速死亡为主要特征

续表 12

病　名	速诊要点
乌头中毒	多发生在乌头植物生长较多的地区。病羊流涎、磨牙、呕吐、呻吟不安、肌肉震颤，山羊可表现腹痛
有机磷农药中毒	有接触有机磷农药史。临床上以腹泻、流涎、呕吐、尿失禁、神经症状为特征
铜中毒	急性中毒主要表现呕吐、流涎，剧烈腹痛、腹泻，心动过速，惊厥、麻痹和虚脱，最后死亡。粪便中含有黏液，呈深绿色

第三节　呼吸系统类症疾病速诊

鼻流血或鼻液中混有血液

健康羊一般无鼻液，天气冷时可有微量的浆液性鼻液，羊则常用舌舔去或咳出。在判断鼻出血时要注意出血是一侧性还是两侧性；是突然大量出血还是慢性少量出血；有无泡沫等。若有大量鼻血流出，则为病理征象。若流出的鼻液内混有血丝或血块，或呈铁锈色，可能见于如下疾病(表 13)。

表 13　表现鼻流血或鼻液中混有血液症状疾病的速诊要点

病　名	速诊要点
鼻　炎	病羊鼻黏膜充血肿胀，甚至有顽固性的器质性变化，以流浆液性、浆液黏液性或黏液脓性鼻液为主要特征
羊狂蝇蛆病	鼻流稠鼻液，并混有血液。鼻液黏附于鼻孔，致使病羊呼吸困难和打喷嚏，表现不停摩鼻

续表 13

病　名	速诊要点
肺出血	血液呈鲜红色,从两侧鼻孔流出,并含有多量的泡沫状小气泡,常伴有咳嗽和气喘。病羊呼吸困难,气管和肺部听诊有湿性啰音
炭　疽	病羊昏迷、摇摆、磨牙,全身战栗,体温升高,呼吸困难。可视黏膜发绀,口、鼻流出血色泡沫,肛门、阴门流出不凝固的黑红色血液。亚急性病例颈、胸、腹下及乳房等体表水肿。血检可见炭疽杆菌
蓝舌病	病羊体温高达 40℃以上,且呈稽留热。流涎,口、唇肿胀,以至耳部、颈部、胸腹部水肿。口腔黏膜充血后发绀,呈青紫色,舌呈蓝色发绀。随后,口腔、唇、齿龈、颊、舌黏膜糜烂、溃疡。鼻分泌物呈浆液性或黏液性,常带有血液。蹄叶发炎并形成溃烂,容易被误诊为口蹄疫
巴氏杆菌病	最急性型多见于哺乳羔羊,病羔体温升高,全身震颤,数分钟至数小时死亡。急性者体温升高,腹痛,肌肉震颤,呼吸困难。初便秘,后腹泻,有时粪便全部为血水。有鼻液,有的鼻液中带血。慢性病例咳嗽,有的颈、胸部发生水肿。关节肿大,呈现跛行。剖检可见呈败血症变化,肺有肝变区,内有坏死灶;胸腔内有浆液性纤维素性渗出液,胸膜、心包被覆有纤维素性凝块;有的颌下、颈部、胸前部皮下有出血样浸润
蕨中毒	有食入大量蕨类植物病史。病羊体温升高,腹泻带血,鼻、眼、直肠、阴道出血

咳　嗽

咳嗽是呼吸器官最常见的一种症状,通过咳嗽可将呼吸道黏膜的炎性分泌物或刺激性异物排出体外。因此,咳嗽是一种反射性的保护动作。注意咳嗽的性质、节律、音调、出现的时间及其伴发的一些现象，均有助于疾病的诊断。出现咳嗽症状疾病的速诊要点见表 14 所示。

表 14　出现咳嗽症状疾病的速诊要点

病　名	速诊要点
感　冒	鼻流清液，体温稍有升高，体表温度不均，咳嗽、打喷嚏、摩鼻、气喘
羊狂蝇蛆病	鼻流浓稠鼻液，并混有血液。鼻孔黏附鼻液，导致呼吸困难、打喷嚏，病羊不停摩鼻
肺线虫病	起初有个别羊只咳嗽，继而成群羊均发生咳嗽，运动后和夜间咳嗽加剧，呼吸音粗重，如拉风箱般。病羊打喷嚏。剖检可见气管、支气管及细支气管内有虫体
棘球蚴病	病羊严重感染时出现脱毛，消瘦，肺部感染时病羊咳嗽。剖检可见肝、肺表面凹凸不平，有数量不等的棘球蚴囊泡凸起
喉　炎	病羊剧烈咳嗽，吸入冷空气或触摸喉头时咳嗽加剧，严重时喉部肿胀，呼吸困难，体温升高
支气管炎	以咳嗽、流鼻液、不定型热、支气管啰音、呼气性呼吸困难、气管敏感和听诊肺部有啰音为特征
肺　炎	病羊体温升高至 40℃～42℃，寒战，呼吸加快，眼、鼻黏膜变红，鼻无分泌物，常发出干而痛苦的咳嗽，以后呼吸困难

流鼻液但不发热

健康羊一般无鼻液，天气冷时可有微量的浆液性鼻液，羊则常用舌舔去或咳出，若有大量鼻液流出（呈黏液性、脓性、泡沫状或混有杂物等）则为病理征象。表现流鼻液但不发热症状疾病的速诊要点见表 15。

表15 表现流鼻液但不发热症状疾病的速诊要点

病 名	速诊要点
绵羊肺腺瘤病	病羊咳嗽,流浆液性鼻液,呼吸困难。剖检可见肺泡壁及支气管壁细胞大量增生,很像腺瘤
羊狂蝇蛆病	病羊鼻流稠鼻液,并混有血液。鼻液黏附于鼻孔,导致呼吸困难、打喷嚏,病羊不停摩鼻
鼻 炎	病初鼻痒,病羊喷鼻或在物体上摩擦鼻部。有的病羊体温升高。鼻黏膜充血、肿胀,敏感性增高。有时颌下淋巴结肿胀。鼻液初为浆液性,后为黏液性或黏液脓性
食管阻塞	饲喂或在块茎饲草地放牧时,羊只突然出现饮食废绝,骚动不安,摇头,伸头缩颈,张口伸舌或空口咀嚼,口、鼻流涎,阵发短咳,常表现吞咽动作
咽 炎	病羊剧烈咳嗽,吸入冷空气或触摸喉头时咳嗽加剧,严重时喉部肿胀,呼吸困难,体温升高
水中毒	羊在运动后或久渴暴饮时,在过量饮水10～20分钟后排出淡红色、黑褐色或暗红色尿液。腹部膨大,不安,流泡沫样鼻液,流涎
黑斑病甘薯中毒	有食入黑斑病甘薯病史。病羊体温升高,有时呼吸困难,发出“吭吭”声,磨牙,流延。山羊中毒时,呼吸急促,达每分钟120次,腹胀,鼻孔开张,呼气延长,流水样鼻液
山羊结核病	牛、羊同群,牛群中有结核病是引发山羊结核病的重要病因。病羊乳房淋巴结肿大,有黄灰色脓性分泌物咳出,消瘦、食欲减退,产奶量明显减少。结核菌素变态反应呈阳性
肺线虫病	病羊以消瘦、咳嗽、流脓性鼻液、呼吸困难为特征

流鼻液且发热

表现流鼻液且伴有发热症状疾病的速诊要点见表16。

表 16　表现流鼻液且伴有发热症状疾病的速诊要点

病　名	速诊要点
感　冒	病羊以鼻流清液、体温稍有升高、体表温度不均、咳嗽、打喷嚏、摩鼻和气喘等为主要特征
支气管炎	病羊以咳嗽、流鼻液、不定型热、支气管啰音、呈呼气性呼吸困难、气管敏感和听诊肺部有啰音为特征
支气管肺炎	病羊咳嗽，体温升高，呈弛张热型。呼吸困难，肺部听诊初期有干性啰音，中期有湿性啰音和捻发音
化脓性肺炎	病羊间歇性体温升高至 41.5℃，咳嗽，呼吸困难
羔羊肺炎	病羊体温升高至 40℃～41℃，咳嗽，呼吸困难，鼻孔内流出黏性鼻液，听诊肺部有湿啰音
小反刍兽疫	急性型病例体温可上升至 40℃～41℃，症状类似于感冒，流黏液脓性鼻液，呼出恶臭气体。口腔黏膜充血，颊黏膜进行性广泛性损害、多涎，口腔黏膜出现小而粗糙的红色浅表坏死病灶，严重病例可见坏死病灶波及齿龈、腭、颊部及其乳头、舌等处。后期出现带血水样腹泻，病羊严重脱水
巴氏杆菌病	最急性型多见哺乳羔羊，体温升高，全身震颤，数分钟至数小时死亡。急性型病例体温升高，腹痛，肌肉震颤，呼吸困难；初便秘，后腹泻，有时粪便全部为血水；眼、鼻有分泌物，有时带血。慢性病例咳嗽，有的颈、胸部发生水肿；关节肿大，呈现跛行。剖检可见呈败血症变化，肺有肝变区，内有坏死灶；胸腔内有浆液性纤维素性渗出液，胸膜、心包被覆有纤维素性凝块；有的颌下、颈部、胸前部皮下有出血样浸润

续表 16

病 名	速诊要点
山羊传染性胸膜肺炎	急性型病例主要呈现胸膜炎症状，体温达 40℃～42℃，呈稽留热型，鼻孔扩张，鼻翼扇动，流出浆液性或脓性鼻液。肋间触压有疼痛表现，病羊喜孤立一处，伸颈气喘，呈腹式呼吸，肋间下陷，吸气长而呼气短，呈现呼吸极度困难，发出呻吟声，胸部叩诊有实音，有痛感 病理变化主要集中在肺和胸膜。肺呈大理石样外观和浆液性纤维素性胸膜肺炎症状
钩端螺旋体病	最急性型病例病初体温升高达 40.5℃～41.5℃，表现黄疸、血尿、腹泻，常于 1 天内窒息死亡。急性型病例精神沉郁，鼻流黏性脓性或脓性分泌物，耳、躯干及乳头部皮肤发生坏死。皮下组织发黄，内脏有广泛性点状出血。肾表面有灰白色小病灶，肝肿大、有坏死灶，肺有出血斑，肠系膜淋巴结肿大明显
羊溶血性链球菌病	病羊体温达 40℃～41℃或以上，咳嗽，流涎，颌下淋巴结肿大，咽喉肿胀，呼吸困难，流鼻液。眼结膜充血肿胀，畏光流泪，有黏脓性分泌物
羔羊双球菌性肺炎	最急性病例表现腕关节、跗关节疼痛，跛行，发病 24 小时内死亡 急性型病例鼻流黏液脓性鼻液，体温升高至 41℃～42℃，听诊肺部有湿性啰音，剖检可见肺气肿，有灰色肝变区及出血斑；肝肿大 1 倍以上，胆囊肿大。取病羊脏器或血液镜检可见荚膜双球菌
伪狂犬病	病羊以发热、奇痒和脑脊髓炎为特征。主要表现头颈肌肉痉挛，头、颈、肩、后腿皮肤剧痒，病羊不停地舔舐患部，往往因止痒而摩擦痒处皮肤，引起擦伤。当病情发展至延髓时，表现咽麻痹、流涎、磨牙、鸣叫
东毕吸虫病	病羊消瘦，腹泻带血，体温升高，有鼻液，好似感冒。剖检可见肝小血管中有虫体

续表 16

病　名	速诊要点
弓形虫病	病羊以咳嗽、流鼻液、呼吸困难、高热不退、流涎、共济失调、视力障碍为特征，母羊可发生早产、流产、死产。急性病例取肺、腹水涂片或用流产胎儿脏器组织涂片镜检，可见弓形虫虫体

呼吸急迫、困难但不发热

健康羊呼吸时胸壁和腹壁动作协调，强度一致。若在呼吸活动中胸、腹起伏特别明显，每分钟呼吸次数明显增加，则为呼吸急迫。呼吸困难分为吸气性呼吸困难、呼气性呼吸困难和混合性呼吸困难。吸气性呼吸困难表现为吸气动作费力而异常，与正常吸气运动无关的肌肉参与了吸气动作（如鼻翼扇动），吸气延长，鼻翼开张，头颈平伸，胸廓扩展，严重者张口呼吸。呼气性呼吸困难表现呼气延长，腹式呼吸明显，肷部扇动。混合性呼吸困难即吸气与呼气均发生困难。表现呼吸急迫、困难但不发热症状疾病的速诊要点见表 17 所示。

表 17　表现呼吸急迫、困难但不发热症状疾病的速诊要点

病　名	速诊要点
梅迪-维斯纳病	病羊进行性消瘦，呼吸日渐急促而后困难，体温正常，表现进行性间质性肺炎，共济失调和轻瘫。剖检可见肺肿大，其体积比正常肿大 2～4 倍
绵羊肺腺瘤病	病羊咳嗽，流浆液性鼻液，呼吸困难。剖检可见肺泡壁及支气管壁细胞大量增生，很像腺瘤
羊肠毒血症	多发于青年羊、肥壮羊或饲料（尤其是多汁饲料）丰富时期，病羊可死于痉挛或昏迷。个别羊只出现疝痛，呼吸困难，流涎，腹泻。剖检可见肾肿大或变软；小肠几乎是空的，内容物呈奶酪样，肠壁易破裂；心包积液，心肌出血

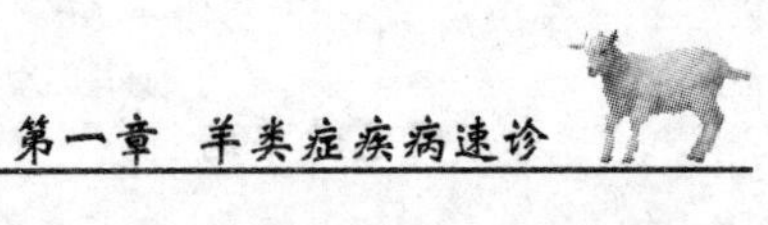

续表 17

病　名	速诊要点
羊快疫	病羊痛苦、磨牙、呼吸困难、腹胀，天然孔流出红色液体，黏膜呈蓝红色，有时可见血色下痢。病羊在昏迷中死亡。剖检可见皱胃发炎或坏死，肾和脾脏变软而呈髓样，腹腔有积液
妊娠毒血症	多发生于妊娠后期或怀双羔的母羊。病羊磨牙，头颈颤动，呼吸困难，呼出气体带有酮味，表现反应迟钝或易于兴奋
绵羊碘缺乏症	初生羔羊呼吸困难，颈部肿大，被毛稀少，全身水肿
棘球蚴病	病羊表现长期慢性呼吸困难，叩诊可在不同部位发现局限性半浊音。当肝受侵害时，触诊病羊疼痛，严重者右侧腹部膨大
食管阻塞	病羊在采食时突然出现饮食废绝，骚动不安，摇头，伸头缩颈，张口伸舌或空口咀嚼，口、鼻流出分泌物，阵发短咳，常表现吞咽动作。臌气，出现呼吸困难
瘤胃臌气	病羊突然发病，表现呼吸困难，不安，腹围迅速膨大，左肷窝隆起甚至高于髋结节，张口伸舌，腹痛。触诊瘤胃时腹壁紧张但按压有弹性，肷部叩诊有响鼓音
瘤胃积食	食后不久即见腹痛不安，腹围增大，左腹膨大，左肷充满。触诊瘤胃坚实，似捏粉状。用手触压有压痕，并有痛感。严重者呼吸困难
胆碱缺乏症	病羔衰弱、厌食、呼吸困难
食盐中毒	病羊口渴，臌气，口流大量泡沫，呼吸困难，腹泻带血。病初兴奋不安，磨牙，肌肉震颤，盲目行走
酒糟中毒	突然大量饲喂酒糟可引起病羊兴奋不安，而后出现胃肠炎，食欲减退，腹痛，腹泻。心动过速，呼吸困难，共济失调，四肢麻痹，倒地不起，最后因呼吸衰竭死亡 慢性中毒者可见可视黏膜潮红、黄染，发生皮疹或皮炎，尤其系部皮肤最为明显

续表 17

病名	速诊要点
有机磷农药中毒	病羊有食入有机磷农药污染的饲料、饮水病史。表现突然发病，多于数分钟至数小时出现神经症状，肌肉颤抖，四肢发硬。病羊痛苦呻吟，流涎，口吐白沫，瘤胃臌气，粪便稀薄或便血，呼出气体和分泌物中有特殊的大蒜臭味
亚硝酸盐中毒	羊流涎、呕吐、腹痛、腹泻、呼吸困难、肌肉震颤
尿素中毒	有食入尿素病史。发病突然，病羊流涎、腹痛、臌气、腹泻、呼吸困难、不安、震颤、惊厥
氢氰酸中毒	临床上以发病突然、流涎、呕吐、腹痛、臌气、腹泻、呼吸困难、震颤、惊厥、迅速死亡为主要特征
硝酸铵中毒	有食入硝酸铵病史。发病突然，病羊流涎、腹痛、臌气、腹泻、呼吸困难、不安、震颤、惊厥
砷中毒	急性者数小时发病死亡，表现呼吸困难、臌气、腹痛。慢性者表现视力减退或失明，不避障碍物，舌和咽麻痹
蛇毒中毒	头部被咬伤时口唇、鼻端、颊部及颌下肿胀，病羊表现不安。四肢被咬伤时，咬伤部位肿胀，呈现跛行。全身症状则为四肢麻痹、呼吸困难、血尿
光过敏症	病羊畏光，唇、眼睑、颜面部、阴门与蹄冠过敏，病羊摩擦或蹴踢患部，继而发生颜面水肿。病羊呼吸困难，发生黄疸
黑斑病甘薯中毒	有食入黑斑病甘薯病史，以呼吸困难、急性肺水肿或间质性肺气肿以及后期发生皮下气肿为特征

呼吸急迫、困难并伴随发热

表现呼吸急迫、困难并伴随发热症状疾病的速诊要点见表 18 所示。

表18　表现呼吸急迫、困难并伴随发热症状疾病的速诊要点

病　名	速诊要点
感　冒	病羊以鼻流清液、体温稍有升高、体表温度不均、咳嗽、打喷嚏、摩鼻和气喘等为主要特征
支气管炎	病羊发出短促而疼痛的干咳，体温一般正常，有时体温升高至40℃以上，呈呼气性呼吸困难，气管敏感，听诊肺部有啰音
肺　炎	体温升高至40℃～42℃，寒战，呼吸加快，眼、鼻黏膜发红，鼻无分泌物，常发出痛苦的干咳，以后表现呼吸困难
胸膜炎	病羊精神不振，食欲减退。体温升高，可达40℃以上，呈弛张热或不定型热。呼吸急迫，多呈断续性呼吸和腹式呼吸。触诊胸壁表现疼痛 胸部叩诊，病羊初期表现疼痛及咳嗽加剧。因渗出液积聚，胸廓下部叩诊呈水平浊音 病初期听诊有胸膜摩擦音，随着渗出液的蓄积，摩擦音消失，可听到拍水音
日射病和热射病	日射病：病羊突然发病，步态不稳，摇摆。鼻孔流出泡沫状浆液，结膜发绀，呼吸困难。全身肌肉颤动，突然倒地死亡 热射病：病羊体温急剧上升，全身出汗，表现恐惧，惊厥不安。张口伸舌，严重时突然倒地，痉挛战栗或昏迷而死
山羊传染性胸膜肺炎	急性型病羊主要表现胸膜炎的症状，体温达40℃～42℃，呈稽留热型，鼻孔扩张，鼻翼扇动，流出浆液性或脓性鼻液。肋间触压有疼痛表现，病羊喜孤立一处，伸颈气喘，呈腹式呼吸，肋间下陷，吸气长而呼气短，呈现呼吸极度困难，发出呻吟声。胸部叩诊有实音，有痛感。有的发生腹胀、腹泻或口腔发生溃烂，唇、乳房皮肤出现疹块。母山羊流产 病理变化主要集中在肺和胸膜，肺呈大理石样外观和浆液性纤维素性胸膜肺炎症状

续表18

病　名	速诊要点
巴氏杆菌病	最急性型多见哺乳羔羊，体温升高，全身震颤，数分钟至数小时死亡。急性型体温升高，腹痛，肌肉震颤，呼吸困难；初便秘，后腹泻，有时粪便全部为血水；眼、鼻有分泌物，有时带血。慢性型病羊咳嗽，有的颈、胸部发生水肿；关节肿大，呈现跛行。剖检可见呈败血症变化，肺有肝变区，内有坏死灶；胸腔内有浆液性纤维素性渗出液，胸膜、心包被覆纤维素性凝块；有的颌下、颈部、胸前部皮下有出血样浸润
跳跃病（脑炎、震颤病）	病初体温高达 40℃～41℃，呼吸困难，病羔兴奋不安，出现震颤，以头、颈震颤为特征。以后出现跳跃，时而像小跑的马，时而向前冲跳
炭　疽	病羊突然死亡，尸体易膨胀，天然孔出血，脾脏肿大 2～3 倍。急性型病羊表现不安，呼吸困难，行走摇摆，体温升高，黏膜发紫，唾液及排泄物呈红色。间或身体各部分发生水肿，肛门出血。常于夏季发生
羊溶血性链球菌病	病羊体温达 40℃～41℃或以上。咳嗽，流涎，颌下淋巴结肿大，咽喉肿胀，呼吸困难，流鼻液。眼结膜充血肿胀，畏光流泪，有黏脓性分泌物
土拉杆菌病	病羊体温高达 41℃～42.5℃，腹泻，呼吸加快和咳嗽。运动强直，运步时头部高抬。肩前淋巴结肿大。有蜱虫咬伤病史
羊黑疫	本病在有肝片吸虫的地区多发，体况良好的羊易发，多突然死亡，延至 1～2 天者，精神沉郁、呼吸促迫，体温高达 40℃～41.5℃。剖检可见肝脏表面有小的灰色坏死灶
弓形虫病	病羊以咳嗽、流鼻液、呼吸困难、高热不退、流涎、共济失调、视力障碍为特征，母羊可发生早产、流产、死产。急性病例取肺、腹水涂片或用流产胎儿脏器组织涂片镜检，可见弓形虫虫体

续表 18

病　名	速诊要点
黑斑病甘薯中毒	有食入霉烂甘薯病史。病初发热、脉搏增数、气喘，发出“吭吭”声。山羊还有臌气、吸气延长等症状
棉籽饼中毒	病羊拱背，粪球黑干，体温升高，母羊流产。腹式呼吸，听诊肺部有啰音，畏光流泪，有时失明。严重者腹泻带血，排尿困难或排出血尿

呼出气味发臭

正常羊鼻腔呼出的气体无任何特殊气味，如有异常，则是病理性变化。临床上表现呼出气味发臭症状疾病的速诊要点见表 19 所示。

表 19　表现呼出气味发臭症状疾病的速诊要点

病　名	速诊要点
额窦炎	常由外伤引起，主要包括角基外伤、骨折或角基炎症等。初期鼻出血，以后出现黏液脓性或脓性腐败性鼻渗出物，通常由一侧鼻孔流出，有恶臭味。触诊额窦处时有疼痛，充满渗出物，叩诊呈浊音
异物性肺炎（吸入性肺炎或坏疽性肺炎）	有误咽食物或药物病史，以急性、咳嗽、发热、高度呼吸困难及鼻孔流出腐败、恶臭鼻液为特征

第四节　泌尿生殖系统类症疾病速诊

尿闭、排尿疼痛

羊的排尿量和排尿次数，与肾脏分泌功能、尿路状态、饲料含水量和羊的饮水量、气温变化有很大关系。健康羊每昼夜排尿

0.5～1升。羊表现排尿次数增多，每次都有多量尿液排出，是患病的征象，但排尿次数或尿量的减少，也是泌尿道疾病的病理特征。羊排尿时表现疼痛、不安、呻吟以及屡取排尿姿势而无尿液排出或呈点滴状排出可能见于如下疾病(表20)。

表20　表现尿闭、排尿疼痛症状疾病的速诊要点

病　名	速诊要点
尿结石	病羊腹痛拱背，频频努责做排尿状，但仅排出少量尿液甚至无尿。公羊阴茎包皮节律性收缩，呈排尿动作，但由于排尿不畅，尿如线状，或欲尿即停，阴茎包皮上附有细小的灰白色颗粒状结石。有时呈现一时性血尿和蛋白尿
肾　炎	触诊病羊肾区敏感、疼痛，尿量减少或无尿，有蛋白尿、血尿、管型尿，尿沉渣中混有肾上皮细胞
膀胱破裂	多数并发于结石症。病羊做排尿姿势但不见尿液排出，或排出少量混有血液的尿液。膀胱破裂后，疼痛感减轻，下腹部迅速增大，在腹下部用力冲击，可听到明显的拍水音。腹腔穿刺可有大量黄色尿液排出
尿道炎	病羊频频排尿，由于炎性疼痛，尿液呈断续状排出。公羊阴茎频频勃起，严重时可见到黏液脓性分泌物不时自尿道流出
羔羊尿潴留	病羔不见排尿或排尿疼痛，摇尾，弓腰，咩叫，走动不安。时间延长可发生膀胱破裂。倒提羊只时可在耻骨前缘处摸到充满尿液的膀胱，有波动感
膀胱结石	有时并不呈现任何症状，多数病羊表现尿频或血尿，膀胱敏感性增高，公羊阴茎包皮周围常附有干燥的细沙粒样物。病羊排尿疼痛，表现呻吟，腹壁抽缩
棉籽饼中毒	病羊拱背，粪球黑干，体温升高，母羊流产。腹式呼吸，听诊肺部有啰音，畏光流泪，有时失明。严重者腹泻带血，排尿困难或排出血尿

尿频

尿频是指排尿次数增多，而每次尿量不多，甚至呈滴状排出。表现尿频症状疾病的速诊要点见表21所示。

表21 表现尿频症状疾病的速诊要点

病名	速诊要点
膀胱炎	病羊尿频，尿量少或无尿，尿液中含有蛋白质和脓细胞。触压膀胱时病羊敏感
传染性阴道炎	阴道和阴唇黏膜发红、肿胀，有黏性脓性分泌物，含有坏死组织碎片
绵羊妊娠毒血症	病羊呈现产后瘫痪样症状，磨牙，头颈震颤，尿频，尿液、乳汁有酮味。有的病羊表现兴奋

尿失禁

尿失禁是指羊排尿时没有相应的排尿动作，尿液自动经尿路流出。表现尿失禁症状疾病的速诊要点见表22所示。

表22 表现尿失禁症状疾病的速诊要点

病名	速诊要点
尿结石	病羊腹痛拱背，频频努责做排尿状，但仅排出少量尿液甚至无尿。公羊阴茎包皮节律性收缩，呈排尿动作，但由于排尿不畅，尿如线状，或欲尿即停，阴茎包皮上附有细小的灰白色颗粒状结石。有时呈现一时性血尿和蛋白尿
羔羊低糖血症（体温过低）	出生后全身发抖，拱背，盲目行走，步态僵硬，呈阵发性发作。早期体温过低，呼吸急促。耳尖、鼻端、四肢下部发凉，出现尿失禁

续表 22

病 名	速诊要点
有机磷农药中毒	有接触有机磷农药病史。临床上以腹泻、流涎、尿失禁、神经症状为特征
脑多头蚴病	病羊呆立、轻度发热、流涎，随后出现斜颈、平衡失调、头颈因一侧性麻痹而偏向一侧，并沿该方向做圆圈运动，遇到障碍时以头抵撞。有时因咽喉肌麻痹和舌麻痹而大量流涎。当膀胱发生麻痹时，呈现尿失禁。最后卧地不起，强行翻身又迅速翻转过来。妊娠母羊常发生流产

血 尿

血尿是指尿液中混有血液，呈透明红色或暗红色。表现血尿症状疾病的速诊要点见表 23 所示。

表 23 表现血尿症状疾病的速诊要点

病 名	速诊要点
钩端螺旋体病	最急性型病初体温升高达 40.5℃～41.5℃，黄疸，血尿，腹泻，常于 1 天内窒息死亡。急性型表现精神沉郁，鼻流黏性脓性或脓性分泌物，耳、躯干及乳头部皮肤发生坏死。皮下组织发黄，内脏有广泛性点状出血，肾表面有灰白色小病灶，肝肿大，有坏死灶，肺有出血斑，肠系膜淋巴结肿大明显
羊焦虫病	病羊感染巴贝斯焦虫，体温可达 40℃～42℃，呈稽留热，可视黏膜充血、黄染，血液稀薄，腹泻。出现血红蛋白尿，尿液呈浅红色或深红色，继而贫血，红细胞减少至 200 万～400 万个/毫米^3，且大小不均 病羊感染泰勒焦虫，体温可达 40℃～42℃，呈稽留热，可视黏膜初充血、苍白，并轻度黄染，腹泻与便秘交替发生。体表淋巴结肿大，尤以肩前淋巴结肿大显著。血检可发现虫体

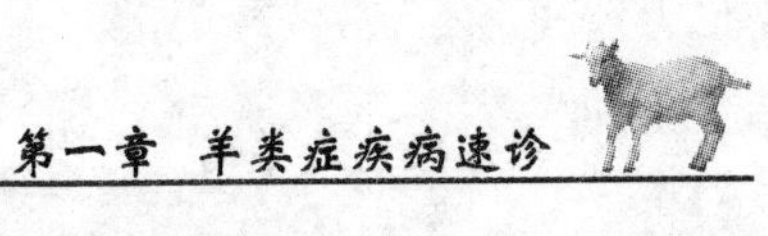

续表 23

病　名	速诊要点
肾盂肾炎	一般无可见症状,病羊衰弱、消瘦、磨牙、精神沉郁,尿液量逐渐减少,尿液浑浊,内有蛋白质
肾　炎	病羊频频排尿,尿色浓暗似浓茶水。当尿液中含有大量红细胞时,则呈粉红色,甚至深红色或褐红色(血尿)。慢性肾炎多由急性肾炎发展而来,病羊逐渐消瘦,病至后期,眼睑、胸腹下或四肢末端出现水肿
尿石症	病羊腹痛拱背,频频努责做排尿状,但仅排出少量尿液甚至无尿。公羊阴茎包皮节律性收缩,呈排尿动作,但由于排尿不畅,尿如线状,或欲尿即停,阴茎包皮上附有细小的灰白色颗粒状结石。有时呈现一时性血尿和蛋白尿
膀胱炎	病羊尿频、尿量少或无尿。尿液中含有蛋白质和脓细胞。触压膀胱时病羊表现敏感
膀胱破裂	多数并发于结石症。病羊做排尿姿势但不见排尿,或排出少量混有血液的尿液。膀胱破裂后,疼痛减轻,下腹部迅速增大,在下腹部用力冲击,可听到明显的拍水音。腹腔穿刺可有大量黄色尿液排出
蕨中毒	有食入蕨类植物病史。病羊失明,无目的地行动,站立不稳,伴有角弓反张和周期性强直阵挛性惊厥。体温升高,腹泻。鼻、眼和阴道出血,老龄羊可见有血尿
水中毒	羊在运动或久渴后大量饮水,10～20 分钟后排出红色、黑褐色或暗红色尿液。腹部膨大,不安,流泡沫样鼻液,流涎
萱草根(黄花菜根)中毒	有食入萱草根病史,病羊以轻瘫、四肢麻痹、双目失明及排血尿为特征
马铃薯中毒	有食入马铃薯块根、叶、茎病史。病羊兴奋、狂暴或沉郁、昏睡,痉挛、麻痹,共济失调。有不同程度的胃肠炎症状,皮肤出现干性疹或水疱性皮炎。有溶血性贫血和排血尿症状

续表 23

病　名	速诊要点
慢性铜中毒	有食入被铜污染的饲料病史。病羊排血红蛋白尿，可视黏膜苍白、黄染
棉籽饼中毒	病羊拱背，粪球黑干，体温升高，母羊流产。腹式呼吸，听诊肺部有啰音，畏光流泪，有时失明。严重者腹泻带血，排尿困难或排出血尿
蛇毒中毒	头部被毒蛇咬伤时，口唇、鼻端、颊部及颌下肿胀，病羊表现不安。四肢被咬伤时，咬伤部位肿胀，呈现跛行。全身症状则为四肢麻痹、呼吸困难和排出血尿
硒缺乏症（白肌病）	病羊不表现前驱症状而突然死亡，尤其在运动时更易发生，如在羔羊吃奶前见到母羊或赶出羊舍蹦跳运动时，突发死亡。病羔运动无力，站立困难；有时表现强直性痉挛，出现麻痹、血尿。剖检可见骨骼肌、心肌和肝脏色淡，出现局限性发白或发灰的变性区，呈煮肉状

酮　尿

羊排尿时尿液发出烂苹果味（酮味）可能见于如下疾病（表24）。

表 24　表现酮尿症状疾病的速诊要点

病　名	速诊要点
绵羊妊娠毒血症	病羊呈现产后瘫痪样症状，磨牙，头颈震颤，尿频，尿液、乳汁中有酮味。有的病羊表现兴奋
酮血症	病羊反复发生消化紊乱，异食癖，便秘与腹泻交替发生。有神经症状，肌肉痉挛或做转圈运动，走路摇摆。乳汁、尿液中有酮味

睾丸肿大

睾丸肿大时阴囊部皮肤紧张，睾丸肿胀、增温、触诊疼痛，多表现一侧性肿大。表现睾丸肿大症状疾病的速诊要点见表 25 所示。

表 25 表现睾丸肿大症状疾病的速诊要点

病 名	速诊要点
布鲁氏菌病（传染性流产）	以生殖器官和胎膜发炎，引起流产、不育和各种组织的局部（子宫、胎膜、关节、睾丸）病灶为主要特征
睾丸炎	以运动障碍和阴囊部皮肤紧张、肿胀、增温、触诊疼痛为特征
公羊生殖器官结核病	公羊附睾肿大，硬而疼痛。此外，还有全身如肺、肠、乳房及皮肤的结核变化。结核菌素反应呈阳性

流 产

流产又称妊娠中断。母羊妊娠以后，如果发生胚胎被吸收，或从生殖器官排出死亡或未足月的胎儿，均称为流产。表现流产症状疾病的速诊要点见表 26 所示。

表 26 表现流产症状疾病的速诊要点

病 名	速诊要点
布鲁氏菌病（传染性流产）	病羊生殖器官和胎膜发炎，引起流产、不育和各种组织的局部（子宫、胎膜、关节、睾丸）病灶。通过血清学诊断可确诊本病
沙门氏菌性流产	病羊体温升高，阴唇肿胀，腹泻。通过血清学诊断可确诊本病
胎儿弯曲菌性流产	病羊阴唇肿胀，流产通常发生在产前 4～6 周。通过血清学诊断可确诊本病
羊衣原体性流产	多发生于 2 岁以上的成年山羊，一般在分娩前 2～3 周流产

续表 26

病　名	速诊要点
羊传染性阴道炎	病羊阴道和阴唇黏膜发红、肿胀，有黏性脓性分泌物，含有坏死组织碎片
李氏杆菌病	病羊有神经症状，有时转圈或头向一侧偏斜，多发生于妊娠3个月以后
口蹄疫	口腔、蹄部有水疱，母羊流产
土拉杆菌病	体温升高至40℃～41℃，母羊流产或产死胎
支原体性肺炎	除肺炎症状外，母羊可发生流产
Q热	病羊发生肺炎、眼病及流产
边界病	病羊有神经症状，表现全身颤抖，走路摇摆。母羊流产
弓形虫病	病羊以咳嗽、流鼻液、呼吸困难、高热不退、流涎、共济失调、视力障碍为特征，母羊可发生早产、流产、死产。急性病例取肺、腹水涂片或用流产胎儿脏器组织涂片镜检，可见弓形虫虫体
住肉孢子虫病	病羊发热、贫血、淋巴结肿大、腹泻。有时跛行，共济失调，后肢瘫痪，母羊可发生流产
血吸虫病	病羊体温升高至40℃～41或℃以上。腹泻，粪便中混有黏液、血液和脱落的黏膜；腹泻加剧者，最后出现水样便，排便失禁。逐渐消瘦、贫血 慢性病羊间歇性腹泻，粪便中含有黏液、血液，甚至块状黏膜，有腥臭味和里急后重现象。颌下、腹下水肿，贫血、消瘦，羔羊发育不良，妊娠母羊易流产
蜱传热	多发生于蜱活动季节，病羊体温升高至40℃～42℃，精神沉郁，母羊肌肉强直，流产。发热期颗粒性白细胞内可含有欧立希氏病原体
蜱性脓毒血症	多发生于蜱活动季节，母羊流产，公羊不育，体温升高至40℃～41.5℃，高热稽留

续表 26

病 名	速诊要点
棉籽饼中毒	病羊拱背，粪球黑干，体温升高，母羊流产。腹式呼吸，听诊肺部有啰音，畏光流泪，有时失明。严重者腹泻带血，排尿困难或排出血尿
妊娠毒血症	病羊呈现产后瘫痪样症状，磨牙，头颈震颤，尿频，尿液、乳汁有酮味。有的表现兴奋，母羊流产
锌缺乏症	病羔流涎，眼周、鼻、足部和阴囊等处皮肤角化不全。羊毛脱落，散发刺激性气味。皮肤增厚，弹力下降，干燥、皲裂。绵羊角的正常环状结构消失，最后脱落。长骨变粗、变短，形成骨短粗症。腿弯曲，关节肿大 公羊睾丸、附睾、前列腺发育受阻，精子形成障碍。母羊性周期紊乱，早产、流产、产死胎、不育
维生素 A 缺乏症	表现夜盲症，流产、产死胎和胎衣不下
碘缺乏症	病羔的甲状腺比正常羔羊大，因此颈部粗大。羊毛稀少，几乎像小猪一样。全身常表现水肿，特别是颈部甲状腺附近的组织更为明显。母羊妊娠率下降，易发生流产、早产、产死胎和怪胎
习惯性流产	由子宫内膜病变及子宫发育不全引起
自发性流产	胎膜及胎盘发育异常，胚胎发育停止而引发流产
有毒紫云英中毒	有食入有毒紫云英病史，母羊流产，有时高达 80%，其中死胎占 70%，可产出畸形胎儿。病羊常有听觉和视力障碍
铅中毒	初期病羊常发出吼叫声，步态蹒跚并有眼球震颤和口吐泡沫。在兴奋期表现肌肉痉挛，关节僵硬，牙关紧闭，癫痫样发作，感觉过敏，狂躁不安，向前冲，表现狂暴状态、便秘或腹泻等。慢性中毒者表现进行性消瘦，伴有腹痛、磨牙、空口咀嚼。妊娠母羊可能流产。有时能见到急性发作时的典型症状，胃肠内容物中发现小铅块或铅片、油漆残片、黑色机油或其他含铅异物，急性病羊常有胃肠炎和肾肿大症状
其他因素引起的流产	如饲养管理不当、机械损伤、用药不当等均可引发流产

第五节　神经系统类症疾病速诊

头向一侧偏斜或做转圈运动

病羊头向一侧偏斜或做转圈运动，人工掰正后，松手又恢复原状，可能见于如下疾病（表 27）。

表 27　表现头向一侧偏斜或做转圈运动症状疾病的速诊要点

病　名	速诊要点
脑多头蚴病	病羊呆立、轻度发热、流涎，随后出现斜颈、平衡失调，头颈因一侧性麻痹而偏向一侧，并沿该方向做圆圈运动，遇到障碍以头抵撞。有时因咽喉肌麻痹和舌麻痹而大量流涎。当膀胱发生麻痹时，排尿失禁。最后卧地不起，强行翻身又迅速翻转过来。妊娠母羊常流产
产后瘫痪	多发生在分娩后 12～72 小时，突然发生。短暂兴奋不安，四肢无力，步态不稳，后躯左右摇晃，随即瘫痪不起，卧地呈犬眠状，心跳加快，而呼吸加深、变慢，体温为 35℃～36℃或更低
李氏杆菌病	病羊精神沉郁，低头垂耳、呆立、轻度发热、流涎，随后出现斜颈、平衡失调，头颈因一侧性麻痹而偏向一侧，并沿该方向做圆圈运动，遇到障碍以头抵撞。有时因咽喉肌麻痹和舌麻痹而大量流涎。最后卧地不起，强行翻身又迅速翻转过来。妊娠母羊常流产，但不伴发脑部症状。病羊绝大多数迅速死亡
羔羊遗传性小脑萎缩	病羊出生后就呈现共济失调。头抬高，嘴向后弯至颈部。头颈因一侧性麻痹而偏向一侧，或做圆圈运动

其他神经症状

神经兴奋是中枢神经功能亢进的结果，病羊表现惊恐不安，对轻微刺激即产生强烈反应，不可遏制，甚至攻击人、畜，有时癫狂、抽搐、摔倒而骚动不安。而神经抑制是中枢神经功能的另一种表现形式，按其程度不同可分为3种：①精神沉郁。病羊对周围事物漠不关心，呆立一旁，头低耳耷，眼睛半闭，但对外界刺激可以迅速做出反应。②嗜眠。病羊处于睡眠状态，对外界刺激反应迟钝，只有强烈的刺激才有觉醒反应，但很快又进入睡眠状态。③昏迷。对外界刺激全无反应，角膜及瞳孔反射消失，卧地不起，全身肌肉松弛，呼吸、心律失常。在运动方面有盲目行走、直冲、后退或转圈运动。共济失调，呈现机体平衡失调，病羊站立不稳，四肢叉开，走动时步态失调，后躯摇摆，似醉酒状。病羊横纹肌不随意地收缩，表现阵发性痉挛(个别肌肉或肌组发生短而快的不随意收缩，呈间歇性)或强直性痉挛(肌肉长时间均等的持续性收缩)。其他还表现有麻痹、单瘫、偏瘫、截瘫等。临床上表现以上神经症状疾病的速诊要点见表28所示。

表28　表现神经症状疾病的速诊要点

病　名	速诊要点
产后瘫痪	母羊分娩后突然发生，以体温下降至正常以下、后肢无力，软弱、摇摆、站立不稳，以后倒地起立困难，四肢瘫痪。排尿、排便停止，少数羊知觉丧失，呼吸变慢，咽、舌、肠道麻痹为特征
狂犬病	以神经兴奋、意识障碍，继之局部或全身麻痹而死为特征。病羊舌舔或口咬奇痒部位，出现阵发性兴奋、冲击墙壁和其他动物或人、跃踏饲槽、磨牙、性欲亢进、流涎等症状

续表 28

病　名	速诊要点
山羊癫痫(羊角风)	发作前通常无前驱症状,表现突然发病,神志昏迷,突然倒地,痉挛和惊厥,全身僵硬,知觉消失。眼球震颤,旋转或凝视,瞳孔散大。鼻翼开张,呼吸促迫。咬肌痉挛,口吐白沫,颈部强直、阵发性痉挛,感觉和意识障碍
羔羊低糖血症	初生羔羊全身发抖,拱背,盲目行走,步态僵硬,呈阵发性发作。早期体温过低,呼吸急促。耳尖、鼻端、四肢下部发凉,出现排尿失禁
边界病	新生羔羊被毛呈茸状,皮肤色素沉着,共济失调,摇头,肌肉震颤,发育不良,多于断奶前死亡
低镁血症	最急性病羊常无临床表现而突然死亡。急性发病者在采食中突然抬头咩叫,惊恐不安,盲目乱走,随后倒地,发生间歇性肌肉抽搐,行走时摇摆似醉酒状,2～3 小时中反复发作,最终因呼吸衰竭而导致死亡
跳跃病(脑炎、震颤病)	病初体温高达 40℃～41℃,呼吸困难,病羔兴奋不安,出现头、颈震颤。以后出现跳跃,时而像小跑的马,时而向前冲跳
绦虫病	病羊腹泻,粪便中含有绦虫头节,淋巴结肿大。若虫体阻塞肠道,则腹痛不安,出现腹胀。有时出现转圈、肌肉痉挛、头向后仰等症状
破伤风	多发生于分娩、断角、去势等外伤之后。病羊初期头部肌肉强直痉挛,表现为易惊,对光线、声响、触摸等均可引起兴奋,使痉挛加剧。躯干、四肢僵硬,关节不能弯曲,呆立呈木马状。牙关紧闭,采食、咀嚼、吞咽困难或障碍,流涎
肝　炎	病羊厌食,消化不良,常伴有便秘或腹泻。可视黏膜黄染,严重时皮肤也可见到黄疸,皮肤瘙痒。容易兴奋或昏迷,共济失调,痉挛或呈昏迷状态

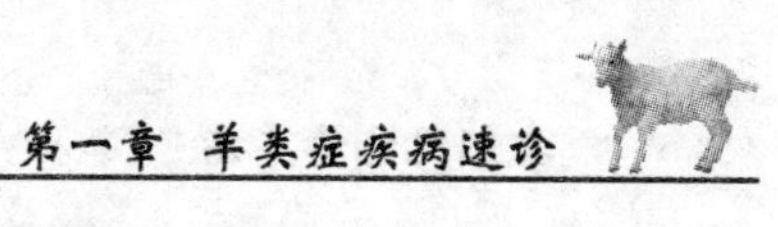

续表 28

病　名	速诊要点
脑膜脑炎	轻微刺激或触摸病羊即可引起强烈的疼痛反应，引起肌肉强直性痉挛。轻症者转圈或倒地，磨牙空嚼。抑制时低头，闭眼似睡，反应迟钝，共济失调，呼吸、脉搏变慢。后期出现头颈僵硬，牙关紧闭，口、眼歪斜等症状。有的病例出现面神经麻痹、舌脱出等症状
蜱麻痹	多发生于蜱活动季节，羊身上有被叮咬的痕迹。共济失调，前肢、颈和头麻痹，体温正常
维生素 B_1 缺乏症	多见于 2～3 月龄羔羊，表现四肢无力、痉挛、角弓反张、便秘或腹泻
绵羊妊娠毒血症	病羊呈现产后瘫痪样症状，磨牙，头颈震颤，尿频，尿液、乳汁中有酮味。有的表现兴奋
住肉孢子虫病	病羊不安，肌肉僵硬，发热，贫血，淋巴结肿大，腹泻，跛行，后肢麻痹，母羊流产
传染性脑脊髓炎	病羊流涎，体温升高，磨牙，共济失调，头、颈肌肉痉挛，过度兴奋，反复发生惊厥
伪狂犬病	表现头、颈肌肉痉挛，头、颈、肩、后腿皮肤剧痒，病羊不停舔舐患部，往往因止痒而摩擦痒处皮肤，引起擦伤。当病情发展至延髓时，表现咽麻痹，流涎、磨牙、鸣叫，最后痉挛而死
梅迪-维斯纳病	梅迪病表现进行性消瘦，呼吸日渐急促而后困难，体温正常，进行性间质性肺炎。维斯纳病表现共济失调和轻瘫。剖检可见肺肿大，比正常肿大 2～4 倍
绵羊痒病	早期病羊表现精神沉郁和敏感，易惊，目光不安或凝视，共济失调，驱赶时呈驴跑姿势，反复跌倒，有癫痫症状 体温一般正常，皮肤剧痒，病羊不断擦痒，反射性咬唇、舔舌及啃咬腹部致使被毛脱落

续表 28

病　名	速诊要点
骨软症	表现异食癖、骨骼变形、强直性痉挛和跛行
铜缺乏症	羊毛褪色，全身黑毛失去色素。可见结膜炎、慢性腹泻、共济失调或走路摇摆
氢氰酸中毒	是由于病羊采食了富含氰化物或氰苷的青绿饲料而引起的一种急性中毒性疾病。临床上以发病突然、流涎、呕吐、腹痛、臌气、腹泻、呼吸困难、震颤、惊厥、迅速死亡为主要特征
食盐中毒	病羊口渴，臌气，口流大量泡沫，呼吸困难，腹泻带血。病初兴奋不安、磨牙、肌肉震颤、盲目行走
硝酸铵中毒	有食入硝酸铵病史。发病突然，流涎、腹痛、臌气、腹泻、呼吸困难，病羊不安、震颤、惊厥
尿素中毒	有食入尿素病史。发病突然，流涎、腹痛、臌气、腹泻、呼吸困难，病羊不安、震颤、惊厥
马铃薯中毒	有食入马铃薯块根、叶、茎病史。病羊兴奋、狂暴或沉郁、昏睡，痉挛、麻痹、共济失调。有不同程度的胃肠炎症状，皮肤出现干性疹或水疱性皮炎。有溶血性贫血和排血尿
萱草根中毒	有食入萱草根病史，以轻瘫、四肢麻痹、双目失明及排血尿为特征
蕨中毒	有食入蕨类植物病史。病羊失明，无目的地行动，站立不稳，伴有角弓反张，周期性强直阵挛性惊厥。体温升高，腹泻。鼻、眼和阴道出血。老龄羊可见有血尿
水莲中毒	有食入水莲病史。初期表现神经症状，突然倒地抽搐，磨牙，空嚼，有的羊表现四肢如“踏步走”样，有的向前冲或做转圈运动。神经症状出现后即表现颌下水肿、大量流涎
铅中毒	病羊表现神经症状，兴奋不安，视力障碍或失明。矿区病羊常呈慢性经过，表现后躯麻痹

续表 28

病　名	速诊要点
脑脊髓丝虫病	病羊突然发病，表现共济失调，后躯无力，后肢强拘，走路时蹄尖拖地，摇摆，身体常歪向一侧。倒卧不起，常呈犬坐姿势，前肢交叉，后肢开张，斜颈。有时可见突然四肢强直，倒地、痉挛。体温、脉搏、呼吸正常
有机磷农药中毒	有接触有机磷农药病史。临床上以腹泻、流涎、尿失禁、神经症状为特征
硒缺乏症	病羊不表现前驱症状而突然死亡，尤其在运动时更易发生，如在羔羊吃奶前见到母羊或赶出羊舍蹦跳运动时突发死亡。病羔运动无力，站立困难，有时表现强直性痉挛，出现麻痹、血尿。剖检可见骨骼肌、心肌和肝脏色淡，出现局限性发白或发灰的变性区，呈煮肉状

第六节　皮肤变化类症疾病速诊

皮肤结节、丘疹、水疱

正常羊只的皮肤表面光滑、平整而有光泽，在病理状态下，病羊颈部、肩胛部、胸部、背部、乳房、阴囊等处皮肤可出现丘疹、结节或水疱(表 29)。

表 29　表现皮肤结节、丘疹、水疱症状疾病的速诊要点

病　名	速诊要点
羊　痘	病羊皮肤无毛部位和黏膜上发生特异性痘疹，体温可达41℃～42℃

续表 29

病　名	速诊要点
山羊结核病	病羊发生不明原因的消瘦，在吸入冷空气或饮冷水时易发生有力的短促干咳。在乳腺区可触摸到界限不明显的肿胀与不痛不热的坚硬结块，体表淋巴结肿大。公羊睾丸肿大，硬而带痛
山羊传染性胸膜肺炎	急性型病羊主要呈胸膜炎症状，体温达 40℃～42℃，呈稽留热型，鼻孔扩张，鼻翼扇动，流出浆液性或脓性鼻液。肋间触压有疼痛表现，病羊喜孤立一处，伸颈气喘，呈腹式呼吸，肋间下陷，吸气长而呼气短，呈现呼吸极度困难，发出呻吟声，胸部叩诊有实音，有痛感。有的发生腹胀、腹泻或口腔发生溃烂，唇、乳房皮肤出现疹块。妊娠母羊流产 病理变化主要集中在肺和胸膜。肺呈大理石样外观和浆液性纤维素性胸膜肺炎症状
荨麻疹（风疹块、过敏性皮炎）	病羊头、颈、胸部皮肤上突然出现数量较多、大小不等的圆形扁平的风疹块，患部有痒感
湿　疹	背、荐部和臀部等处皮肤发痒，常有擦伤。皮肤发红、发热，而后形成圆形小水疱，如针尖大至蚕豆大，以后破裂，表层有分泌物，最后形成脓疱，结痂。改变环境、减少刺激则症状减轻
马铃薯中毒	有食入马铃薯块根、叶、茎病史。病羊兴奋、狂暴或沉郁、昏睡，痉挛、麻痹、共济失调。有不同程度的胃肠炎症状，皮肤出现干性疹或水疱性皮炎。有溶血性贫血和排血尿
蠕形螨病	多发生于头、颈、肩、背、臀及腿部，重者可蔓延至躯干。患部脱毛，发生皮炎、皮脂腺炎和毛囊炎。形成粟粒大至核桃大的脓疮，内含淀粉状或脓样物，皮肤变硬、脱毛

脱　毛

羊只有时呈小片脱毛，有时为大面积脱毛，绵羊可见到全身脱

毛现象，可能见于如下疾病(表30)。

表30　表现脱毛症状疾病的速诊要点

病　名	速诊要点
维生素 B_2 缺乏症	病羊生长缓慢，有皮炎、脱毛、腹泻、贫血等症状
维生素 B_5 缺乏症	病羊有脱毛、皮炎、腹泻、运动障碍等症状
锌缺乏症	病羊脱毛、皮肤增厚、流涎、跗关节肿大、睾丸发育障碍
脱毛症	指原发性脱毛症，多从颈侧开始，逐渐发展至体侧及全身，不痛不痒
疥螨病	以皮肤脱毛和剧痒为特征
蠕形螨病	多发生于肩、颈、背、腹、四肢等处，形成圆形和椭圆形高出皮肤的白色结节或脓疮，呈粟粒大至红枣大，皮肤变硬、脱毛，严重者消瘦、贫血。根据症状和镜检脓疮内容物发现虫体即可确诊
嗜皮菌病	患部发生皮炎，产生渗出液，将局部的羊毛黏在一起呈团块状。以后渗出液变干，形成痂块脱落，脱落后露出下凹发炎的组织，镜检病变培养物可发现球状体
山羊葡萄球菌性脱毛症	山羊从肩胛和臀部两侧开始脱毛，初期皮肤暗红，后期皮肤增厚，出现红棕色斑块或水疱，以后破裂，形成黑褐色痂块
棘球蚴病	病羊严重感染时出现脱毛、消瘦，肺部感染时表现咳嗽。剖检可见肝、肺表面凹凸不平，有数量不等的棘球蚴囊泡凸起
肝片吸虫症	病羊渐进性消瘦，毛无光泽，易脱落。黏膜苍白、贫血、黄疸、食欲不振、周期性前胃弛缓或消化紊乱，颌下、胸、腹部水肿等。肝硬化，表面有纤维素沉着，通过被膜隐约可见实质中心长达2～5厘米的暗红色索状物，质软，挤压切面时有黏稠的污黄色液体流出，内有大量未成熟的虫体。肝脏、胆管内可见大量肝片吸虫虫体

续表 30

病　名	速诊要点
羊副结核病	早期出现间断性腹泻，食欲正常，以后变为顽固性腹泻，粪便恶臭，混有黏液或血液。病羊逐渐消瘦、脱毛、前胸水肿，体温无变化。肠壁增厚 3～20 倍，并出现硬而弯曲的皱褶，黏膜呈黄白色或灰黄色

皮肤瘙痒

皮肤瘙痒不仅是皮肤疾患的一种常见症状，而且是一些全身性病患与传染病、寄生虫病的重要表现之一。当呈病态痒觉时，羊表现不安，啃咬、舌舔发痒部位，以至被毛稀少，甚至完全脱毛。皮肤发红，有擦伤、咬伤的痕迹。表现皮肤瘙痒症状疾病的速诊要点见表 31 所示。

表 31　表现皮肤瘙痒症状疾病的速诊要点

病　名	速诊要点
狂犬病	以神经兴奋、意识障碍，继之局部或全身麻痹而死亡为特征。病羊舌舔或口咬奇痒部位，出现阵发性兴奋、冲击墙壁和其他动物或人、跃踏饲槽、磨牙、性欲亢进、流涎等症状
伪狂犬病	表现头，颈肌肉痉挛，头、颈、肩、后腿皮肤剧痒，病羊不停舔舐患部，往往因止痒而摩擦痒处皮肤，引起擦伤。当病情发展至延髓时，表现咽麻痹、流涎、磨牙、鸣叫，最后痉挛而死
锌缺乏症	表现生长缓慢、皮肤角化不全、繁殖功能障碍和骨骼发育不良
肝　炎	病羊厌食，消化不良，常伴有便秘或腹泻。可视黏膜黄染，严重时皮肤也可见到黄疸，皮肤瘙痒。容易兴奋或昏迷，共济失调，痉挛或呈昏迷状态

续表 31

病 名	速诊要点
湿 疹	后肢内侧、颈部、乳房、会阴、阴囊等处皮肤发痒，有擦伤。皮肤发红、发热，而后形成圆形小水疱，如针尖大至蚕豆大，以后破裂，表层有分泌物，最后形成脓疱，结痂。改变环境、减少刺激则症状减轻
荨麻疹	病羊不安，皮肤上突然出现多个风疹块，触诊有紧张感。有的瘙痒症状明显，病羊啃擦皮肤，感觉过敏。风疹块多发生于头颈两侧、肩背、胸侧、臀部、乳房、阴囊及肛门等部位。病羊脉搏、呼吸、食欲无异常
蠕形螨病	多发生于肩、颈、背、腹、四肢等处，形成圆形和椭圆形高出皮肤的白色结节或脓疱，呈粟粒大至红枣大，皮肤变硬、脱毛，严重者消瘦、贫血。根据症状和镜检脓疱内容物发现虫体即可确诊
疥螨病	以皮肤脱毛和剧痒为特征
虱 病	以瘙痒不安、皮炎和脱毛为特征
绵羊痒病	早期病羊表现精神沉郁和敏感，易惊，目光不安或凝视，共济失调，驱赶时呈驴跑姿势，反复跌倒，有癫痫症状 病羊体温一般正常，皮肤剧痒，故不断擦痒、反射性咬唇与舔舌以及啃咬腹部致使被毛脱落

皮下水肿

皮下水肿时，皮肤表面扁平，指压留痕，呈捏粉样硬度，触诊无热、痛。水肿多因重度营养不良、心脏疾病、肾脏疾病、局部静脉或淋巴液回流受阻等原因引起（表 32）。

表 32　表现皮下水肿症状疾病的速诊要点

病　名	速诊要点
巴氏杆菌病	最急性型多见于哺乳羔羊，体温升高，全身震颤，数分钟至数小时死亡。急性型体温升高，腹痛，肌肉震颤，呼吸困难；初便秘，后腹泻，有时粪便全部为血水；眼、鼻有分泌物，有的带血。慢性型表现咳嗽，有的颈、胸部发生水肿；关节肿大，呈现跛行。剖检可见呈败血症变化，肺有肝变区，内有坏死灶；胸腔内有浆液性纤维素性渗出液，胸膜、心包被覆纤维素性凝块；有的颌下、颈部、胸前部皮下有出血样浸润
羊副结核病	早期出现间断性腹泻，食欲正常，以后变为顽固性腹泻，粪便恶臭，混有黏液或血液。病羊逐渐消瘦、脱毛，有的前胸水肿，体温无变化。肠壁增厚 3～20 倍，并出现硬而弯曲的皱褶，黏膜呈黄白色或灰黄色
心内膜炎	病羊食欲废绝，体温升高，心跳增速，听诊心脏有摩擦音或拍水音。颈静脉怒张，胸下水肿
羊创伤性网胃心包炎	常呈现间歇性瘤胃臌胀。病羊有时突然骚动不安。随着病情逐渐恶化，病羊头、颈伸展，肘关节外展，拱背。行走时不愿上下坡、跨沟或急转弯，当卧地起立时，肘部肌肉颤动，甚至呻吟和磨牙。叩诊网胃区，病羊有疼痛感，呈现不安、躲避。一般体温、呼吸、脉搏无明显变化，但在网胃穿孔后，最初几天体温可能升高至 40℃以上，随后降至常温，转为慢性过程，消化不良，病情时而好转、时而恶化，逐渐消瘦。当损及心脏时，病羊心动过速，达 80～120 次/分，颈静脉怒张，颌下及胸下水肿。听诊心音区扩大，可听到心包摩擦音及拍水音

续表 32

病　名	速诊要点
急、慢性肾炎	急性肾炎病羊体温升高，触诊肾区敏感、疼痛，病羊不愿活动。站立时，背腰拱起，强迫行走时背腰僵硬，运步困难。外部强力压迫肾区时，敏感性增高，躲避或抗拒检查。病羊频频排尿，但每次尿量较少(少尿)，当尿液中含有大量红细胞时，则尿液呈粉红色、深红色或褐红色(血尿)。 慢性肾炎病至后期，病羊眼睑、胸腹下或四肢末端出现水肿，严重时可发生体腔积液或肺水肿
绵羊碘缺乏症	初生羔羊呼吸困难，颈部肿大，被毛稀少，全身水肿
妊娠水肿	四肢、下腹部、乳房、外阴以及胸部出现无痛、无热感的水肿
胰阔盘吸虫病	以腹泻、贫血、颌下及胸前水肿为特征。胰脏表面不平，有黑色蚯蚓状突出于胰脏表面。胰管壁增厚，黏膜表面有小结节，胰腺萎缩硬化，在胰管中见有虫体
前后盘吸虫病	病羊以腹泻、消瘦等为特征。可视黏膜苍白，血液稀薄，全身水肿。瘤胃、网胃和食管沟有大量虫体附着。皱胃黏膜水肿，有出血点。胆囊膨大，充满黄褐色稀薄液汁，内含有童虫，胆管内也有童虫
肝片吸虫病	病羊渐进性消瘦。毛无光泽，易脱落。黏膜苍白，贫血，黄疸，食欲不振，周期性前胃弛缓或消化紊乱，病羊颌下、胸、腹部水肿。肝硬化，表面有纤维素沉着，通过被膜隐约可见实质中心长达2～5厘米的暗红色索状物，质软，挤压切面时有黏稠的污黄色液体流出，内有大量未成熟的虫体。肝脏、胆管内可见大量肝片吸虫虫体
东毕吸虫病	病羊体温升高，食欲减退，贫血，颌下、腹下水肿，腹围增大，消瘦，结膜苍白黄染，发育不良，长期腹泻，粪便中混有黏液、黏膜和血丝

续表 32

病 名	速诊要点
歧腔吸虫病	症状多不明显，严重感染时可视黏膜轻度黄染，消化紊乱，腹泻与便秘交替发生，逐渐消瘦、贫血及颌下水肿，可引起死亡
血吸虫病	病羊体温升高至 40℃～41℃或以上，腹泻，粪便中混有黏液、血液和脱落的黏膜；腹泻加剧者，最后出现水样便或排便失禁。逐渐消瘦、贫血 慢性者表现间歇性腹泻，粪便中含有黏液、血液，甚至块状黏膜，有恶臭味和里急后重现象，病羊颌下、腹下水肿，贫血、消瘦，羔羊发育不良，妊娠母羊易流产
肿头病	有角斗史。体温达 40℃～41.5℃，头部发生炎性水肿，头、胸与颈部皮下和肌肉组织水肿
捻转血矛线虫病	肥羔羊突然死亡。腹泻与便秘交替发生，颌下、胸或腹下水肿，水肿常在夜间消失。剖检可见皱胃黏膜水肿，胃内容物呈浅红色，含有虫体
仰口线虫病	病羊消瘦，顽固性腹泻，颌下水肿
水蓬中毒	有食入水蓬病史。初期表现神经症状，突然倒地抽搐，磨牙，空嚼，有的羊表现四肢如踏步走样，有的向前冲或做转圈运动。神经症状出现后即表现颌下水肿，大量流涎
蛇毒中毒	头部被毒蛇咬伤时，口、唇、鼻端、颊部及颌下肿胀，病羊不安。四肢被咬伤时，咬伤部位肿胀，呈现跛行。全身症状则为四肢麻痹、呼吸困难、排血尿
棉籽饼中毒	多有棉籽饼使用过量或使用不当病史。急性中毒者多表现出血性胃肠炎症状，粪便呈黑褐色，先便秘后腹泻，粪便中混有血液和黏液。结膜发绀或黄染 有的表现为视力障碍（类似维生素 A 缺乏导致的夜盲症），甚至双目失明。排尿困难或排血尿。妊娠母羊多流产

皮下气肿

皮下气肿时，可见气肿边缘轮廓不清，触诊有气体窜动的感觉和捻发音，分为窜入性气肿和腐败性气肿。

窜入性气肿是因含气器官如肺、气管发生破裂，气体沿纵隔及食管周围组织窜入皮下组织，或在体表移动性较大部位（如肘后、腋窝、肩胛）发生创伤后，由于病羊走动，将空气吸入皮下所致。

腐败性气肿是因厌气菌感染后，局部组织腐败分解而产生的气体积聚于皮下组织所致。这种气肿有明显的局部炎症反应，切开时流出暗红色泡沫样恶臭液体。表现皮下气肿症状疾病的速诊要点见表 33 所示。

表 33　表现皮下气肿症状疾病的速诊要点

病　名	速诊要点
间质性肺气肿	多继发于肺炎、肺丝虫病、肺脓肿的病程中，病羊以突然呈现呼吸困难、黏膜发绀、听诊肺部呈爆鸣音、皮下气肿及迅速发生窒息为特征
气肿疽（黑腿病）	病羊有外伤病史。以肌肉丰满的部位（尤其是股部）发生黑色的气性肿胀，且按压有捻发音为特征
恶性水肿	伤口局部气性水肿，伴有发热和全身性毒血症

皮肤发黑

羊只死后皮肤很快肿胀、变黑，切开病部时，皮下组织有红色或污灰黄色渗出物流出，混杂有血液或气泡，肌肉边缘变为暗红色或黑色。表现皮肤发黑症状疾病的速诊要点见表 34 所示。

表 34　表现皮肤发黑症状疾病的速诊要点

病　名	速诊要点
羊黑疫	有肝片吸虫的地区多发，体况良好的羊易发，多突然死亡，延至 1～2 天者，皮肤发黑，精神沉郁，呼吸促迫，体温高达 40℃～41.5℃，剖检可见在肝脏表面有小的灰色坏死灶
羊肠毒血症	多发生于肥壮的青年羊，在饲料（尤其是多汁饲料）丰富的时期多发，病羊可死于痉挛或昏迷。个别羊只出现腹部和腿内侧皮肤发黑。疝痛，呼吸困难，流涎，腹泻。剖检可见肾肿大或变软；小肠几乎是空的，内容物呈乳酪样，肠管易破裂；心包积液，心肌出血
恶性水肿	以伤口局部气性水肿，伴有发热和全身性毒血症为特征
气肿疽（黑腿病）	有外伤史。以肌肉丰满的部位（尤其是股部）发生黑色气性肿胀，按压有捻发音为特征
乳房炎	病程较长时，可见乳房发黑

淋巴结肿大

淋巴系统是机体对抗病原物刺激的防御系统。当病原物由淋巴浸至淋巴结时，淋巴结即起阻碍作用，防止病原物传染散布。所以，淋巴结发炎是机体的一种防御反应。正常状态下淋巴结无热无痛，不肿大。反之，会出现肿大和热、痛表现。表现淋巴结肿大症状疾病的速诊要点见表 35 所示。

表 35　表现淋巴结肿大症状疾病的速诊要点

病　名	速诊要点
山羊结核病	病羊消瘦，乳房淋巴结肿大，结核菌素反应呈阳性
羊副结核病	病羊头部、颈部、肩前、股前和乳房等淋巴结发生炎症，逐渐增大和化脓，脓液初稀薄，逐渐变为牙膏样或干酪样

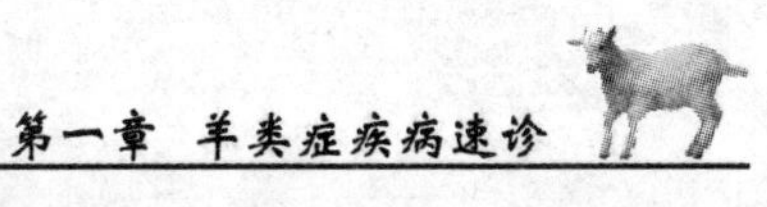

续表 35

病名	速诊要点
土拉杆菌病	病羊体温高达41℃～42.5℃，腹泻，呼吸加快和咳嗽。运动强直，运步时头部高抬。肩前淋巴结肿大。有蜱虫咬伤病史
羊溶血性链球菌病	病羊体温升高达40℃～41℃或以上，咳嗽，流涎，颌下淋巴结肿大，咽喉肿胀，呼吸困难，流鼻液。眼结膜充血肿胀，畏光流泪，有黏脓性分泌物
干酪样淋巴结炎（假结核病）	病羊消瘦，淋巴结肿大，无疼痛感，多发生在肩前、颌下、咽及颈部淋巴结。公羊发生睾丸肿大，取脓液镜检，可见假结核棒状杆菌
羔羊双球菌性肺炎	最急性病例表现腕关节、跗关节疼痛，跛行，发病后24小时死亡 急性病例鼻流黏液脓性鼻液，体温升高至41℃～42℃，听肺有湿性啰音，剖检可见肺气肿，有灰色肝变区及出血斑；肝肿大1倍以上，胆囊肿大。取脏器或血液涂片镜检可见荚膜双球菌
羊焦虫病	病羊感染巴贝斯焦虫，体温升高可达40℃～42℃，呈稽留热，可视黏膜充血，黄疸，血液稀薄，腹泻。出现血红蛋白尿，尿液呈浅红色或深红色，继而贫血，红细胞减少至200万～400万个/毫米^3，且大小不均 病羊感染泰勒焦虫，体温可达40℃～42℃，呈稽留热，可视黏膜初充血、苍白，有轻度黄疸，腹泻与便秘交替发生。体表淋巴结肿大，尤以肩前淋巴结肿大显著。血检可见虫体
住肉孢子虫病	病羊不安，肌肉僵硬、发热，贫血，淋巴结肿大，腹泻，跛行，后肢麻痹，母羊流产
绦虫病	病羊腹泻，粪便中含有绦虫头节，淋巴结肿大。若虫体阻塞肠道，则腹痛不安，出现腹胀。有时出现转圈，肌肉痉挛，头向后仰

续表 35

病　名	速诊要点
前后盘吸虫病	病羊表现精神沉郁，食欲减退，不久呈现顽固性腹泻，粪便呈粥样或水样，常有腥臭味。羊只迅速消瘦、贫血，肩前及腹股沟淋巴结肿大，眼睑、颌下、腹下水肿，有时发展至整个头部至全身

第七节　眼部变化类症疾病速诊

眼睑肿胀

健康羊双眼明亮，不畏光，不流泪，眼睑无肿胀，眼角无分泌物，眼结膜呈淡粉红色。眼结膜黄染是表示血液中胆红素浓度增高的病理性变化。表现眼睑肿胀症状疾病的速诊要点见表 36 所示。

表 36　表现眼睑肿胀症状疾病的速诊要点

病　名	速诊要点
羊传染性角膜结膜炎	病羊患眼畏光，流泪，眼睑红肿和疼痛，结膜潮红，眼内角有黏性脓性分泌物流出。角膜混浊，血管充血，角膜和瞬膜红肿，或在角膜边缘形成红色充血带。严重者角膜增厚，发生溃疡，形成角膜瘢痕或角膜翳
羊溶血性链球菌病	病羊体温达 40℃～41℃或以上，咳嗽，流涎，颌下淋巴结肿大，咽喉肿胀，呼吸困难，流鼻液。眼睑肿胀，眼结膜充血肿胀，畏光流泪，有黏脓性分泌物
角膜炎	患眼畏光、流泪、疼痛，眼睑肿胀，经常闭眼，角膜混浊，角膜缺损或溃疡
结膜炎	畏光流泪，结膜潮红、肿胀、疼痛，眼睑闭合

续表 36

病 名	速诊要点
急、慢性肾炎	病羊体温升高，触诊肾区敏感、疼痛。病羊不愿活动，站立时背腰拱起，强迫行走时背腰僵硬，运步困难。外部强力压迫肾区时，敏感性增高，躲避或抗拒检查 病羊频频排尿，但每次尿量较少(少尿)，当尿液中含有大量红细胞时，则尿液呈粉红色，甚至呈深红色或褐红色(血尿)。慢性肾炎病至后期，病羊眼睑、胸腹下或四肢末端出现水肿，严重时可发生体腔积液或肺水肿
肝片吸虫病	病羊渐进性消瘦，食欲不振，周期性前胃弛缓或消化紊乱，颌下、胸腹部水肿等。可视黏膜苍白或黄染，血液稀薄。肝硬化，表面有纤维素沉着，通过被膜隐约可见实质中心长达 2～5 厘米的暗红色索状物，质软，挤压切面时，有黏稠的污黄色液体流出，内有大量未成熟的虫体。肝脏、胆管内可见大量肝片吸虫虫体
前后盘吸虫病	病羊精神沉郁，食欲减退，不久后呈现顽固性腹泻，粪便呈粥样或水样，常有腥臭味。羊只迅速消瘦、贫血，肩前及腹股沟淋巴结肿大，眼睑、颌下、腹下水肿，有时发展至整个头部或全身

结膜黄染但不发热

正常羊只结膜呈粉红色，结膜出现黄染，是血液中胆红素浓度增高的表现，若结膜出现黄染，但体温不升高，可能见于如下疾病(表 37)。

表 37　表现结膜黄染但不发热症状疾病的速诊要点

病　名	速诊要点
肝　炎	病羊厌食，消化不良，常伴有便秘或腹泻。可视黏膜黄染，严重时皮肤也可见到黄疸，皮肤瘙痒。容易兴奋或昏迷，共济失调，痉挛或呈昏迷状态 初期肝肿大，呈黄土色或黄褐色，表面和切面有大小不等、形状不一的出血病灶
肝片吸虫病	表现急性或慢性肝炎和胆管炎，并伴发全身中毒和营养障碍。病羊渐进性体衰毛焦，黏膜苍白，贫血，黄疸，周期性前胃弛缓或消化紊乱，出现腹泻，病羊颌下及胸、腹部水肿。肝脏、胆管内可见大量虫体
歧腔吸虫病	严重感染时可视黏膜轻度黄染，消化紊乱，腹泻与便秘交替发生，逐渐消瘦，贫血，颌下水肿，可引起死亡。歧腔吸虫在肝脏、胆管内寄生可引起胆管卡他性炎症，胆管壁增生、肥厚，肝肿大，肝被膜肥厚
东毕吸虫病	病羊体温升高，食欲减退，贫血，颌下、腹下水肿，腹围增大，消瘦，结膜苍白黄染，发育不良，长期腹泻，粪便中混有黏液、黏膜和血丝
酒糟中毒	突然大量饲喂酒糟可引起急性中毒，初期表现兴奋不安，而后出现胃肠炎，食欲减退，腹痛、腹泻 慢性中毒呈现消化不良，可视黏膜潮红、黄染，发生皮疹或皮炎，尤其系部皮肤明显。起初呈湿疹样病变，后期肿胀、坏死。有时排血尿，妊娠母羊发生流产
棉籽饼慢性中毒	多有棉籽饼使用过量或使用不当病史。急性中毒多表现为出血性胃肠炎症状，先便秘后腹泻，粪便呈黑褐色，混有血液和黏液。结膜发绀或黄染 有的表现为视力障碍(类似维生素 A 缺乏的夜盲症)，甚至双目失明。排尿困难或排血尿。妊娠母羊多有流产
慢性铜中毒	有食入被铜污染的饲料病史。病羊排血红蛋白尿，可视黏膜苍白或黄染

续表 37

病　名	速诊要点
溶血性贫血	发病快速或缓慢，可视黏膜和皮肤呈现黄染以及全身贫血现象，往往排血红蛋白尿，体温正常或升高。血液学变化呈正细胞正色素型贫血（急性者）或正细胞低色素型贫血（慢性者）
光过敏症	病羊畏光，唇、眼睑、阴门与蹄冠过敏，病羊摩擦与蹴踢患部。继而发生颜面水肿，呼吸困难，发生黄疸

结膜黄染并伴随发热

正常羊只结膜呈粉红色，结膜出现黄染，是血液中胆红素浓度增高的表现，若结膜黄染并伴随发热可能见于如下疾病（表 38）。

表 38　表现结膜黄染并伴随发热症状疾病的速诊要点

病　名	速诊要点
钩端螺旋体病	最急性型病初体温升高达 40.5℃～41.5℃，结膜黄疸，排血尿，腹泻，常于 1 天内窒息死亡。急性型病例精神沉郁，鼻流黏性脓性或脓性分泌物，结膜黄疸。耳、躯干及乳头部皮肤发生坏死 皮下组织发黄，内脏有广泛性点状出血，肾表面有灰白色小病灶，肝肿大有坏死灶，肺有出血斑，肠系膜淋巴结肿大明显
羊焦虫病	病羊感染巴贝斯焦虫，体温可达 40℃～42℃，呈稽留热，可视黏膜充血，黄疸，血液稀薄，腹泻。出现血红蛋白尿，尿液呈浅红色或深红色，继而贫血，红细胞减少至 200 万～400 万个/毫米^3，且大小不均 病羊感染泰勒焦虫，体温可达 40℃～42℃，呈稽留热，可视黏膜初充血、苍白，并轻度黄染，腹泻与便秘交替发生。体表淋巴结肿大，尤以肩前淋巴结肿大显著。血检可见虫体

续表 38

病　名	速诊要点
细颈囊尾蚴病	成年羊症状不明显，当羔羊肝脏及腹膜发生感染时呈现体温升高，腹水增加，腹壁有压痛。一般羊只消瘦，有黄疸
附红细胞体病	体温升高、贫血、有时有轻度黄染，时而发生症状缓解和体温波动。血液涂片镜检可见红细胞减少，血液中可查到病原。脾脏肿大，血液稀薄

角膜混浊

健康羊双眼明亮，不畏光，不流泪，眼角无分泌物，眼内不混浊。出现角膜混浊可能见于如下疾病(表 39)。

表 39　表现角膜混浊症状疾病的速诊要点

病　名	速诊要点
羊传染性角膜结膜炎	病羊患眼畏光，流泪，眼睑红肿和疼痛，结膜潮红，眼内角有黏性脓性分泌物流出。角膜混浊，血管充血，角膜和瞬膜红肿，或在角膜边缘形成红色充血带。严重者角膜增厚，发生溃疡，形成角膜瘢痕或角膜翳
角膜炎	患眼畏光、流泪、疼痛，眼睑肿胀，经常闭眼。角膜混浊、缺损或溃疡。初期轻症病羊不易被发现，斜光照射时才可在角膜表面见到粗糙不平的痕迹。外伤性角膜炎可见到伤痕，有少量黏性或黏脓性分泌物附着于眼缘。透明的角膜表面呈淡蓝色或蓝褐色
羊眼虫病	表现为结膜炎、角膜炎。病羊流泪，畏光，结膜发红、肿胀，有时发生溃烂。角膜混浊，眼内可见虫体

夜盲症、失明、视力障碍

病羊表现视觉障碍，在灰暗环境或白天向羊舍内驱赶时，视物

不清、盲目冲撞。表现夜盲症、失明、视力障碍症状疾病的速诊要点见表40所示。

表40 表现夜盲症、失明、视力障碍症状疾病的速诊要点

病 名	速诊要点
维生素A缺乏症	病羊以生长迟缓、角膜角化、干眼病、夜盲症、生殖功能低下等为主要特征
脑灰质软化	急性发病后病羊感觉过敏，一些肌肉发生不随意收缩，表现四肢痉挛性划动。亚急性型病羊失明、共济失调、无目的地运动
棉籽饼中毒	病羊拱背，粪球黑干，体温升高，母羊流产。腹式呼吸，听诊肺部有啰音。畏光流泪，有时失明。严重者腹泻带血，排尿困难或排血尿
萱草根中毒	有食入萱草根病史，以轻瘫、四肢麻痹、双目失明及排血尿为特征
蕨中毒	有食入蕨类植物病史。病羊失明，无目的行动，站立不稳，伴有角弓反张，周期性强直阵挛性惊厥。体温升高，腹泻。鼻、眼和阴道出血。老龄羊可见有血尿
有毒紫云英中毒	有食入有毒紫云英病史。妊娠母羊流产，有时流产率高达80%，其中死胎占70%，可产出畸形胎儿。病羊常有听觉和视力障碍
铅中毒	有过量使用砷酸铅或饲料、饮水被铅污染病史。病羊表现神经症状，兴奋不安，视力障碍甚至失明。矿区呈慢性经过，病羊表现后躯麻痹
砷中毒	有过量使用砷酸铅或砷酸铅污染饲料、饮水、环境等病史。急性者数小时发病死亡，表现呼吸困难，臌气，腹痛。慢性者表现视力减退或失明，不避障碍物，舌和咽麻痹
弓形虫病	以咳嗽、流鼻液、呼吸困难、高热不退、流涎、共济失调、视力障碍为特征。母羊可发生早产、流产、产死胎。用流产胎儿或组织涂片镜检可见弓形虫虫体

第八节 其他类症疾病速诊

颌下骨肿

颌下骨肿是羊放线菌病的特征性症状。放线菌病由多种细菌引起，临床上以下颌骨肿大、局限性化脓性结缔组织增生为特征。

稽留热

病羊体温高出正常范围2℃～3℃，持续3天以上，每日温差变动在1℃以内的热型称为稽留热，临床上出现稽留热症状疾病的速诊要点见表41所示。

表41 出现稽留热症状疾病的速诊要点

病名	速诊要点
大叶性肺炎	临床上以高热稽留，流红黄色鼻液为特征
钩端螺旋体病	最急性型以短期发热稽留、黄疸、排血尿、腹泻带血、妊娠母羊流产以及皮肤和黏膜坏死为主要特征 皮下组织发黄，内脏有广泛性点状出血，肾表面有灰白色小病灶，肝肿大有坏死灶，肺有出血斑，肠系膜淋巴结肿大明显，皮肤和黏膜坏死或溃疡，脾稍肿或不肿
蓝舌病	病羊体温高达40℃～41℃，且呈稽留热。食欲减退，流泪，唾液增多，口、双唇水肿以至延至耳部、颈、胸、腹部。口腔黏膜充血后发绀，呈青紫色，舌呈蓝色发绀。随后，口腔、唇、齿龈、颊、舌黏膜糜烂、溃疡，致使吞咽与咀嚼困难 各脏器和淋巴结充血、水肿和出血，颌下、颈部皮下胶样浸润

续表 41

病　名	速诊要点
山羊传染性胸膜肺炎	急性型主要呈胸膜炎的症状，体温达 40℃～42℃，呈稽留热型，鼻孔扩张，鼻翼扇动，流出浆液性或脓性鼻液。肋间触压有疼痛表现。病羊喜孤立一处，伸颈气喘，呈腹式呼吸，肋间下陷，吸气长而呼气短，呈现呼吸极度困难，发出呻吟声，胸部叩诊有实音、有痛感 病理变化主要集中在肺和胸膜，肺呈大理石样外观和浆液性纤维素性胸膜肺炎症状
焦虫病	病羊感染巴贝斯焦虫，体温可达 40℃～42℃，呈稽留热，可视黏膜充血，黄疸，血液稀薄，腹泻。出现血红蛋白尿，尿液呈浅红色或深红色，继而贫血，红细胞减少至 200 万～400 万个/毫米^3，且大小不均 病羊感染泰勒焦虫，体温可达 40℃～42℃，呈稽留热，可视黏膜初充血、苍白，并轻度黄疸，腹泻与便秘交替发生。体表淋巴结肿大，尤以肩前淋巴结肿大显著。血检可见虫体
弓形虫病	病羊以咳嗽、流鼻液、呼吸困难、高热不退、流涎、共济失调、视力障碍为特征 妊娠母羊可发生早产、流产、死产。用流产胎儿脏器组织涂片镜检，可见弓形虫虫体

跛　行

跛行是羊肢蹄或其邻近部位因病态而表现出的四肢运动功能障碍。跛行不是一种独立的疾病，而是肢蹄疾病或某些疾病的一种临床症状。表现跛行症状疾病的速诊要点见表 42 所示。

表 42　表现跛行症状疾病的速诊要点

病　名	速诊要点
布鲁氏菌病	妊娠母羊发生流产、不孕,公羊表现睾丸炎、关节炎和脓肿。布鲁氏菌抗原沉淀反应呈阳性
蓝舌病	病羊体温高达 40℃以上,且呈稽留热。流涎,口、双唇肿胀,以至耳部、颈部、胸腹部水肿;口腔黏膜充血后发绀,呈青紫色,舌呈蓝色发绀。随后,口腔、唇、齿龈、颊、舌黏膜糜烂、溃疡。蹄叶发炎并形成溃烂,容易被误诊为口蹄疫
巴氏杆菌病	最急性型多见哺乳羔羊,体温升高,全身震颤,数分钟至数小时死亡。急性型病例体温升高,腹痛,肌肉震颤,呼吸困难;眼、鼻有分泌物。慢性病例关节肿大,呈现跛行。剖检可见呈败血症变化,肺有肝变区,内有坏死灶;胸腔内有浆液性纤维素性渗出液,胸膜、心包被覆有纤维素性凝块;有的颌下、颈部、胸前部皮下有出血样浸润
羊传染性无乳症	乳房炎型病羊表现乳腺疾病;关节炎型病羊表现腕关节及跗关节肿胀、疼痛,触诊有热痛、波动,运步时轻度跛行。以上两型发生的同时,眼有结膜炎发生
破伤风	是经伤口感染引起的一种人兽共患急性、中毒性传染病。临床上以运动神经中枢兴奋性增高和肌肉持续性痉挛为特征,病羊四肢僵硬,关节不易弯曲,呆立呈木马状
丹毒丝菌性多关节炎(僵羔病)	体温升高,一肢或多肢僵硬、跛行
羔羊双球菌性肺炎	最急性病例表现腕关节、跗关节疼痛,跛行,发病后 24 小时内死亡 急性型病例鼻流黏液脓性鼻液,体温升高达 41℃～42℃,听诊肺部有湿性啰音。剖检可见肺气肿,有灰色肝变区及出血斑;肝肿大 1 倍以上,胆囊肿大。取脏器、血液涂片镜检可见荚膜双球菌

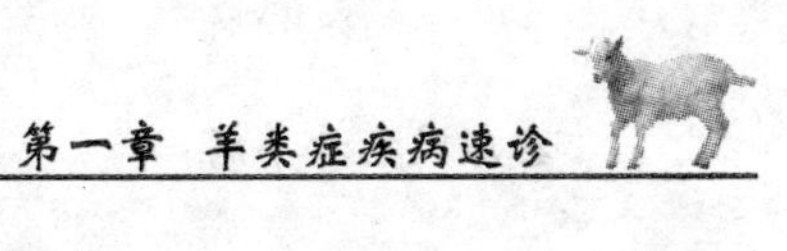

续表 42

病　名	速诊要点
气肿疽	病羊表现跛行，步态僵硬，不久在肌肉丰满处如腿上部、肩、胸、颈、腰等处皮肤局部发生气性、坏疽性炎性肿胀。触诊肿胀部热而疼痛，其中含有气体，用手指触压时，可以听到捻发音；叩诊时，发出轻微的鼓响音
羊多发性关节炎	病羊发热，跛行，关节肿大，有时发生结膜炎
住肉孢子虫病	病羊不安，肌肉僵硬，跛行，后肢麻痹，发热，贫血，淋巴结肿大，腹泻，妊娠母羊流产
膝关节浆液性滑膜炎	病羊膝关节囊呈渗出性炎症，患部热痛、肿胀、有波动、关节变形，患肢蹄尖着地，表现混跛
关节扭伤和挫伤	有直接或间接暴力发病史，检查患部疼痛，运动时疼痛加剧，患肢不能负重，呈现跛行
瘤胃酸中毒	急性型病例采食后 4～8 小时发病，不表现症状即突然死亡。病羊精神沉郁，先期表现为瘤胃蠕动停止，腹胀，腹痛。触诊瘤胃胀软，内容物为液状，腹泻。有时出现蹄叶炎而跛行。体温正常或升高，机体发生严重脱水，眼窝明显凹陷
蛇毒中毒	头部被毒蛇咬伤时口唇、鼻端、颊部及颌下肿胀，病羊不安。四肢被咬伤时，咬伤部位肿胀，呈现跛行。全身症状则为四肢麻痹、呼吸困难、排血尿
蹄叶炎	急性病例通常在产后与子宫炎同时发生，早期肌肉震颤，出汗，运动时拱背呈僵硬状，后肢伸入腹下，前肢直立。蹄变形，呈不同程度的跛行
腐蹄病	蹄叉角质腐败化脓，从蹄叉沟流出恶臭、红黄色或黑色黏稠分泌物。一肢或数肢突然出现跛行
佝偻病	表现消化紊乱，异嗜，骨骼、关节变形，跛行
骨软症	表现消化紊乱，异嗜，骨骼、关节变形，跛行

续表 42

病　名	速诊要点
风湿症	突然发病，患肢疼痛，出现不明原因的跛行，运动后症状减轻，水杨酸钠治疗有效
硒缺乏症	不表现前驱症状而突然死亡，尤其在运动时更易发生，如在羔羊吃奶前见到母羊或赶出羊舍蹦跳运动时，突发死亡。初期可见起立不便、跛行、行走困难。站立时肩臂和股部肌肉震颤。剖检可见骨骼肌、心肌和肝脏色淡，出现局限性发白或发灰的变性区，呈煮肉状

第二章 羊常见病防治技术

第一节 传染病防治技术

口蹄疫

口蹄疫，俗称口疮、蹄癀、烂舌症、烂蹄瘟，是由口蹄疫病毒引起的偶蹄动物的一种急性、热性、高度接触性传染病。临床上以口腔黏膜、蹄部和乳房部皮肤发生水疱、溃烂为特征。山羊、绵羊均易感。

【病　原】 口蹄疫病毒属于小核酸病毒科、口蹄疫病毒属，口蹄疫病毒具有多型性和易变异性。已知有 7 个血清型，即 A 型、O 型、C 型、南非 1 型、南非 2 型、南非 3 型和亚洲 1 型，每一主型又分若干亚型，目前已发现 65 个亚型。各主型之间无交互免疫性，同一主型各亚型之间有一定的交叉免疫性。病毒在实验和流行中都能出现变异，实践中疫苗的毒型与流行毒型不同时，不能产生预期的防疫效果。

本病毒对外界环境的抵抗力很强。被病毒污染的饲料、土壤和毛皮传染性可保持数周至数月。但对紫外线、热、酸和碱敏感，1%～2%氢氧化钠溶液、3%～5%甲醛溶液，0.2%～0.5%过氧乙酸溶液、4%碳酸氢钠溶液等均是其良好的消毒药。

【流行特点】 患病动物和带毒动物是本病主要的传染源。新疫区发病率可达 100%，但病死率低，一般不超过 1%～2%，老疫区部分羊只症状不明显，多呈良性经过。

本病通过直接接触和间接接触传播，经呼吸道、消化道和损伤的皮肤黏膜而感染。

饲料、垫料、用具、饲养管理人员以及犬、猫、鼠类、家禽、吸血昆虫等都可成为本病的传播媒介。本病传播迅速、流行猛烈、发病率高、病死率低。一年四季均可发生，但在牧区一般从秋末开始，冬季加剧，春季减少，夏季平息。本病常呈流行性或大流行性，自然条件下每隔1～2年或3～5年流行1次，往往沿交通线蔓延扩散或传播，也可跳跃式地远距离传播。

【临床症状】 本病潜伏期为1～7天，平均2～4天。病羊体温升高达40℃～41℃，精神沉郁，食欲减退，口腔水疱多发生在口膜，舌面水疱少见。山羊口腔病变比绵羊多见，水疱多发生在硬腭和舌面上。奶山羊有时可见乳头上有病变。绵羊蹄部症状明显，主要在蹄冠、蹄踵和趾间发生水疱和糜烂，呈现明显跛行。妊娠母羊常见流产。哺乳羔羊最易感，羔羊常因出血性胃肠炎和心肌炎而死亡。发生恶性口蹄疫病例，病死率可达20%～50%。

【病理变化】 除口腔和蹄部的水疱和烂斑外，在咽喉、气管、支气管和反刍动物前胃黏膜可见圆形烂斑，皱胃和大、小肠黏膜呈出血性炎症，心包膜有弥漫性或点状出血，心脏松软似煮肉样，心肌切面有灰白色或淡黄色斑点或条纹，俗称"虎斑心"。

【防治措施】

1. 预防 平时加强检疫，禁止从疫区购入动物、动物产品、饲料、生物制品等；购入动物必须隔离观察，确认健康方可混群；常发地区定期应用相应毒型的口蹄疫疫苗进行预防接种。

发生口蹄疫时，应立即上报疫情，及时采取病料，迅速送检确诊定型，划定并封锁疫点、疫区，扑杀患病动物及同群动物，尸体焚烧或化制；对污染的环境和用具进行彻底消毒；对疫区内的假定健康动物及受威胁区的易感动物进行紧急免疫接种。待最后一头病畜消灭之后3个月内不出现新的病例，经过终末大消毒后解除封锁。

目前,用于预防口蹄疫的疫苗有弱毒苗和灭活苗。弱毒苗有A型、O型和AO型联苗,对羊均安全。

2. 治疗 早期可使用高免血清或康复血清治疗。

口腔病变可用1%食盐水、食醋或0.1%高锰酸钾溶液冲洗,溃烂面上涂以1%~2%白矾溶液或碘甘油,也可用冰硼散(冰片16克、硼酸160克、芒硝160克,共研为末)涂布。

对蹄部病变可用3%来苏儿溶液洗净蹄部,擦干后涂以松馏油或鱼石脂软膏,绷带包扎。

乳房病变可用肥皂水或2%~3%硼酸溶液洗净,然后涂以青霉素等抗炎软膏。

小反刍兽疫

小反刍兽疫又称羊瘟、小反刍兽瘟,是由副黏病毒科、麻疹病毒属的小反刍兽疫病毒引起的一种急性、发热性、高度接触性传染病,临床上以发热,眼、鼻有分泌物,口炎、腹泻和肺炎为特征。根据《中华人民共和国动物防疫法》规定,本病被列为一类传染病。

【病　原】 小反刍兽疫病毒属于副黏病毒科、麻疹病毒属,与牛瘟病毒有相似的物理化学及免疫学特性。病毒呈多形性,通常为粗糙的球形。在自然环境下,50℃作用60分钟可将其杀死,在冷藏和冷冻组织中能存活较长时间,醇、醚和普通消毒药均可将其杀灭。

【流行特点】 小反刍兽疫病毒主要感染山羊、绵羊、羚羊,山羊发病比较严重。牛、猪等可以感染,但通常为亚临床经过。目前,本病主要流行于非洲西部、中部和亚洲的部分地区。我国于2007年首次发现,至2013年以来,我国西北部的新疆、甘肃、内蒙古、宁夏等地区相继发现本病。本病主要通过直接和间接接触传染,传染源主要为患病动物和隐性感染动物,处于亚临床型的病羊尤为危险。病畜的分泌物和排泄物中均含有病毒。本病一年四季均可发生，但雨季和干燥寒冷季节多发。小反刍兽疫不传染人，多呈地方流行性。

【临床症状】 小反刍兽疫潜伏期为4～5天，最长21天。自然发病仅见于山羊和绵羊。山羊发病严重，绵羊也偶有严重病例发生。一些康复山羊的唇部形成口疮样病变。感染动物临床症状与牛瘟病牛相似。急性型体温可上升至40℃～41℃，并持续3～5天，症状类似于感冒，病羊烦躁不安，背毛无光，口、鼻干燥，食欲减退。流黏液脓性鼻液，呼出恶臭气体。在发热的前4天，口腔黏膜充血，颊黏膜进行性广泛性损害，导致多涎，随后出现坏死性病灶，开始口腔黏膜出现小的粗糙的红色浅表性坏死病灶，以后变成粉红色，感染部位包括下唇、下齿龈等处。严重病例可见坏死病灶波及齿龈、腭、颊部及乳头、舌等处。后期出现带血水样腹泻，病羊严重脱水，消瘦，随之体温下降，出现咳嗽、呼吸异常。发病率高达100%，在严重暴发时，病死率为100%；在轻度发生时，病死率不超过50%。幼龄动物发病严重，发病率和病死率都很高。

【病理变化】 尸体剖检可见结膜炎、坏死性口炎等肉眼病变，严重病例可蔓延至硬腭及咽喉部。皱胃常出现病变，而瘤胃、网胃、瓣胃很少出现病变，病变部常出现有规则、有轮廓的糜烂，创面呈红色、出血。肠可见糜烂或出血，尤其在结肠直肠结合处呈特征性线状出血或斑马样条纹。淋巴结肿大，脾有坏死性病变。在鼻甲、喉、气管等处有出血斑。

【防治措施】 严禁从存在本病的国家或地区引进相关动物。一旦发生本病，应按《中华人民共和国动物防疫法》规定，采取紧急、强制性的控制和扑灭措施，扑杀患病和同群动物。羊舍周围用碘制剂消毒药每天消毒2次。疫区及受威胁区的动物进行紧急预防接种。可根据小反刍兽疫病毒与牛瘟病毒抗原相关原理，每年用牛瘟组织培养苗进行免疫接种。

羊 痘

羊痘是由痘病毒引起的一种急性接触性传染病。临床上以皮肤和黏膜上发生特异性的痘疹为特征。

【病 原】 绵羊痘病毒和山羊痘病毒均属于痘病毒科、山羊痘病毒属。病毒核酸类型为DNA,病毒粒子呈砖形或椭圆形。本病毒对直射阳光、高热较为敏感,对常用消毒药敏感,0.5%甲醛溶液数分钟内可将其杀死。但耐受干燥,在干燥的痂皮内可存活6～8周。

【流行特点】 患病羊和带毒羊通过脓疱液、痂皮及黏膜分泌物等散毒,是本病的主要传染源。患过本病痊愈的动物可获得终身免疫。饲养管理人员、放牧人员、护理用具、毛皮、饲料、垫料和外寄生虫都可成为本病的传播媒介。不同品种、性别、年龄的羊均易感,但细毛羊比粗毛羊易感,羔羊比成年羊易感。本病四季均可发生,传播迅速。主要在冬末春初流行,饲养管理不良及环境恶劣可促使本病的发生及病情加重。

【临床症状】 病初体温升高达41℃～42℃,精神不振,食欲减退。结膜潮红,流浆液性、黏液性或脓性鼻液,呼吸、脉搏增数,经1～4天发痘,在无毛或少毛的皮肤上如唇、鼻、颊、眼周围、四肢和尾内面、阴唇、阴囊包皮和乳房上出现红斑。1～2天后形成淡红色或灰白色突出于皮肤表面的丘疹,几天之内变为水疱,继而发展为脓疱。如无继发感染,脓疱干涸成棕色痂块,痂块脱落遗留红斑而痊愈。非典型痘有的呈顿挫型良性经过,仅出现体温升高和黏膜卡他性炎症,或仅出现丘疹,并在几天之内干燥脱落,称为"石痘"。有的呈恶性经过,痘疱内出血,呈黑红色,称为"黑痘";有的痘疱发生化脓和坏疽,形成深的溃疡,发出臭味,称为"臭痘"和"坏疽痘",病死率达20%～50%。

【病理变化】 在皮肤上可见到不同时期的痘疮。呼吸道黏膜有出血性炎症，有时增生性病灶呈灰白色，圆形或椭圆形。有继发病灶时，肺有肝变区。消化道黏膜也有出血性发炎，肠道后部常可发现溃疡，有时也有脓疱。病势剧烈时，前胃和皱胃有水疱，间或在瘤胃有丘疹出现。

【防治措施】

1. 预防 平时加强饲养管理，抓好秋膘，冬季补饲防寒；常发地区每年定期用羊痘鸡胚化弱毒苗进行预防接种。发病时应立即隔离病羊，封锁疫点，对疫区内未发病的羊及受威胁区的羊进行紧急免疫接种，绵羊可用羊痘鸡胚化弱毒苗 0.5 毫升，于尾根或股内侧皮内注射，免疫期 1 年。山羊可用山羊痘细胞弱毒苗 0.5～1 毫升，皮下注射。尸体焚烧或深埋，圈舍、用具及其污染的环境用 2%氢氧化钠溶液进行严格消毒。

2. 治疗 用 0.1%高锰酸钾溶液、1%醋酸溶液、2%硼酸溶液或 1%来苏儿溶液冲洗患部，然后涂抹碘甘油、1%甲紫溶液或氧化锌软膏、硼酸软膏、磺胺软膏等。

用抗绵羊痘高免血清 10～20 毫升，皮下或肌内注射。

青霉素 2 万～3 万单位/千克体重，链霉素 100 万～300 万单位/只，注射用水 30 毫升，混合后肌内注射，每天 2 次，连用 3～5 天。

10%磺胺嘧啶钠注射液 10～20 毫升，肌内注射，每天 2 次，连用 2～4 天。

恶性山羊痘可用新胂凡纳明，每千克体重 0.01 克，配成 5%注射液，静脉注射。体重在 15～20 千克的成年奶山羊用量不得超过 0.4～0.5 克，5 月龄以下的羔山羊不得超过 0.1～0.15 克，5 月龄以上的羊不得超过 0.2～0.25 克。注射后病羊稍有不安，但翌日即可恢复正常。

也可使用康复后的羊血清，预防量成年羊 5～10 毫升，羔羊 2.5～5 毫升，治疗量加倍。

中药治疗可用以下方剂。

方剂一:升麻、葛根、紫草各10克,苍术、黄柏各15克,绿豆20克,白糖25克。煎汁口服。每天1剂,连用3天,全身症状明显后减升麻、葛根,加黄连9克。

方剂二:金银花、板蓝根、蝉蜕各12克,连翘、防风、生甘草各9克,水煎服。隔日1剂,连用3次。

方剂三:蘑菇30克,白糖3克,加水500毫升,煎汁后成年羊每只50毫升,羔羊每只40毫升,口服。恶性羊痘适当加量。

方剂四:黄连100克,射干50克,地骨皮、栀子、黄柏、柴胡各25克,混合后加水10升,文火煎至3.5升,以3～5层纱布过滤2次,装瓶灭菌备用,成年羊每次10毫升,羔羊每次5～7毫升,皮下注射,每天2次,连用3天。

狂犬病

狂犬病俗称疯狗病、恐水症,是由狂犬病病毒引起的一种急性接触性传染病。临床上以神经兴奋和意识障碍,继而局部或全身麻痹而死为主要特征。

【病　原】 狂犬病病毒属于弹状病毒科、狂犬病病毒属,为RNA型病毒。

本病毒具有血凝特性,能够凝集1日龄雏鸡和鹅的红细胞,这种血凝特性可被相应抗体抑制,故可进行血凝抑制试验。

病毒易被紫外线、70%酒精、0.01%碘液、1%～2%肥皂水等灭活,对酸、碱、甲醛溶液等消毒药敏感,100℃作用2分钟可使其灭活,但在冷冻或冻干条件下可长期保存毒力。

【流行特点】 病毒主要通过咬伤传播,也可由带病毒的唾液经损伤的皮肤和黏膜而引起感染。此外,经呼吸道、消化道和胎盘也可引起感染。发病无季节性,流行的连锁性明显,致死率高达100%。野生犬科动物常成为人、畜狂犬病的传染源和自然保毒宿主。

【临床症状】 潜伏期因感染病毒的数量、毒力、伤口距中枢神经的距离及动物的易感性不同而长短不一。一般为2～8周，最短的8天，长的可达数月或1年以上，平均为20～60天。病初患病动物易兴奋，好斗，常舔咬受伤部位，咬不到则大叫或踏蹄不安。原来温驯的羊变得暴躁，常舔咬其他家畜，甚至主动咬犬或攻击人、畜。如果喉头麻痹，则不停流涎，严重时吞咽困难，性欲亢进，病程3～5天。

【病理变化】 尸体常无特异性变化，一般有咬伤或其他损伤，口腔黏膜、咽喉黏膜充血、糜烂。

【防治措施】

1. 预防 预防动物及人类的狂犬病，重点在于对狂犬病病犬的控制。平时应加强对犬和猫的管理，在流行区对家犬和家猫进行大规模免疫接种，并挂牌登记；彻底消灭野犬；发现狂犬病患病动物应立即扑杀，尸体深埋或焚烧，严禁剥皮吃肉。

2. 治疗 伤口应用大量肥皂水、0.1%新洁尔灭溶液或清水充分冲洗，再用75%酒精、2%～3%碘酊、3%石炭酸溶液或0.1%升汞溶液消毒，同时注射狂犬病疫苗。

咬伤严重(如人的头、颈和手指等多处被咬伤)，在接种疫苗的同时应在72小时内每千克体重注射高免血清0.5毫升。

伪狂犬病

伪狂犬病是由病毒引起家畜和野生动物的一种急性传染病，临床上以发热、奇痒和脑脊髓炎为特征。

【病　原】 伪狂犬病病毒属于疱疹病毒科，为DNA型病毒。病毒对外界环境的抵抗力很强。在畜舍内的干草上能存活30天以上，8℃条件下可存活46天，但对0.5%～1%氢氧化钠溶液、甲醛和日光敏感。

【流行特点】 病羊、带毒羊及带毒鼠是本病的主要传染源,病羊通过眼鼻分泌物、唾液、乳汁等排毒。带毒鼠经尿液排毒,牧场和畜舍内的鼠类,既是带毒者,又是传播者。感染猪和带毒鼠类是伪狂犬病的天然宿主,羊或其他动物患伪狂犬病多与带毒猪、鼠类有关。家畜多因食入被病鼠污染的饲料、饮水经消化道感染,也可经呼吸道、生殖道及损伤的皮肤而感染。本病自然发生于猪、牛、羊、犬、猫、兔、鼠及野生动物中,多发于冬、春季节,一般为散发,有时呈地方流行性。

【临床症状】 潜伏期一般为3～6天,多呈急性经过,主要表现体温升高,精神委顿,不食,肌肉震颤,出现剧痒,常见病羊摩擦痒处,有时啃咬并发出凄惨叫声或撕脱痒处被毛。有的病羊出现咽麻痹而拒食,大量流涎。后期出现四肢无力。继而出现麻痹,最后昏迷死亡。病程1～3天。

确诊需进行实验室检查。动物接种试验是诊断本病常用的方法,采取患病部水肿液、脊髓或脑组织等,制成10倍稀释乳剂,离心后取上清液1～2毫升皮下接种家兔,48～72小时注射部位奇痒,奇痒出现后1～2天家兔死亡,结合临床症状可以确诊。

此外,可用直接免疫荧光法检查病料中的特异性抗原。检查血清抗体可用中和试验、琼脂扩散试验、补体结合试验和酶联免疫吸附试验,其中以血清中和试验最为敏感。

【病理变化】 病死羊除局部被毛脱落,皮肤水肿、充血、擦伤外,一般无明显肉眼可见变化。

【防治措施】

1. 预防 消灭饲养场的鼠类,注意带毒猪的存在,严格将猪与羊及其他动物分开饲养。

提倡自繁自养,引进羊应隔离观察,严防带入病原。常发地区可定期进行预防接种,我国研制的牛羊伪狂犬病氢氧化铝甲醛灭活苗,免疫效果可靠。发病时应立即隔离或扑杀病畜,尸体销毁或深埋;疫区内未发病的易感动物进行紧急免疫接种;畜舍、用具及污染的环境用2%氢氧化钠溶液、20%漂白粉混悬液等彻底消毒;粪便发酵处理。

2. 治 疗 早期应用抗伪狂犬病高免血清有较好疗效。

轮状病毒感染

轮状病毒感染是由病毒引起的多种幼龄动物的急性胃肠道传染病,临床上以腹泻为特征,成年羊一般呈隐性感染。

【病 原】 轮状病毒属于呼肠孤病毒科、轮状病毒属,为RNA型病毒。对理化因素有较强的抵抗力,在室温下能保存7个月,0.01%碘溶液、1%次氯酸钠溶液和70%酒精可使病毒丧失感染力。

【流行特点】 患病的动物、人和隐性感染的带毒者是重要的传染源,病毒随其粪便排出,经消化道引起易感动物感染。多种幼龄动物如犊牛、仔猪、羔羊、犬、幼兔、幼鹿、猴、小鼠、鸡、火鸡、鸭和儿童均可自然感染而发病。只要病毒在一种动物中存在,就可能造成本病的长期传播。本病多发于晚冬与早春季节,传播迅速,感染率最高可达90%~100%,但发病率和病死率均低。在应激条件下,特别是在寒冷、潮湿、卫生等饲养管理条件不良和合并感染时,可使病情加剧,病死率增高。

【临床症状】 羔羊潜伏期短,表现为厌食、水样腹泻、脱水,一般经4~8天恢复。

【病理变化】 剖检胃内充满凝乳块和乳汁。小肠肠壁菲薄、半透明,内容物呈灰黄色或灰黑色液状,有时小肠广泛性出血,肠系膜淋巴结肿大。

确诊需进行实验室诊断。一般在腹泻开始24小时内采取小肠及内容物或粪便,进行病毒抗原检查。方法有电镜法、免疫电镜法、琼脂扩散试验、直接荧光抗体试验、酶联免疫吸附试验和放射

免疫试验等。

【防治措施】

1. 预防 预防本病主要依靠加强饲养管理，认真执行一般性防疫措施，增强母羊和羔羊的抵抗力。在疫区做到新生羔羊及早吃到初乳，接受母源抗体的保护以减少或减轻发病。

2. 治疗 主要采取对症疗法，用补液盐饮水，或用5%糖盐水给病羊自由饮用。

防止酸中毒和脱水，5%糖盐水100～200毫升，25%葡萄糖注射液20～30毫升，5%碳酸氢钠注射液10～15毫升，10%维生素C注射液2～5毫升，10%安钠咖注射液2毫升，一次静脉注射，每天2～3次。

蓝舌病

蓝舌病是以昆虫为传播媒介引起的反刍动物的一种病毒性传染病，主要侵害绵羊，也可感染其他反刍动物。临床上以发热、消瘦、口腔黏膜发绀、口腔和胃肠黏膜溃疡性炎症、白细胞减少为特征。

【病 原】 蓝舌病病毒属于呼肠孤病毒科、环状病毒属，为一种双股RNA病毒，病毒基因组由10个分子质量大小不一的双股RNA片段组成。已知病毒有24个血清型，各型之间无交互免疫力。

【流行特点】 以1岁左右的绵羊最易感，哺乳的羔羊有一定的抵抗力，山羊的易感性较低。病毒在库蠓唾液腺内存活、增殖和增强毒力后，经库蠓叮咬感染健康牛、羊而传播本病。本病多发生于湿热的夏季和早秋，特别多见于池塘、河流多的低洼地区。

【临床症状】 本病潜伏期为3～10天，病初体温升高达40.5℃～41.5℃，稽留5～6天。厌食、流涎，口、唇水肿延伸到面部和耳部，甚至颈部、腹部。口腔黏膜发绀，呈青紫色糜烂，致使吞咽困难。在溃疡损伤部位渗出血液，唾液呈红色。鼻液初为浆液性，后为黏脓性，带血，结痂于鼻孔周围，引起呼吸困难。蹄冠、蹄叶发炎，跛行。有的病羊便秘或腹泻，有时腹泻带血。妊娠4～8周的母羊感染时，其分娩的羔羊中约20%有发育缺陷。

【病理变化】 口腔出现糜烂和深红色区，舌、齿龈、硬腭、颊黏膜和唇水肿。瘤胃有暗红色区，呼吸道、消化道和泌尿道黏膜及心肌、心内外膜有小点出血。严重病例消化道黏膜有坏死和溃疡。脾脏肿大，肾和淋巴结轻度发炎和水肿。

【防治措施】 加强检疫，特别是引进种羊、冻精、胚胎时防止本病的引入。

在流行地区，每年应接种蓝舌病灭活苗或弱毒苗，有预防效果。发现病畜予以扑杀。

梅迪-维斯纳病

梅迪-维斯纳病是梅迪和维斯纳病毒引起成年绵羊的一种慢性接触性传染病。临床上以经过一段漫长的潜伏期之后，不表现发热，表现间质性肺炎或脑膜炎，病羊衰弱、消瘦为特征。

【病　原】 梅迪和维斯纳病毒是两种在许多方面具有共同特性的病毒，在分类上被列入反转病毒科、慢病毒属。病毒对乙醚、氯仿、乙醇、间位过碘酸盐和胰酶敏感，能被0.1%甲醛溶液、4%酚溶液和乙醇灭活。pH值7.2～9.2时最为稳定，pH值4.2时于10分钟内灭活。于－50℃条件下可存活数月，4℃条件下可存活4个月，20℃条件下可存活9天，37℃条件下可存活24小时，50℃条件下只能存活15分钟。

【流行特点】 本病多见于2岁以上的成年绵羊，一年四季均可发生。多呈散发，发病率因地域而异。自然感染是由于吸进了病羊所排出的含病毒的飞沫和与病羊直接接触而导致，也可经胎盘和乳汁而垂直传播。吸血昆虫也可能成为本病的传播者。

【临床症状】 本病潜伏期为2年或更长。

1. 梅迪病(呼吸道型) 病羊无体温反应,可见呼吸困难并逐渐加重的呼吸道症状。在病的早期,如驱赶羊群,特别是上坡时,病羊落于群后。病羊鼻孔扩张,头高仰,有时张口呼吸。听诊时在肺的背侧可听见啰音,叩诊时在肺的腹侧发现实音。

2. 维斯纳病(神经型) 病羊经常落群,后肢步样异常,共济失调和轻瘫,出现失足、发软。随后跗关节不能伸直,四肢麻痹并逐渐发展,出现行走困难。有时唇和眼睑震颤,头微微偏向一侧,然后出现偏瘫或完全麻痹。绵羊感染可终身带毒,大多数羊只不出现临床症状。

【病理变化】 病肺体积和重量均增大2～4倍,肺胸膜下有无数散在的针尖大小的青灰色小点,这是重要的肉眼变化。在这种小点看不清楚时,可以用50%～98%醋酸溶液涂擦于肺表面,2分钟后,于灰黄色背景上出现十分明显的乳白色小点,可作为一种简易的辅助诊断方法。必要时,可采取病料进行病理组织学检查、病毒分离、病毒颗粒的电镜观察以及中和试验、琼脂扩散试验、免疫荧光法等进行确诊。

【防治措施】 主要是防止健康羊接触病羊,同时病羊应隔离和淘汰。病尸和污染物应销毁或用生石灰掩埋。圈舍、饲管用具应用2%氢氧化钠溶液消毒。引进种羊应来自于无病区,避免与病情不明和有病羊群共同放牧。每6个月做一次血清学试验,淘汰有症状病例和血清学反应阳性羊及其后代,以清除本病。

绵羊痒病

绵羊痒病又称驴跑病、瘙痒病、慢性传染性脑炎,是成年绵羊的一种缓慢发展的传染性中枢神经系统疾病。临床上以潜伏期长、剧痒、精神委顿、肌肉震颤、共济失调、衰弱、瘫痪为特征。

【病　原】 病原为朊病毒,本病原对不良的理化条件反应很稳定,脑组织中的病原能耐高温和消毒药。对氯仿、乙醇、乙醚、高碘酸钠和次氯酸钠敏感,酸和碱如 pH 值 2.5～10 的溶液对其无影响。

【流行特点】 不同性别、不同品种的羊均可发生感染,在品种内某些受感染的谱系发病率高,这主要是由于垂直传播的原因所导致。一般发生于 2～4 岁的羊,以 3 岁半的羊发病率最高。绵羊与山羊间可以接触传播,感染妊娠母羊的胎盘组织内含有病毒。

【临床症状】 本病潜伏期为 1～3 年。潜伏期后,神经症状逐渐发展,并慢慢加剧。早期病羊表现沉郁和敏感,易惊,目光不安或凝视,共济失调,驱赶呈驴跑姿势,反复跌倒,有癫痫症状。

病羊体温一般正常,皮肤剧痒,不断擦痒、反射性咬唇与舔舌及啃咬腹部致使被毛脱落。病羊与固定物相撞,共济失调导致步态蹒跚,高热。妊娠母羊可流产。

【防治措施】 在没有发生过本病的地区,如引入种羊后发现本病,必须全部淘汰。如有的种羊分至另一些羊群,应将羊群封锁,羊只不准移动,隔离观察 42 个月,如发现病羊,可进行同样处理。

山羊病毒性关节炎-脑炎

山羊病毒性关节炎-脑炎是一种病毒性传染病。临床上以成年山羊发生慢性多发性关节炎,间或伴发间质性肺炎或间质性乳房炎,羔羊呈现脑脊髓炎为特征。

【病　原】 山羊病毒性关节炎-脑炎病毒属于反转录病毒科、慢病毒属,病毒的形态结构和生物学特性与梅迪和维斯纳病毒相似。

【流行特点】 病毒经乳汁感染羔羊,被污染的饲草、饲料、饮水等可成为传播媒介,感染途径以消化道为主。在自然条件下,只在山羊间互相传染发病,绵羊不感染。感染本病的羊只,在良好的饲养管理条件下常不出现症状或症状不明显，只有通过血清学检查才能发现。

【临床症状】

1. 脑脊髓炎型 本病潜伏期为50～130天，多发生于2～4月龄羔羊，发病有明显的季节性。病羊精神沉郁、跛行，进而四肢强直或共济失调。一肢或数肢麻痹、横卧不起，有的病例眼球震颤、惊恐、角弓反张。有时面神经麻痹，吞咽困难或双目失明。少数病羊伴有肺炎或关节炎症状。病程15天至1年。

2. 关节炎型 发生于1岁以上成年山羊，病程1～3年。典型症状是腕关节肿大和跛行。开始时关节周围软组织水肿、湿热、疼痛，有轻重不一的跛行，进而关节肿大如拳，活动不便，常见前膝跪地膝行。有时病羊肩前淋巴结肿大。

3. 肺炎型 较少见，无年龄限制，病程为3～6个月。病羊进行性消瘦，咳嗽，呼吸困难，叩诊有浊音，听诊有湿性啰音。

除上述3种病型外，哺乳母羊有时发生间质性乳房炎。

【病理变化】

1. 脑脊髓炎型 小脑和脊髓白质可见一侧脑白质有棕色病灶。

2. 肺炎型 肺轻度肿大，质地变硬，呈灰色，表面散在有白色小点，切面有大叶性或斑块状实变区。支气管淋巴结和纵隔淋巴结肿大，支气管空虚或充满浆液及黏液。

3. 关节炎型 关节囊肥厚，关节腔扩张，充满黄色或粉红色液体，其中悬浮纤维素性絮状物。滑膜表面光滑，或有结节状增生物，透过滑膜可见到组织中的钙斑。确诊可用琼脂扩散试验和酶联免疫吸附试验等血清学方法确定隐性感染动物。

【防治措施】 主要是加强饲养管理和防疫卫生工作，定期检疫，淘汰血清学反应阳性羊。在无病地区还应提倡自繁自养，严防本病由外地带入。

羊传染性脓疱病

羊传染性脓疱病俗称羊口疮，是由羊口疮病毒引起的绵羊和山羊的一种传染性疾病。临床上以口唇等部位皮肤、黏膜形成丘疹、脓疱、溃疡以及疣状厚痂为特征。

【病　原】 传染性脓疱病毒又称羊口疮病毒，属于痘病毒科、副痘病毒属。病毒对外界具有相当强的抵抗力。干痂暴露于夏季日光下经30～60天开始丧失其传染性；在地面上经过秋、冬季，翌年春天仍有传染性。干燥病料在冰箱内保存3年以上仍有传染性。对温度较为敏感，60℃作用30分钟可以将其杀死。

【流行特点】 本病只危害绵羊和山羊，以3～6月龄的羔羊发病为多，常呈群发性流行。成年羊也可感染发病，常呈散发。病羊和带毒羊为传染源，主要通过损伤的皮肤、黏膜感染。自然感染是由于引入病羊或带毒羊，或利用被病羊污染的羊舍或牧场而传染。

【临床症状】 本病潜伏期为4～8天。在老疫区，几乎每年都有羔羊发生。本病在临床上一般分为唇型、蹄型和外阴型3种病型，也可见混合型感染病例。

1. 唇型 最为常见，病初在口角、上唇或鼻镜上出现散在的小红斑，继而变为丘疹和小结节，继而成为水疱或脓疱，破溃后结成黄色或棕色的疣状硬痂。如为良性经过，则经1～2周痂皮干燥、脱落而康复。严重病例患部可见丘疹、水疱、脓疱、痂垢，并互相融合，波及整个口唇周围甚至眼睑和耳郭等部位，形成大面积龟裂和易出血的污秽痂垢。痂垢下伴以肉芽组织增生，痂垢不断增厚，整个嘴唇肿大外翻呈桑葚状隆起。病程可达2～3周。如护理不当，个别病例常伴有坏死杆菌、化脓性杆菌的继发感染，引起深部组织化脓和坏死，致使病情恶化。部分病例口腔黏膜也发生水疱、脓疱和糜烂，使病羊采食、咀嚼和吞咽困难。

2. 蹄型 绵羊多发，常波及蹄冠、蹄叉和系部皮肤，依次发生

水疱、脓疱和糜烂。病羊跛行,常波及蹄基部、蹄骨,甚至肌肉和关节。病羊跛行,长期卧地,也可能发生转移性病灶,引发肺、肝及乳房发病。

3. 外阴型 外阴型病例较为少见。病羊出现黏液性脓性阴道分泌物,在肿胀的阴唇及附近皮肤上发生溃疡;乳房和乳头皮肤(多系病羔吮乳时传染)上发生脓疱、烂斑和痂垢。公羊则表现为阴囊鞘肿胀,出现脓疱和溃疡。

【防治措施】

1. 预防 勿从疫区引进羊或购入饲料、畜产品。引进羊须隔离观察2~3周,严格检疫,同时应将蹄部多次清洗、消毒,确认无病后方可混入大群饲养。

保护羊的皮肤、黏膜勿受损伤,注意拣出饲料和垫料中的芒刺(在夏季麦收后的麦茬地放牧时应注意观察)。加喂适量食盐,以减少羊只啃土啃墙,防止发生外伤。

用羊口疮弱毒苗免疫接种。

2. 治疗 用0.1%~0.2%高锰酸钾溶液冲洗创面,然后涂以5%碘酊加等量甘油溶液或3%土霉素软膏,每天1~2次,直至痊愈。

蹄型病羊可将蹄部置于5%~10%甲醛溶液中浸泡1分钟,连续浸泡3次;也可隔日用3%甲紫溶液、1%苦味酸溶液或3%土霉素软膏涂抹患部。

口腔黏膜有糜烂且有体温升高的可肌内注射青霉素。

绵羊肺腺瘤病

绵羊肺腺瘤病又名绵羊肺癌或驱赶病,是由绵羊肺腺瘤病毒引起的一种慢性、接触传染性肺脏肿瘤病。临床上以病羊消瘦、咳嗽、呼吸困难为特征。

【病 原】 绵羊肺腺瘤病毒被认为是一种反转录病毒,在绵

羊肺腺瘤病病例的肿瘤匀浆和肺组织中发现有 RNA 及依赖 RNA 的 DNA 反转录酶。本病毒抵抗力不强,56℃经 30 分钟可灭活,对氯仿和酸性环境敏感。

【流行特点】 各种品种和年龄的绵羊均能发病,以美利奴绵羊的易感性为高,发病多为 3～5 岁的绵羊,2 岁以内的羊较少出现症状。除绵羊外,山羊也可发生。病羊是主要传染来源,通过咳嗽、喘气将病毒排出,经呼吸道使附近的易感羊感染。羊群拥挤,尤其在密闭的圈舍中,有利于本病的传播。气候寒冷可使病情加重。病羊常继发细菌性感染,引起化脓性肺炎,导致急性(有时可能呈发热性)病程。病羊最终因虚脱而死亡,病死率高达 100%。

【临床症状】 本病潜伏期很长,为 6 个月至 2 年不等。只有成年绵羊和较大的羊才能见到临床症状,病羊逐渐出现虚弱、消瘦、呼吸困难等症状。随着病程的发展,病羊呼吸快而浅表,吸气时常见头颈伸直、鼻孔扩张。病羊常有湿性咳嗽。肺部叩诊、听诊有湿性啰音和肺实变区。当支气管分泌物积聚于鼻腔时,则出现鼻塞音,低头时,大量分泌物自鼻孔流出。体温一般正常。在放牧赶路时症状加重,驱赶病之称由此而来。

【病理变化】 病变主要局限于肺部及胸部。早期病羊肺尖叶、心叶、膈叶前缘等部位出现弥散性小结节,质地硬,稍突出于肺表面,切面可见颗粒状凸起物。随着病程的进展,肺脏出现大量肿瘤组织构成的结节,呈粟粒至红枣大小。有时,一个肺叶的结节增生、融合而形成较大的肿块。继发感染时则形成大小不一的脓肿。支气管淋巴结、纵隔淋巴结增大,也形成肿块。

【防治措施】 主要是加强饲养管理和防疫卫生工作,严防本病由外地带入。在完全确诊后,最好全群扑杀,消除病原,在无病地区提倡自繁自养。

炭疽

炭疽是由炭疽杆菌引起的家畜、野生动物和人的一种急性热性败血性传染病。绵羊比山羊易发,幼羔更易发病。临床上以突然高热、可视黏膜发绀和天然孔出血为特征。其病变的特点是呈败血症变化,尸僵不全,血凝不良,脾脏显著肿大,皮下和浆膜下呈出血性胶样浸润。

【病　原】 炭疽杆菌是菌体两端平截的粗大杆菌,常呈单在、成双或链状排列,在动物体内有荚膜,在有氧条件下形成芽孢,无鞭毛,革兰氏阳性。本菌在普通琼脂平板上形成扁平、灰白色、不透明、干燥、边缘不整齐的火焰状菌落。在普通肉汤培养基中培养24小时,管底形成白色絮状沉淀,下层液体澄清。

本菌繁殖体的抵抗力不强,但芽孢的抵抗力很强,在自然条件下能存活数十年,煮沸15～25分钟方可将其灭活,临床上常用0.1%碘液、0.1%升汞溶液、20%漂白粉混悬液进行消毒。本菌对青霉素、磺胺类药物等敏感。

【流行特点】 本病的主要传染源是患病动物。存在于患病动物各组织器官内的炭疽杆菌,通过动物的分泌物、排泄物,特别是濒死动物天然孔的出血以及处理不当的尸体向外散播。主要经消化道感染,也可经损伤的皮肤、黏膜及吸血昆虫叮咬感染,此外还可经呼吸道感染。凡低洼地区或洪水泛滥地区,其湿度有利于炭疽杆菌的生存,故土壤亦有传染性。

【临床症状】 本病潜伏期一般为1～3天,最长可达14天。

1. 最急性型 病羊突然倒地,昏迷,磨牙,全身战栗,步态不稳,几分钟内死亡,天然孔出血。

2. 急性型 病羊体温上升,病初兴奋不安、吼叫乱撞,间或身体各部发生肿胀。食欲减退或废绝,可视黏膜发绀并有出血点,呼吸困难,肌肉震颤。唾液及排泄物呈红色。濒死期体温下降,天然

孔流血，全身痉挛而死。

3. 亚急性型 症状与急性型相同，但表现较为缓和。

【病理变化】 炭疽病畜严禁解剖，凡急性死亡，但原因不明而又疑为炭疽的病畜，必须进行细菌学和血清学诊断，以防误剖散布病原。

急性炭疽为败血症变化。死后尸体迅速腐败而膨胀，天然孔出血，血液呈酱油色煤焦油样，凝固不良，可视黏膜发绀或有点状出血，尸僵不全。

【防治措施】

1. 预防 常发地区平时应每年定期进行炭疽疫苗的预防接种。目前应用的是无毒炭疽芽孢苗和Ⅱ号炭疽芽孢苗（无毒炭疽芽孢苗对山羊不适用）。另外，应严格执行卫生消毒制度。发病时应立即上报疫情，实行封锁、检疫、隔离、紧急免疫接种、治疗及消毒等综合性防治措施。

2. 治疗 抗炭疽血清为治疗炭疽的特效药物，早期应用效果较好。但必须在严密隔离和专人护理的条件下进行治疗。

青霉素3万～4万单位/千克体重，硫酸链霉素100万～200万单位/只，注射用水10毫升，混合后肌内注射，每天2次，连用3～4天。

20％磺胺嘧啶钠注射液，每千克体重70毫克，首次用量加倍，静脉或肌内注射。

恶性水肿

恶性水肿是由细菌引起的多种家畜和人的一种创伤性、急性传染病，也是一种急性中毒性传染病。临床上以局部发生急剧的炎性、气性水肿，并伴有发热和全身性毒血症为主要特征。

【病　原】 病原主要是腐败梭菌，其次为产气荚膜梭菌，还有诺维氏梭菌和溶组织梭菌。腐败梭菌是菌端钝圆的粗大杆菌，常

单在或成双，有时呈短链状排列，无荚膜，有鞭毛，在动物体内外均易形成芽孢，革兰氏染色阳性。本菌在动物脏器特别是肝脏浆膜上呈无关节微弯曲的长丝状，在诊断上有重要意义。

腐败梭菌繁殖体的抵抗力不强，常用浓度的普通消毒药在短时间内可将其杀死。但芽孢的抵抗力强大，在腐败的尸体内可存活3个月，在土壤中可保持20年以上不失去活力，0.2%升汞溶液、3%甲醛溶液在10分钟内可将其杀死。

【流行特点】 各种健康动物特别是草食动物的肠道内含有多量的本病病原菌，其随粪便排出后污染环境，使本菌在自然界中的分布非常广泛。当皮肤发生创伤如外伤、阉割、断尾、剪毛、分娩、外科手术等，在消毒不严时易引起感染。

【临床症状】 本病潜伏期一般为2～5天，多为急性发作，患病动物往往因严重水肿而倒地死亡。病初体温升高，伤口周围呈炎性水肿，并迅速向周围组织扩散。随着炎性水肿的急剧发展，全身症状严重，高热稽留，呼吸困难，黏膜发绀，并有腹泻，最后发展为毒血症，多在1～3天内死亡。可见发病局部呈弥漫性炎性气性水肿，皮下及肌间有黄褐色恶臭带有气泡的胶冻样液体浸润，肌肉呈灰白色或暗褐色，多含气泡。

【病理变化】 剖检可见发病局部呈弥漫性炎性气性水肿，皮下及肌间有黄褐色带有气泡的胶性液体浸润，肌肉呈灰白色或暗褐色，多含气泡。脾和淋巴结肿大。肝、肾混浊肿胀，有的有灰黄色病灶。腹腔和心包积液。

【防治措施】

1. 预防 预防本病的关键在于防止发生外伤。一旦发生外伤，应彻底消毒，及时治疗防止污染。手术、注射、剪毛、断尾及助产时，应严格消毒，术后加强饲养管理，防止感染。病羊应隔离治疗，被病羊污染的物品、场所应严格消毒，尸体深埋或焚烧。

2. 治疗 青霉素2万～4万单位/千克体重，硫酸链霉素100

万～200 万单位/只，注射用水 10 毫升，混合后肌内注射，每天 2 次，连用 3～4 天。

20％磺胺嘧啶钠注射液 10～20 毫升，首次用量加倍，静脉或肌内注射，每天 2 次，连用 3 天。

新胂凡纳明治疗效果更好。每千克体重 10 毫克(每只羊总剂量不得超过 0.5 克)，用 5％葡萄糖注射液配成 5％～10％溶液缓慢静脉注射，每 3～5 天使用 1 次。

局部疗法可切开肿胀部位，清除创内异物、坏死组织及水肿液等，然后用 0.1％～0.2％高锰酸钾溶液冲洗，再用 3％过氧化氢溶液冲洗，开放治疗，按外科常规处理。

3％过氧化氢溶液，每千克体重 1.5～2.5 毫升，10％葡萄糖注射液 200 毫升，混合后一次静脉注射，并用青霉素 4 万单位/千克体重，肌内注射，每天 2～3 次，连用 3～4 天。

强心补液可用 10％葡萄糖注射液 300～500 毫升、10％安钠咖注射液 5～10 毫升，一次静脉注射。

中药治疗可用蒲公英 120 克，金银花 60 克，当归、赤芍、连翘各 30 克。研末，沸水冲调，候温灌服。

气肿疽

气肿疽又称黑腿病，是由气肿疽梭菌引起的非接触性急性、败血性传染病。临床上以肌肉丰满的部位发生黑色气性肿胀，按压有捻发音为特征。绵羊比山羊多发。常发生于山谷中低湿的牧场或每年洪水泛滥的地区。

【病　原】 病原为气肿疽梭菌，革兰氏染色阳性，是一种专性厌氧菌，两端钝圆，常呈多形性，在菌体中央或近端易形成卵圆形芽孢，菌体因形成芽孢而呈梭状。无荚膜，腹腔渗出液涂片镜检，可见单个或两个连在一起的菌体形成的短链。本菌的繁殖体对理化因素抵抗力不强，但芽孢的抵抗力极强，在土壤中可存活 20 年，

0.2%升汞溶液作用10分钟，3%甲醛溶液作用15分钟可杀死芽孢。

【流行特点】 病羊和病死羊是主要的传染源。如果皮肤及黏膜有了创伤，芽孢便随着土壤侵入伤口，进而进入体内各部。但此菌是严格的厌氧菌，故必须创伤深穿在皮肤或黏膜以下，细菌才能发育而引起疾病的发生。通常绵羊是由于剪毛、断尾及去势而感染；母羊在生产期间由于生殖道的创伤而受到感染；山羊因抵架而发生的头部伤口，也能引起本病的发生。病菌也可通过吸血昆虫（蜱、蝇等）的叮咬传播。

另外，如果羊只食入含有芽孢的水、饲料，便可由肠道受到感染。如果羊的胃、肠壁受到异物的损伤，也就造成细菌侵入的门户。羊只在低湿的牧场、洪水淹没过的地区放牧，接触病畜尸体污染的地方、饲料和饮水，均能诱发传染。

【临床症状】 本病的潜伏期为1～3天。病羊突然发病，体温升高至40℃～41℃，食欲减退，反刍停止。病羊表现跛行，步态僵硬，不久后在肌肉丰满处如腿上部、肩、胸、颈、腰等处的皮肤局部发生气性、坏疽性炎性肿胀。触诊肿胀部热而疼痛，其中含有气体，故当用手指触压时，可听到捻发音；叩诊时，发出轻微的鼓响音。病羊呼吸困难，全身症状加剧，如治疗不及时，可在1～2天内死亡。

【病理变化】 可见皮肤变硬，色黑，部分腐烂。病部肌肉肿胀，有捻发音。切开病部时，皮下组织有红色或黄色的胶性渗出物，混杂有出血点和气泡。下边的肌肉变成暗红色或黑色，可挤出污红色而酸臭的液体，内含多量气泡。病部淋巴结肿胀，有液体浸润及出血点。胸、腹腔内常含有容量不等的红色液体。胸膜及心外膜有灰红色纤维性渗出物。肝脏松而脆，切面上有干而黄的坏死病灶。胃及小肠往往红肿或出血。

【防治措施】

1. 预防 因本病主要由创伤传染，故必须注意创伤的消毒和治疗。在常发病的区域及其周围，每年春、秋两季必须用气肿疽疫苗免疫。每只羊无论大小均注射 1 毫升，羔羊 6 月龄以后再预防注射 1 次。被污染的牧场及低湿地区均不宜放牧羊只。对病羊尸体应严加深埋，严禁剥皮和吃肉。病羊的圈舍、场地、用具等，必须用 3%甲醛溶液或 0.2%升汞溶液进行消毒。对污染的饲料、粪便和垫料等，都应全部烧毁。

2. 治疗 青霉素，每千克体重 4 万～6 万单位，注射用水 10 毫升，溶解后肌内注射，每天 3 次，连用 3～5 天。或用 10%磺胺嘧啶钠注射液 15～20 毫升、5%碳酸氢钠注射液 10～20 毫升，静脉注射，每天 2 次，连用 3～5 天。同时，应用抗气肿疽血清 30～50 毫升，皮下或静脉注射。如果病情严重，可隔 8～12 小时再注射 1 次，常常可以获得良好效果。

也可在肿胀部分的周围，皮下或肌内分点注射 1%～2%高锰酸钾溶液或 0.1%甲醛溶液。也可用 0.25%普鲁卡因注射液 1～2 毫升、青霉素 80 万～160 万单位，于肿胀周围分点注射。严禁切开或划破肿胀处。

中药治疗可用以下方剂。

方剂一：百部 15 克，黄柏 8 克，石韦、独活各 6 克，龙胆草、天花粉、八里麻（百两金）、血藤各 12 克，金银花、连翘各 9 克，煎服或研末用温水调服。

方剂二：天门冬、薄荷各 6 克，马鞭草、连翘、车前草、黄柏各 9 克。共研为末，用冷开水调服。

羊链球菌病

链球菌病又称嗓喉病，是由兽疫链球菌引起的一种急性、热性、败血性传染病。临床上以咳嗽、咽喉肿胀、颌下淋巴结肿大、呼

吸困难、大叶性肺炎、各脏器出血、胆囊肿大为特征。

【病　原】 链球菌种类繁多，在自然界分布很广。一部分对人、畜有致病性，一部分无致病性。本菌呈圆形或卵圆形，常排列成链，链的长短不一，短者成对，或由 4～8 个菌组成，长者数十个甚至上百个。在固体培养基上常呈短链状，在液体培养基中易呈长链状。大多数链球菌在幼龄培养物中可见到荚膜，不形成芽孢，多数无鞭毛，革兰氏染色阳性。链球菌对热和普通消毒药抵抗力不强，多数链球菌经 60℃加热 30 分钟均可被杀死，煮沸可立即死亡。常用的消毒药如 2%石炭酸溶液、0.1%新洁尔灭溶液、1%煤酚皂溶液，均可在 3～5 分钟内将其杀死。日光直射 2 小时死亡。

【流行特点】 病羊和带菌羊是本病的主要传染源，通常经呼吸道排出病原体。自然感染主要通过呼吸道途径，也可通过损伤的皮肤、黏膜以及羊虱、蝇等吸血昆虫叮咬传播。病死羊的肉、骨、皮、毛等可散播病原，在本病传播中具有重要作用。新发疫区常呈流行性发生，老疫区则呈地方流行性或散发。当天气寒冷、饲料不好、放牧条件较差时最易发病和死亡。

【临床症状】 本病主要发生于牛和羊。绵羊易感性高，山羊次之。人工感染的潜伏期为 3～10 天。病羊体温升高至 40℃～41℃，精神不振，拒食，咳嗽，咽喉肿胀，颌下淋巴结肿大，呼吸困难，鼻孔流出浆液性、脓性分泌物。眼结膜充血，流泪，常见流出脓性分泌物，甚至眼皮粘连。部分病例舌体肿大，流涎，并混有泡沫。粪便松软，带有黏液或血液。有些病例可见眼睑、口唇、面颊以及乳房部位肿胀。妊娠母羊可发生流产。病羊死前常有磨牙、呻吟和抽搐现象。病程一般为 2～5 天。

【病理变化】 全身淋巴结，尤其是颌下淋巴结和肺门淋巴结显著肿大，可达正常的 2～7 倍。鼻、咽喉、气管黏膜出血。肺水肿、气肿，肺实质出血、肝变，呈大叶性肺炎样病变，有时可见坏死灶。肺脏常与胸壁粘连。肝脏及胆囊肿大，胆囊可达正常的 2～4

倍,胆汁外渗。

【防治措施】

1. 预防 加强饲养管理,做好防寒保暖工作,消除各种促进疾病发生的因素。勿从疫区引入种羊、购进羊肉或皮毛产品。

常发病地区坚持免疫接种,每年发病季节到来之前,用羊链球菌氢氧化铝甲醛疫苗进行预防接种。大、小羊只一律皮下注射3毫升,3月龄以下羔羊2～3周后重复接种1次,免疫期可保持6个月以上。

2. 治疗 ①青霉素80万～160万单位,肌内注射,每天2次,连用2～3天。②磺胺嘧啶,每次5～6克(小羊减半),口服,每天2次,连用1～3天。③复方新诺明,每次每千克体重25～30毫克,口服,每天2次,连用3天。④20%磺胺嘧啶注射液,每只羊5～10毫升,肌内注射,每天2次,连用2～3天。

羊支原体性肺炎

羊支原体性肺炎又称羊传染性胸膜肺炎,俗称烂肺病,是由支原体引起的羊的一种高度接触性传染病。临床上以高热稽留、咳嗽、浆液性及纤维素性肺炎为特征。

【病　原】 病原体为丝状支原体山羊亚种和绵羊肺炎支原体,均为细小、多形性的微生物,革兰氏染色阴性,用姬姆萨、卡斯坦奈达或美蓝染色法着色良好。

【流行特点】 丝状支原体山羊亚种和绵羊肺炎支原体在血清学上无交互免疫性,其培养特性也不一样。在自然条件下,丝状支原体山羊亚种只感染山羊,且以3岁以下的山羊发病为多,而绵羊肺炎支原体则可感染山羊和绵羊。冬、春季易发,常呈地方性流行。病羊为主要传染源,病羊肺组织以及胸腔渗出液中含有大量病原体,主要经呼吸道分泌物排菌。耐过羊在相当长的时期内也可成为传染源。主要通过空气飞沫传播,经呼吸道感染,接触传染

性强。阴雨连绵，寒冷潮湿，营养缺乏，羊群密集、拥挤等不良因素易诱发本病。

【临床症状】 本病潜伏期平均为18～20天。

病初体温升高，达41℃～42℃，精神沉郁，食欲减退，随即咳嗽，流浆液性鼻液。4～5天后咳嗽加重，干咳而痛苦，病羊仰头鸣叫，不久出现肺炎症状，浆液性鼻液变为黏液性，常黏附于鼻孔、上唇，呈铁锈色。病羊多在一侧出现胸膜肺炎变化，肺部叩诊有浊音区，听诊肺部有支气管呼吸音和摩擦音，触压胸壁病羊表现疼痛。病羊呼吸困难，高热稽留，眼睑肿胀，流泪或有黏液性脓性分泌物，腰背拱起呈痛苦状。妊娠母羊可发生流产。部分病羊腹泻，有的口腔溃烂，唇部、乳房皮肤发疹。病羊在濒死前体温降至常温以下，病程多为7～15天。

【病理变化】 胸腔常有淡黄色积液，暴露于空气中后纤维蛋白易于凝固。病理损害常多发生于一侧，常呈纤维素性肺炎，间或为两侧性肺炎。肺实质肝变，切面呈大理石样变化。肺小叶间质变宽，界限明显，血管内常有血栓形成。胸膜增厚而粗糙，常与肋膜、心包膜发生粘连。支气管淋巴结、纵隔淋巴结肿大，切面多汁并有出血点。肝脏、脾脏肿大，胆囊肿胀。

【防治措施】

1. 预防　提倡自繁自养，加强饲养管理，从外地引进的羊只应严格隔离，检疫无病后方可合群饲养。在本病流行地区，坚持免疫接种。山羊传染性胸膜肺炎氢氧化铝灭活苗，半岁以下羊只皮下或肌内接种3毫升，半岁以上羊只接种5毫升。如当地羊群疾病系由于绵羊肺炎支原体引起，可使用绵羊肺炎支原体灭活苗。羊群发病后及时进行封锁、隔离和治疗。污染的场地、圈舍、饲管用具以及粪便、病死羊的尸体等进行彻底消毒。

2. 治疗　病初可用土霉素，每天每千克体重20～50毫克，分2～3次口服。或用四环素，每天每千克体重20～50毫克，分2～3

次口服。新胂凡纳明，每千克体重 10 毫克，临用前用 5%糖盐水溶解（注意避光），制成 5%～10%溶液，静脉注射。硫酸卡那霉素，每千克体重 10～15 毫克，肌内注射，每天 2 次，连用 2～3 天。氟苯尼考，每千克体重 20～30 毫克，肌内注射，每天 2 次，连用 2～3 天。酒石酸泰乐菌素，每千克体重 6～12 毫克，肌内注射，每天 2 次，连用 2～3 天。

肉毒梭菌中毒

肉毒梭菌中毒又称腐肉中毒，是由于食入含有肉毒梭菌毒素的饲料而发生的一种中毒性传染病。临床上以唇、舌、咽喉发生麻痹为特征。

【病　原】 肉毒梭菌为菌端钝圆的大杆菌，多单在，无荚膜，有芽孢，有鞭毛，革兰氏阳性。在适宜的条件下，肉毒梭菌能产生强烈的外毒素即肉毒毒素，是目前已知生物毒素中毒性最强的一种。肉毒梭菌的抵抗力一般，100℃作用 10 分钟可将其杀死。但芽孢的抵抗力很强，可耐煮沸 1～6 小时之久。肉毒毒素的抵抗力也较强，正常胃液和消化酶 24 小时不能将其破坏，在 pH 值 3～6 范围内毒性不减弱，可被胃肠道吸收而中毒。80℃作用 30 分钟、100℃作用 10 分钟以及 1%氢氧化钠溶液可将其灭活。

【流行特点】 肉毒梭菌广泛分布于自然界，存在于土壤、动物肠道、粪便、腐败动植物尸体、蔬菜、水果以及饲料中。在适宜的条件下（严格厌氧等）生长繁殖产生毒素，当动物食入含有肉毒毒素的饲料、腐肉、内脏及腐败的豆制品等则引起中毒。

【临床症状】 潜伏期一般为 4～20 小时，长者达数天。本病的发生与食入毒素量有关，如食入量小，则无症状或仅有轻微症状，如食入大量毒素，则症状明显。

1. 最急性型 常不表现症状而突然发生死亡。

2. 急性型 突然发生吞咽困难，卧地不起，表现运动神经麻

痹，头侧弯，并迅速向后躯及四肢发展。病羊肌肉软弱和麻痹。随着病情发展以至完全不能咀嚼和吞咽，并出现垂舌、流涎，下颌下垂，多数发生便秘。体温一般正常，知觉和反射亦正常。

【病理变化】 一般无特异性变化，咽喉和会厌有灰黄色被覆物，其下面有出血点。胃肠道黏膜可能有卡他性炎症，心内、外膜可能有小点状出血，肺可能发生充血和水肿。

【防治措施】

1. 预防 加强管理，注意饲料的保管和调制，防止饲料腐败。对于已腐败变质的饲料及食品禁止饲喂动物，避免动物发生异食癖而舔食污水等异物。发病时，应查明毒素来源并予以清除。本病的常发地区应用同型肉毒梭菌类毒素进行定期预防接种。

2. 治疗 早期应用多价肉毒梭菌抗毒素，当毒素型确定后用同型肉毒梭菌抗毒素治疗，同时配合对症治疗，用5%碳酸氢钠溶液或0.1%高锰酸钾溶液洗胃灌肠，并口服盐类泻剂，以清除毒素。

坏死杆菌病

坏死杆菌病是由坏死杆菌引起的多种哺乳动物和禽类的一种慢性传染病。临床上以皮肤、皮下组织、口腔或胃肠黏膜发生坏死，有的在内脏形成转移性坏死灶为特征。

【病 原】 坏死杆菌是一种多形性杆菌，呈球杆状、短丝状和长丝状，病灶中及新分离的菌株多为长丝状，无荚膜，无芽孢，无鞭毛。幼龄菌体着色均匀，培养24小时以上的培养物及病灶中的细菌着色不匀，浓淡相间如串珠样。革兰氏染色阴性。

坏死杆菌对外界环境的抵抗力不强。55℃作用15分钟可将其杀死，在直射日光下8～10小时可被杀死。常用消毒药在短时间内可将其杀死。对四环素、青霉素和磺胺类药物敏感。

【流行特点】 本菌主要通过损伤的皮肤黏膜感染，羔羊有时

可经脐带感染而侵害肝脏。多种畜禽和野生动物对本病均有易感性，幼龄动物比成年动物易感。本病呈散发或地方性流行，发病无明显季节性，但多雨潮湿的季节发病较多。饲养管理粗放，圈舍、场地泥泞、拥挤，咬斗、潮湿的环境以及营养不良等，均可促使本病的发生。

【临床症状及病理变化】 本病潜伏期为数小时至1～2周，平均为1～3天。

1. 腐蹄型 多发生于山羊，常引发腐蹄病，多为一肢患病，呈现跛行，病蹄敏感，触诊疼痛，后期溃烂，创部有腐烂的角质和污黑的臭水流出，严重的蹄壳脱落。

2. 白喉型 羔羊常发生坏死性口炎。表现体温升高，流涎，舌、齿龈、上腭和食管被覆灰褐色或灰白色假膜。病程4～5天，也有的延至2～3周。

3. 肝肺坏死型 多发生于羔羊，羔羊出生后健康状况良好，数天或1周内突然不食，很快死亡。剖检可见肝、肺脏出现大小、数量不等的坏死灶，切面呈脓性或干酪样。坏死也可见于心脏、食管、瘤胃、气管等，多由肺脏病变转移所致。

【防治措施】

1. 预防 平时圈舍要及时清除粪便，经常保持清洁干燥。发生外伤时及时处理。

发生本病时，应注意检查、隔离和治疗病羊。污染场地铲去表层土，污染用具进行彻底消毒。羊群可用5%～10%硫酸铜溶液药浴。

2. 治　疗

(1)腐蹄型　患部用1%高锰酸钾溶液或醋酸溶液洗净，然后撒布高锰酸钾粉、硫酸铜粉、碘仿磺胺合剂。有脓肿应先切开排脓，清除坏死组织后再按上述方法处理。间隔2天处理1次。

(2)白喉型　先除去假膜，用1%高锰酸钾溶液冲洗，然后涂

擦2%碘甘油,每天2次直至痊愈。

(3)坏死性皮炎 彻底清除坏死组织,直至露出红色创面为止。然后用1%高锰酸钾溶液清洗,之后涂擦1∶4甲醛松节油合剂或抗生素软膏。

另外,有体温变化或全身治疗时可用四环素、青霉素及磺胺类药物。

弯曲菌性流产

弯曲菌病原名弧菌病,是各种动物(特别是牛、羊、鸡)都能罹患的一种传染病,临床上以母羊暂时性不育、妊娠母羊流产为特征。

【病 原】 引起羊只患病的弯曲杆菌主要是胎儿弯曲菌和空肠弯曲菌2个种,前者又分为2个亚种,即胎儿弯曲菌胎儿亚种和胎儿弯曲菌性病亚种。弯曲杆菌为革兰氏阴性的细长弯曲杆菌,呈撇形、S形和鸥形。弯曲杆菌对干燥、阳光和一般消毒药敏感,58℃加热5分钟即死亡。在干草、厩肥和土壤中于20℃～27℃条件下可存活10天。弯曲菌属中的有关致病菌,依致病菌的种或亚种不同,而表现为不同的临床症状。

【流行特点】 弯曲杆菌性流产主要发生于牛、羊。绵羊主要经消化道感染,不发生交配感染。常呈地方性流行,在一个地方或一个羊场流行1～2年后,停息1～2年,然后又发病。

【临床症状】 绵羊常在妊娠后3个月流产。发病初期,羊群中流产不多,但1周后迅速增多。多数流产母羊流产前无先兆症状,并能于流产后迅速康复。有的羊因死亡胎儿滞留子宫内,发生子宫炎和脑膜炎而死亡。流产率为20%～25%,有的羊群可高达70%。母羊流产康复后产生特异性免疫力。

【病理变化】 流产胎儿可见皮下水肿,腹腔、胸腔和心包囊有血色液体,肝有坏死点。

【防治措施】 预防羊的弯曲杆菌性流产主要是在产羔季节实行严格的卫生措施,防止病菌在母羊分娩时散播。

流产母羊要严格隔离并以土霉素等药物治疗。

流产胎儿和胎衣必须彻底销毁,对污染环境进行严格消毒。

流产后的母羊因带菌不可作为种羊出售。

在暴发流行开始时使用多价疫苗免疫绵羊,可有效预防未发病羊的弯曲杆菌性流产。

土拉杆菌病

土拉杆菌病也称野兔热,是一种急性、败血性人兽共患传染病,临床上以发热、肌肉僵硬、淋巴结肿大为特征。

【病　原】 土拉弗朗西斯氏菌是一种多形态的细菌,革兰氏染色阴性,美蓝染色呈两极着色。在患病动物的血液内近似球状,在培养基上具多形性,有球状至丝状等形态。不能运动,不产生芽孢,在组织内可形成荚膜。本菌在自然界中生存力较强,在尸体中能生存 133 天。但对理化因素抵抗力不强,加热至 55℃～60℃作用 10 分钟即死亡,普通消毒药可将其灭活,但对低温、干燥的抵抗力较强。

【流行特点】 在自然界中易感动物很多,一些野生动物、家畜、鸟、鱼及两栖动物都有易感性,但主要传染源是野兔、田鼠,污染的饲料和饮水等也是重要的传染源。

羔羊和 1～2 岁羊感染后也可成为传染源。本病通过直接接触、昆虫叮咬以及消化道传染。人也可被感染。也可透过没有损伤的黏膜或皮肤感染。本病一年四季均可流行,但较多病例发生在夏季。

【临床症状】 潜伏期为 1～10 天。病羊突然出现寒战,继而高热,体温升高达 39℃～40℃,2～3 天后体温恢复正常,但之后又常回升。热程可持续 1～2 周,甚至迁延数月。病羊不愿走动,肌

肉疼痛，表现僵硬。淋巴结肿大，腹泻。妊娠母羊流产和产死胎，羔羊发病较重，除上述症状外，还呈腹泻，有的兴奋不安，有的呈昏睡状态，常引起死亡。

【病理变化】 尸体体表有蜱虫寄生，组织贫血。在黏膜和浆膜下分布许多出血点。肝脏肿大，表面有粟粒状白色坏死灶。脾脏肿大，淋巴结肿大，有化脓和坏死灶。

【防治措施】

1. 预防 定期应用灭蜱药对羊群进行药浴，在蜱虫活动季节放牧和进出圈时，可在羊的腿、腹部喷洒除虫菊油剂（新疆畜牧科学院研制），以防蜱虫侵袭。病羊尸体和各种啮齿动物尸体要深埋处理。

2. 治疗

(1)链霉素 每只羊用50万～100万单位，注射用水10毫升，溶解后肌内注射，每天2次，连用5～7天。

(2)土霉素 每千克体重5～10毫克，肌内注射，每天2次，连用3～5天。

(3)庆大霉素 每只羊用10万～20万单位，肌内注射，每天2次，连用3～5天。

(4)丁胺卡那霉素 每只羊用20万～50万单位，肌内注射，每天2次，连用3～5天。

结核病

结核病是由结核分枝杆菌引起的一种人兽共患慢性传染病。临床上以消瘦、剖检各种器官有干酪样变性结节为特征。

【病 原】 结核分枝杆菌主要有牛型、人型和禽型3型。人型结核分枝杆菌是直或微弯的细长杆菌，多为棍棒状，间有分枝状；牛型菌比人型菌短粗，且着色不均；禽型结核菌短小，呈多形性。本菌无荚膜，无芽孢，无鞭毛，革兰氏染色阳性。

本菌对外界环境的抵抗力很强，在干燥痰液、病变组织和尘埃内能存活2～7个月，在水和粪便中可存活5个月。但对热敏感，70℃～80℃经5～10分钟即可将其杀死。对消毒药抵抗力较强，5%石炭酸溶液、5%来苏儿溶液需24小时才能将其杀死。对磺胺类药物、青霉素及其他广谱抗生素均不敏感，但对链霉素、异烟肼、对氨基水杨酸和环丝氨酸等敏感。

【流行病学】 患病动物和人，尤其是开放性患病动物和患者，通过飞沫、呼吸道分泌物、粪便、尿液和乳汁等排出结核杆菌，污染空气、饲料、饮水和环境，主要经呼吸道和消化道侵入易感机体而引起感染，也可经生殖道、胎盘和损伤的皮肤黏膜感染。约有50种哺乳动物、25种禽类可感染本病，家畜中以牛最易感，特别是奶牛，其次是黄牛、牦牛和水牛；猪和家禽易感性也较强；单蹄兽和羊极少发病；野生动物中猴、鹿感染较多见。

牛型结核杆菌主要侵害牛，其次是猪、鹿和人，再次是马、犬、猫、绵羊和山羊。人型结核杆菌主要侵害人，其次是猴、犬、牛、猪。禽型结核杆菌主要侵害家禽和鸟类，其次是猪和绵羊，人及犬、猫、牛极少见。

【临床症状】 本病一般呈慢性经过，绵羊无临床症状。山羊在有结核病牛场内与病牛接触很容易受到感染，表现消瘦，排黄色黏稠鼻液，有时含有血丝。发生湿咳，肺部听诊有湿性啰音。乳房淋巴结肿大，有结节状溃疡。

【病理变化】 特征性病变是在患病组织器官上发生增生性结核结节和渗出性干酪样坏死或钙化灶。在山羊结核病中，最常见肺表面有粟粒大、红枣大至胡桃大的淡黄色脓肿，切开时见有干酪样内容物。有的肺表面有小米、大米至花生米大的黄色或白色结节，切开时有沙砾感，内含脓液或钙质。肺门淋巴结、纵隔淋巴结肿大。肝脏表面有大小不等的脓肿，切开见有干酪样内容物，或硬如沙粒的钙化物。乳房淋巴结肿大，内含干酪样内容物。绵羊在

胸腹腔浆膜等处有结节。肺有散在的结节，严重病例肝、肾及脾脏有结节，有时可侵及全身淋巴结，切开后呈干酪样坏死。有的见有钙化点，切时有沙砾感。

【防治措施】 应采取加强检疫、防止疫病传入、净化污染群、培育健康畜群等综合性防治措施，对感染羊只应做淘汰处理。

每年进行2～4次定期消毒，饲养用具每月定期消毒1次，粪便发酵处理，尸体深埋或焚烧。有价值的种畜可用链霉素、异烟肼及对氨基水杨酸钠治疗。

副结核病

羊副结核病又称副结核性肠炎，是一种慢性接触性传染病，临床上以间歇性腹泻、进行性消瘦、肠黏膜增厚并形成皱襞为特征。

【病　原】 病原为副结核分枝杆菌，在分类上属于分枝杆菌科、分枝杆菌属。为一种短杆菌，不运动，不形成荚膜和芽孢。在病料和培养基上常呈丛排列。革兰氏染色阳性，具有抗酸染色性。对外界环境及酸有较强的抵抗力，在被污染的牧场和圈舍中可存活几个月，对热和紫外线敏感，75%酒精和10%漂白粉混悬液能很快将其杀死。

【流行特点】 副结核分枝杆菌主要存在于病羊的肠道黏膜和肠系膜淋巴结，通过粪便排出，污染饲料、饮水等，经消化道感染健康羊只。幼龄羊的易感性较大，大多在幼龄时感染，经过很长的潜伏期，到成年时才出现临床症状，特别是在机体抵抗力减弱，饲料中缺乏矿物质和维生素时容易发病。呈散发或地方性流行，在草料供应不上、羊只体质不良时发病率上升。转入青草期后，病羊症状减轻，病情大见好转。

【临床症状】 病羊发生腹泻，排出粥样稀便，呈卵黄色或黑褐色，带有腥臭味或恶臭味，并含有气泡。开始时为间歇性腹泻，逐渐变为经常性而又顽固的腹泻，后期粪便呈喷射状排出。病羊体

温正常或略升高。有的母羊泌乳减少，颜面及下颌部水肿，腹泻不止，逐渐消瘦，脱毛，衰竭而死。病程长短不一，少则4～5天，长的可达70多天，一般是15～20天。

【病理变化】 尸体极度消瘦，病羊回肠、盲肠和结肠的肠黏膜增厚并形成皱襞，肠系膜淋巴结坚硬、苍白，肿大呈索状。

【防治措施】 对疫场(或疫群)可采用以提纯副结核菌素变态反应为主的检疫手段，每年检疫4次，凡变态反应呈阳性而无临床症的羊，应立即隔离，并定期消毒；非疫区(场)应加强卫生措施，引进种羊应隔离检疫，无病才能入群。在感染羊群，采取接种副结核灭活苗等综合性防治措施，可使本病得到控制和逐步消灭。

伪结核病

羊伪结核病又称羊假结核病、干酪样淋巴结炎，是一种细菌性慢性传染病。临床上以局部淋巴结发生干酪样坏死，肺、肝、脾等处发生大小不等的结节，内含淡黄绿色干酪样物质为特征。

【病　原】 伪结核棒状杆菌在分类上属于棒状杆菌属，为无规则、无芽孢、革兰氏阳性杆菌。本菌具多形性，呈球状、杆状，偶见丝状。对干燥有抵抗力，对热敏感，常用消毒药均可杀死本菌。

【流行特点】 本病多发于绵羊和奶山羊，以舍饲者多发，有些地区发病率可达10%～50%。成年羊对本病最敏感，1岁左右的羊次之，羔羊极少发病。主要经创伤感染(剪毛、去势、断尾等)，也可经消化道、呼吸道和吸血昆虫叮咬传播。

【临床症状】 本病潜伏期长短不定。病羊头部、颈部、肩前、股前和乳房等淋巴结发生炎症，逐渐增大和化脓，脓液初稀，逐渐变为牙膏样或干酪样。一般没有明显症状，如体内淋巴结和内脏受波及时，病羊逐渐消瘦、衰弱；当肺部患病时，有时发生慢性咳嗽，呼吸促迫，鼻流黏性脓液。最后陷于恶病质而死亡。

【病理变化】 肉眼可见尸体消瘦，被毛粗乱、干燥；体表淋巴

结肿大，内含干酪样坏死物；在肺、肝、脾、肾和子宫角等处有大小不一、数量不等的脓肿。

【防治措施】 主要在于防止病原体的散播，尤其要做好剪毛、断尾、去势时皮肤和环境的卫生消毒工作，皮肤损伤应及时处理。对遇有脓肿破裂时，应及时隔离。据报道，早期用0.5%黄色素注射液10毫升静脉注射有效。如与青霉素并用，可提高疗效。对脓肿做一般外科手术处理，将脓肿连同包膜一并摘除。

钩端螺旋体病

钩端螺旋体病又称为细螺旋体病，是由螺旋体引起的一种人兽共患传染病。临床上以发热、黄疸、血尿、皮肤黏膜坏死为特征。

【病　原】 钩端螺旋体个体纤细、柔软，呈螺旋状，菌端弯曲呈钩状，能活泼运动，对普通染料不易着色，常用姬姆萨和镀银染色。钩端螺旋体在水田、池塘、沼泽及淤泥中可生存数月或更长时间。对热、酸或pH值＞7.6的碱性环境非常敏感。常用消毒药可很快将其杀死。

【流行特点】 本病是自然疫源性疾病，几乎所有的温血动物及某些冷血动物均可感染，且动物间有一定程度的互相传播，致使本病在自然界中长期存在。患病动物及带菌动物是本病的传染源，动物经尿液排菌，污染土壤、水源、饲料、用具等，主要通过皮肤、黏膜，尤其是损伤的皮肤侵入机体引起感染，也可经消化道及吸血昆虫叮咬引起感染。本病一年四季均可发生，以7～9月份为流行高峰期。气候温暖、雨量较多的热带和亚热带地区多发。感染率高，发病率低。

【临床症状】 多为隐性感染。少数病羊体温升高达40℃～41℃，结膜黄染，流泪。腹泻，尿液色暗，含有血红蛋白和胆红素，常见皮肤干裂、坏死和溃疡，病程3～7天。妊娠母羊发生流产，产出死胎、木乃伊胎儿或弱胎。

【病理变化】 剖检可见皮肤、皮下组织、浆膜和黏膜有不同程度的黄疸。内心膜、肠系膜、肠和膀胱黏膜等出血。肝肿大呈棕黄色,有坏死灶。胆囊肿大。肾肿大、淤血,慢性者有散在灰白色病灶。

【防治措施】

1. 预 防 预防本病应采取综合性措施,即消灭传染源,切断传播途径,提高动物机体免疫力。在本病的常发地区,应定期用单价或多价疫苗进行预防接种。

2. 治 疗

(1)链霉素 每千克体重 15～25 毫克,用注射用水溶解后肌内注射,每天 1～2 次,连用 3～5 天。

(2)土霉素 每千克体重 4 万～5 万单位,用注射用水溶解后肌内注射,每天 1～2 次,连用 3～5 天。

(3)青霉素 每千克体重 15～25 毫克,用注射用水溶解后肌内注射,每天 1～2 次,连用 3～5 天。同时,配合对症治疗。

破伤风

破伤风又名强直症,俗称锁口风,是由破伤风梭菌经创伤感染后,产生外毒素而引起的人兽共患急性、中毒性传染病。临床上以运动神经中枢应激性增高和全身骨骼肌持续性痉挛为特征。

【病 原】 破伤风梭菌为两端钝圆的细长杆菌,无荚膜,有鞭毛,有芽孢。芽孢呈圆形位于菌端,使本菌呈鼓槌状。革兰氏阳性,培养 48 小时后转为阴性。本菌在厌氧条件下生长繁殖,产生 2 种外毒素。一种为痉挛毒素,主要作用于神经系统,使被感染动物发生强直症状;另一种为溶血毒素,可使细胞溶解。本菌繁殖体的抵抗力不强,但芽孢的抵抗力很强,在土壤中可存活几十年,5%石炭酸溶液作用 10～15 小时才可将其杀死。

【流行特点】 破伤风梭菌广泛存在于自然界,但本病必须经

创伤才能感染，特别是刺伤、脐带伤、阉割伤、手术伤等创伤深、创面组织损伤复杂的伤口更易感染发病。患病动物不能直接将本病传染给健康动物。但有些病例见不到外伤，这是因为患病动物在潜伏期中创伤已经愈合，或经损伤的胃肠道黏膜感染而发病。本病多呈散发，没有季节性，发病与动物的品种、性别、年龄关系不大，但幼畜较老龄畜更为易感。

【临床症状】 患病动物有创伤史。病初症状不明显，以后表现为不能自由卧下或起立，四肢逐渐强直，走路困难。随着病情发展出现张口困难，采食吞咽障碍。重症病例牙关紧闭，不能采食和饮水，流涎。发病初期，仅运动稍不自然，不易引起饲养人员的特别注意，这对治愈本病有直接影响。角弓反张，背腰僵硬，腹部蜷缩，四肢开张如木马状。间或有轻度臌气及腹泻。遇到声响或光线等轻微刺激时，表现惊恐，肌肉痉挛加重，往往不能站立。母羊多发生于产死胎或胎衣停滞之后，称为产后强直症。羔羊多因脐带感染而致病。羊破伤风病死率最高，羔羊可达100%。

【防治措施】

1. 预防 在本病的常发地区每年定期用破伤风类毒素对易感动物进行免疫接种。动物发生外伤时，应及时治疗，如创伤大而深，应注射抗破伤风血清；动物在做手术或去势时，也最好注射抗破伤风血清。

2. 治疗 将病羊置于光线较暗的舍内，避免各种刺激。不能站立的用吊带吊起，给予充足的饮水和易消化的饲料。不能采食者，用胃管投给流食。

感染创要进行清创，创伤深、创口小的要进行扩创，然后用3%过氧化氢溶液或1%高锰酸钾溶液消毒，彻底清除创内脓液、坏死组织、异物等，再用5%～10%碘酊涂擦，之后撒布碘仿磺胺粉。

治疗可用青霉素，每千克体重2万～4万单位，硫酸链霉素

100 万～200 万单位/只，注射用水 10 毫升，混合后肌内注射，每天 2 次，连用 3～4 天。

早期使用破伤风抗毒素 20 万～40 万单位，分 3 天注射，或一次治疗用足全量。同时，应用 40%乌洛托品注射液 10～15 毫升，静脉注射，每天 1 次，连用 7～10 天。

病初可用 40%乌洛托品注射液 5～10 毫升，静脉注射，然后用破伤风抗毒素 5 万～10 万单位，肌内或静脉注射。

链霉素 300 万单位，注射用水 20 毫升，自家血清 5 毫升，肌内注射，每天 1 次，连用 3～4 天。

大蒜酊 20 毫升，肌内注射，每天 2 次。

红皮大蒜 1～2 头，剥皮捣碎，纱布包好挤出汁水，加 25%硫酸镁溶液 10 毫升，分点肌内注射，每天 1 次，连用 2～4 次。

大蒜适量，去皮捣烂，加入 150 毫升凉开水浸泡 12 小时，过滤取液，羊只第一次用 30～50 毫升，以后减至 20～30 毫升，肌内注射，每天 2 次，连用 7～10 天。

当病羊兴奋不安和强直性痉挛时，可用盐酸氯丙嗪注射液 3～5 毫升，肌内注射。或用 20%硫酸镁注射液 20～30 毫升，静脉或肌内注射。

心力衰竭时，可用 10%安钠咖注射液 5～10 毫升，肌内或皮下注射。

胃肠功能紊乱时，可用大黄苏打片 5～10 克、人工盐 10 克、干酵母片 10～20 克，或龙胆酊 10～20 毫升、橙皮酊 10～20 毫升，口服。

体温升高时，可用复方氨基比林注射液 10～20 毫升或 30%安乃近注射液 10 毫升，肌内注射。

酸中毒时，可用 5%碳酸氢钠注射液 20～30 毫升，静脉注射。

病羊牙关紧闭时，可用 1%普鲁卡因注射液 30～40 毫升、1%肾上腺素注射液 0.5～1 毫升，肌内注射。

中药治疗可用以下方剂。

方剂一：防风、川羌活、全蝎各45克，天麻、僵蚕、红花各30克，当归60克，大黄90克，水煎2次，混合2次煎液口服，每天1剂，连用3～5天。

方剂二：蔓荆子、天南星、防风各8克，红花、半夏各3～6克，全蝎4克，当归3克，细辛2克。水煎取汁，加蜂蜜20克，口服。

方剂三：乌蛇、全蝎、天麻、天南星、川芎、羌活、独活、荆芥、薄荷、蝉蜕、僵蚕各9克，当归15克，防风12克。水煎，分3次口服，每8小时1次，直至痉挛消失。

方剂四：蝉蜕60克，水煎，加黄酒60毫升，口服，每天1剂，连用3～5天。

羔羊大肠杆菌病

羔羊大肠杆菌病也称埃希氏大肠杆菌败血病或新生羔羊腹泻，俗称羔羊白痢。是羔羊出生后1～8天内发生的一种急性传染病，临床上多以败血症或剧烈腹泻为特征。

【病　原】 大肠杆菌是中等大小的杆菌，有鞭毛，无芽孢，一般无荚膜，革兰氏阴性。在血液琼脂平板上，某些致病性菌株形成β型溶血。在麦康凯和远藤氏琼脂培养基上形成红色菌落。本菌生化试验活泼，常用的化学消毒药数分钟内可将其杀死。根据大肠杆菌菌体抗原、鞭毛抗原和表面抗原的不同，可分成不同的血清型。通常以抗原结构式表示某型大肠杆菌。

【流行特点】 本病多发生于出生1～4天的羔羊，也见于3～8月龄的羊。常发于冬、春气候变化剧烈时，产房不洁或过冷以及母羊和羔羊体质衰弱等都容易促使本病发生。本病可呈地方流行性或散发，放牧季节很少发生。

【临床症状】 本病潜伏期为数小时至1～2天。

1. 败血型 主要发生于2～3周龄羔羊。病羔精神委顿，不吃奶，腹胀，触诊有痛感。羔羊发生菌血症后突然腹泻，病初体温升高达 41.5℃～42℃，呼吸、心跳加快，四肢僵硬，共济失调，头常歪向一侧，继而卧地磨牙，头向后仰，一肢或数肢做划水样运动，口吐泡沫，鼻流黏液，关节肿胀，多于发病后 4～12 小时死亡。有的地区 3～8 月龄的绵羊羔也发生败血型大肠杆菌病，发病急，死亡快，病原主要是那波里大肠杆菌。

2. 肠型 主要发生于 7 日龄以下的羔羊。病初体温升高至 40.5℃～41℃，不久后腹泻，随腹泻出现体温降至正常或稍高。粪便呈半液状至液状，由黄色变为灰色，含有气泡，有时混有血液和黏液，排便时病羊表现痛苦和里急后重。病羔全身衰弱，精神委顿，食欲废绝。如不及时治疗，可于 24～36 小时死亡，病死率为 15%～75%。有时可见化脓性纤维素性关节炎。

【病理变化】

1. 败血型 可见胸、腹腔和心包内有大量积液，内有纤维蛋白。某些关节，尤其是肘和腕关节肿大，滑液浑浊，内含纤维素性脓性絮片。脑膜出血，有小出血点，大脑沟常含有多量脓性渗出物。

2. 肠型 可见尸体严重脱水，皱胃、小肠和大肠内容物呈黄灰色半液状，黏膜充血，肠系膜淋巴结肿胀、发红，有的病例肺呈初期肺炎病变。

【防治措施】

1. 预防 平时注意改善母羊饲料质量及搭配，保持环境卫生和产房卫生。母羊产羔前应对产房进行彻底清扫和消毒，对母羊乳头进行彻底清洗和消毒。羔羊出生后要尽早吃到初乳。

预防羔羊大肠杆菌病，多用 2 种疫苗，一种是用那波里大肠杆菌（$O_{78}K_{80}$）制成的羊大肠杆菌甲醛灭活苗，3 月龄以上的绵羊或山羊皮下注射 2 毫升，3 月龄以下的羔羊皮下注射 0.5～1 毫升，免疫期 6 个月；另一种是用驯化的那波里大肠杆菌（$O_{78}K_{80}$）弱毒

株制成的疫苗，接种方法为气雾免疫。

2. 治疗 发现1只病羔，应对全窝进行预防性治疗。可肌内注射或口服土霉素，每千克体重30～50毫克，分2～3次口服；或每千克体重10～20毫克，分2次肌内注射。或用链霉素或新霉素，每千克体重0.4万～0.8万单位，肌内注射，每天2～3次。或用恩诺沙星或环丙沙星，每千克体重2.5毫克，肌内注射，每天1～2次，连用3～4天。或用庆大霉素，每千克体重2～4毫克，肌内注射，每天2次，连用3～4天。或用20%磺胺嘧啶钠注射液5～10毫升，肌内注射，每天2次。还可用多黏菌素，每千克体重1万单位，肌内注射，每天2次。黄连素，0.5～1克，口服，每天3次。

中药治疗可用以下方剂。

方剂一：白头翁10克，黄柏、黄芩、黄连、秦皮各6克，栀子、茯苓各10克，甘草4克。水煎口服。

方剂二：党参、白术、莲肉、桔梗、茯苓各10克，炙甘草、山药各6克，薏苡仁、砂仁各8克，水煎后加红糖100克，口服。

方剂三：红参、附子、干姜各6克。水煎口服，4小时后再服1剂，以后每天1剂。

方剂四：干姜50克，赤石脂90克，粳米90克。混合研末，口服。

方剂五：白头翁、黄柏各500克，蒲公英1000克，甘草300克。混合粉碎，第一次加水5000毫升，第二次加水3000毫升，2次水煎各1小时，合并煎液，浓缩至2000毫升，加面粉2000克混匀，晾至半干时制成颗粒，晾干。2岁以上羊每次40～60克，2岁以下羊每次20～30克，当年羔羊每次10克，口服，每天1次。

方剂六：白头翁、秦皮、黄连、炒神曲、炒山楂各15克，当归、木香、白芍各20克，车前子、黄柏各30克，加水500毫升，煎至100毫升。每次每只羊3～5毫升，口服。每天2次，连用3～4天。

方剂七：大蒜酊(大蒜100克，95%酒精100毫升，浸泡15天)2～3毫升，加水适量，口服。每天2次，连用数天。

羊沙门氏菌病

沙门氏菌病又称羔羊副伤寒，俗称血痢或黑痢，是羔羊的一种急性传染病。临床上以病羊体温升高、排黏性带血恶臭稀便，妊娠母羊发生流产为特征。

【病　原】 沙门氏菌为两端钝圆的中等大杆菌，无荚膜，无芽孢，有周鞭毛，革兰氏染色阴性。沙门氏菌根据其抗原(菌体抗原、鞭毛抗原和表面抗原)结构的不同分成许多血清群及型，目前世界上已发现有2107个血清型，我国至今已发现30多个群201个血清型。许多血清型能够产生毒力很强且耐热的内毒素，尤其是肠炎沙门氏菌、鼠伤寒沙门氏菌和猪霍乱沙门氏菌，可使人发生食物中毒。

本菌对干燥、腐败和日光具有一定的抵抗力，在外界环境中可存活数日至数周，在腐肉中可存活数月，但对热和消毒药敏感。

【流行特点】 羊的沙门氏菌病主要由鼠伤寒沙门氏菌、羊流产沙门氏菌和都柏林沙门氏菌引起。各种年龄的羊只均可发生，最常危害7～15日龄羔羊，也可见于2～3日龄羔羊，有些断奶和断奶后不久的羔羊也能发生。

【临床症状】

1. 下痢型 病羊体温升高达40℃～41℃，精神沉郁，食欲减退，排黏性带血恶臭稀便。委顿虚弱，卧地不起，经2～3天死亡。久病的出现肺炎及关节炎症状。病死率达25%。

2. 流产型 妊娠绵羊在妊娠后期发生流产。流产前病羊体温升高，有的腹痛，阴道有分泌物。产下的病羔表现衰弱，不吮乳，常于出生后1～7天内死亡。病母羊可在流产后或无流产时死亡。流产率和病死率可达60%。

【病理变化】

1. 下痢型 可见出血性卡他性胃肠炎病变，皱胃和肠道空虚，黏膜充血、水肿，附有黏液和小血块。胆囊黏膜水肿，肠系膜淋巴结充血、肿大，心内、外膜有小出血点。

2. 流产型 可见流产胎儿呈败血症变化，组织充血、水肿，肝、脾肿大并有坏死灶，胎盘水肿、出血。病死母羊有急性子宫炎。

【防治措施】

1. 预防 加强饲养管理，严格执行防疫卫生制度，消除发病诱因，增强机体抵抗力。初生羔羊应早吃初乳，断奶分群时，不要突然改变环境。发病后将病羔隔离治疗，被污染的羊舍、场地、用具应彻底消毒。流产的胎儿要深埋或烧毁，耐过羔羊多数带菌，应隔离肥育。病死羔羊尸体做无害化处理。

2. 治疗

(1)链霉素 每千克体重30～50毫克，分3次口服。成年羊也可按每千克体重10～30毫克剂量，肌内或静脉注射，每天2次，连用3天。

(2)土霉素、新霉素 前者每千克体重50～100毫克，后者每千克体重5～15毫克，分2～3次口服，连用3～5天后，剂量减半，继续用药4～7天。

(3)磺胺甲基异噁唑或磺胺嘧啶 每千克体重20～40毫克，加甲氧苄啶2～4毫克/千克体重，混合后分2次口服，连用1周。

(4)氟苯尼考 羔羊每千克体重25～30毫克，分3次口服，连用3～5天；成年羊每千克体重15～20毫克，肌内或静脉注射，每天2次，连用3天。

绵羊巴氏杆菌病

绵巴氏杆菌病又称绵羊出血性败血症，是由多杀性巴氏杆菌引起的一种传染病。临床上以呼吸道黏膜和内脏器官的出血性炎

症为特征。

【病　原】 多杀性巴氏杆菌为小球杆菌,无芽孢,无鞭毛,新分离的强毒株有荚膜,革兰氏染色阴性,碱性美蓝染色呈现典型的两极着色。在加有血液、血清的培养基上生长良好,血琼脂上培养24小时,形成灰白色露滴样小菌落,不溶血。

本菌抵抗力较弱,对热、日光敏感,常用消毒药短时间内可将其杀死。

【流行病学】 患病动物和带菌动物是本病的主要传染源,巴氏杆菌随其分泌物、排泄物排出,污染饲料、饮水、用具和空气,通过消化道、呼吸道侵入易感机体引起传染;也可经损伤的皮肤黏膜及吸血昆虫的叮咬而引起传染。巴氏杆菌属于条件性病原菌,在饲养管理不良、过度疲劳、长途运输、气候多变等因素使畜、禽抵抗力降低时,均可引发内源性感染。各种畜、禽和野生动物都可感染,其中猪、家禽和兔最常见;其次是黄牛、牦牛和水牛;绵羊、鹿、骆驼和马也可发病。各种年龄的动物都可感染,但以幼龄动物较为多见。人也可被感染。发病多无明显的季节性,一般呈散发,有时呈地方流行性。鸭群发病时,可呈流行性。

本病多发于幼龄绵羊,山羊不易感染,巴氏杆菌存在于健康羊的呼吸道内,当抵抗力降低时即呈现致病,感冒、营养不良、寄生虫病、长途运输拥挤都可加快本病的发生。

【临床症状】 临床上分为最急性型、急性型和慢性型。

1. 最急性型 多见于哺乳羔羊。病羊突然发病,表现寒战、虚弱、呼吸困难,数分钟至数小时死亡。

2. 急性型 精神沉郁,食欲废绝,体温升高至41℃以上,呼吸困难,咳嗽,鼻孔常有出血,结膜潮红,有黏液性分泌物。初期便秘,后期腹泻,粪便中混有黏液、坏死黏膜和血液,有时粪便全部变为血水。颈部、胸下部发生水肿。病羊常在严重腹泻后虚脱而死,病程2～5天。成年羊多可痊愈或转为慢性。

3. 慢性型 主要呈慢性肺炎、胸膜炎和慢性胃肠炎症状。病羊消瘦，流黏液脓性鼻液，咳嗽并有呼吸困难，有时颈部和胸下部发生水肿。腹泻，粪便恶臭，有角膜炎。病程3周左右，若进行及时合理的治疗多可痊愈，但愈后生长不良。

【病理变化】 最急性型主要可见黏膜和浆膜的急性出血，淋巴结轻度肿胀。急性病例当临床症状为肺炎时可见胸腔内有黄色渗出物，体躯前部皮下组织胶样浸润，气管及胃肠道黏膜炎性肿胀，肺有点状出血和肝样变，其他脏器呈水肿和淤血，间有小出血点，但脾不肿大。慢性者常见纤维素性胸膜肺炎和心包炎，肝有坏死灶。

【防治措施】

1. 预防 平时加强饲养管理，每年定期用灭活苗、弱毒苗进行预防接种。

发生本病时，立即隔离治疗病羊，并对可疑病羊进行治疗。对同群的假定健康羊只可首先用高免血清紧急接种，隔离观察1周后，如无新病例出现再注射疫苗。如无高免血清，也可用疫苗进行紧急免疫接种。对病羊污染的环境和用具进行严格消毒。

2. 治疗 ①早期应用牛、猪、羊高免血清效果良好，用量按使用说明为准。②青霉素，每千克体重2万～4万单位，硫酸链霉素100万～200万单位/只，注射用水10毫升，肌内注射，每天2次，连用3～4天。③20%磺胺嘧啶钠注射液20～30毫升，首次量加倍，静脉或肌内注射，每天2次，连用2～3天。④复方新诺明片，每千克体重10毫克，口服，每天2次。⑤土霉素，每千克体重20毫克，或用庆大霉素，每千克体重1 000～1 500单位，肌内注射，每天2次，连用3天。

布鲁氏菌病

布鲁氏菌病简称布病，是由布鲁氏菌引起的急性或慢性人兽

共患病。临床上以妊娠母羊出现流产、不育，公羊睾丸肿大为特征。

【病　原】 布鲁氏菌为细小的球杆菌，无芽孢，无鞭毛，有毒力的菌株有时形成菲薄的荚膜，革兰氏染色阴性。常用的染色方法是柯氏染色，将本菌染成红色，其他细菌染成蓝色或绿色。

布鲁氏菌属共分 6 个种，分别是羊布鲁氏菌、猪布鲁氏菌、牛布鲁氏菌、犬布鲁氏菌、沙林鼠布鲁氏菌和绵羊布鲁氏菌。羊布鲁氏菌主要感染绵羊、山羊，也能感染牛、猪、鹿、骆驼等；猪布鲁氏菌主要感染猪，也能感染鹿、牛和羊；牛布鲁氏菌主要感染牛、马、犬，也能感染水牛、羊和鹿；其他 3 种布鲁氏菌除感染本动物外，对其他动物致病力很弱或无致病力。

本菌对自然因素的抵抗力较强，在患病动物内脏、乳汁、毛皮上能存活 4 个月左右。对阳光、热力及一般消毒药抵抗力较弱。对链霉素、庆大霉素、卡那霉素及四环素等敏感。

【流行特点】 患病动物和带菌动物是本病的主要传染源。患病母畜流产或分娩时，随胎儿、胎衣、羊水和阴道分泌物排出大量布鲁氏菌，流产后还可长时间随乳汁排菌，污染环境，散播病原。患睾丸炎的公畜精液中含有病菌，可随交配而传播。有时经粪便排菌。在自然条件下，消化道是最主要的传染途径。动物摄食被污染的饲料和饮水而经消化道感染，其次是通过皮肤、黏膜和交配感染，也可通过吸血昆虫的叮咬而感染。人类布病主要是由于接触带有病原菌的各种污染物及食品，如患病动物的流产物、乳汁、肉和毛皮等，通过皮肤、黏膜、眼结膜引起感染，也可经消化道、呼吸道感染。

【临床症状】 多数病例为隐性感染。流产多发生于妊娠后 3～4 个月，流产前症状一般不明显。所感染的羊群常发生大批流产，流产率可达 30％～40％，母羊流产前 2～3 天常表现不食，饮水增加，有产前征兆。此外，还可能有乳房炎、关节炎、滑膜炎及支

气管炎。公羊感染后常发生睾丸炎、附睾炎。

【病理变化】 流产胎儿胎衣水肿增厚,并有出血点,部分或全部呈黄色胶冻样浸润,表面覆以纤维蛋白絮片和脓液,绒毛叶贫血,被黄色纤维素、脓性渗出物或黄色脂样渗出物覆盖。

【防治措施】

1. 严格消毒 流产胎儿、胎衣应深埋或烧毁,被污染的圈舍、场地、用具等以2%热氢氧化钠溶液或10%石灰乳进行彻底消毒。粪便经生物热发酵消毒,皮张、羊毛在收购地点消毒、包装后方可外运。

2. 定期免疫接种 布鲁氏菌病羊型五号弱毒苗和布鲁氏菌病猪型二号弱毒苗均有较好的免疫效果。布鲁氏菌组分疫苗在动物试用效果良好,无凝集原性布鲁氏菌 M-111 疫苗已在羊群中试用。

布鲁氏菌病猪型二号弱毒苗适用于牛、牦牛、山羊、绵羊和猪。此疫苗毒力稳定,安全有效,可用口服、皮下注射、肌内注射及气雾等方法接种,免疫期牛2年,羊3年,猪1年。

布鲁氏菌病羊型五号弱毒苗适用于山羊、绵羊、牛和牦牛,对猪无效。可用气雾、肌内注射、皮下注射和口服接种,免疫期2～3年。

布鲁氏菌病猪型二号弱毒苗主要用于牛,也可用于绵羊,对山羊的效果较差,对猪无效。一般皮下接种。

对于经常受布鲁氏菌威胁的职业人员等应用 M_{104} 冻干活疫苗接种,免疫期1年,翌年复种1次,以后不必再接种。

目前本病尚无特效疗法,一般采用淘汰病畜的方法来防止本病的流行和散播。

李氏杆菌病

李氏杆菌病又称青贮病,是由单核细胞增多症李氏杆菌引起的一种人兽共患传染病。临床上以神径系统功能紊乱，表现转圈，妊娠母羊流产为特征。

【病　原】 单核细胞增多症李氏杆菌是革兰氏阳性小杆菌，在抹片中单在或两菌呈“V”形排列，无荚膜，无芽孢，有鞭毛，在血琼脂平板上生长良好，形成露滴状小菌落，有时溶血。本菌抵抗力较强，在土壤、粪便中可存活数月，在20%食盐水中长时间不死，巴氏消毒法不能将其杀死。一般消毒药在一定时间内可杀死本菌。对链霉素、四环素和磺胺类药物敏感。

【流行特点】 患病动物和带菌动物通过粪便、尿液、乳汁、流产胎儿和子宫分泌物等排菌，饲喂被本菌污染的青贮饲料而引发李氏杆菌病的情况近年来多有发生。自然感染可能是通过消化道、呼吸道、眼结膜及损伤的皮肤。

【临床症状】 本病潜伏期为2～3周，短者数天，长者可达数月。

病初病羊体温升高至40.5℃～41.5℃，不久后降至常温。病后2～3天，出现神经症状。病羊眼球突出，目光呆滞，视力障碍，颈部、然后头部和咬肌发生痉挛，耳、唇和下颌麻痹下垂，大量流涎。多数病羊长时间做圆圈运动。头颈向一侧转圈，搬动羊头，仍向原来一侧转动。有的羊只行走时遇到障碍物，则以头抵靠而不动。颈项发生痉挛时，则颈项强硬，头颈上弯。后期病羊倒地，角弓反张，四肢做游泳状划动，多经3～7天死亡。成年羊症状不明显，妊娠母羊常流产，小羔羊常呈败血症死亡。

【病理变化】 有神经症状的病羊，脑膜和脑可能有充血和炎性水肿的变化，脑脊液增多、浑浊，脑干变软，有小化脓灶。肝可能有小炎灶和坏死灶。败血症病畜有败血症变化，肝有坏死灶。

【防治措施】

1. 预防 平时加强卫生防疫及饲养管理，停喂青贮饲料，不从疫区引进畜、禽。驱除鼠类及外寄生虫。发病时采取隔离、消

毒、治疗等防疫措施。

2. 治 疗

(1)青霉素 每千克体重4万～6万单位,配合硫酸链霉素100万～300万单位/只,注射用水10毫升,肌内注射,每天2次,连用3～4天,同时静脉注射磺胺类药物。

(2)20%磺胺嘧啶钠注射液 20～30毫升/只,首次量加倍,静脉或肌内注射,每天2次,连用2～3天。

(3)氨苄西林 每千克体重1万～1.5万单位,肌内注射,每天1～2次,连用2～3天。

(4)土霉素 每千克体重25～30毫克,肌内注射,每天2次,连用4～5天。

(5)磺胺嘧啶 每只羊10克,加咖啡因2克,分3次口服。

(6)10%磺胺-6-甲氧嘧啶注射液 10～20毫升/只,肌内注射,每天2次,连用5～7天。首次量加倍。

(7)丁胺卡那霉素注射液 30万单位,加复方氯丙嗪注射液10～15毫升,分别肌内注射。

羊快疫

羊快疫是由腐败梭菌经消化道感染引起的主要发生于绵羊的一种急性传染病。临床上以病羊突然死亡,皱胃、十二指肠出血为特征。

【病 原】 羊快疫的病原为腐败梭菌,当取病羊血液或脏器做抹片镜检时,能发现单在及2～3个相连的粗大杆菌,并可见其中一部分已形成卵圆形、膨大的中央或偏端芽孢。

一般消毒药物均能杀死腐败梭菌的繁殖体,但其芽孢的抵抗力很强,3%甲醛溶液能迅速杀死芽孢。也可应用20%漂白粉混悬液、3%～5%氢氧化钠溶液进行消毒。

【流行特点】

绵羊发病较为多见，山羊也可感染，但发病较少。腐败梭菌广泛存在于低洼草地、熟耕地、沼泽地以及人、畜粪便中，感染途径一般是消化道。6～18月龄体质肥壮的羊只多发。

【临床症状】 本病潜伏期为数小时，病羊多突然发病，在10～15分钟死亡，往往来不及出现临床症状。病死率在30%左右。

有的病羊死前有疝痛症状，臌气，结膜显著发红，磨牙，最后痉挛而死。常见当天进圈羊只表现正常，翌日早上发现羊只死亡。

有的病羊排黑色稀便或软便。一般体温不高，死前呼吸极度困难，体温高达40℃以上，维持时间不久，病羊即死亡。

【病理变化】 在皱胃黏膜出现出血性坏死病灶，即可怀疑为本病。

【防治措施】

1. 预防 由于本病病程短促，往往来不及治疗病羊即已死亡。因此，必须加强平时的防疫措施。发生本病时，将病羊隔离，对病程较长的病例试行对症治疗。

当本病发生严重时，转移牧地可收到减少和停止发病的效果。

常发地区每年可定期注射羊快疫、羊猝狙、羊肠毒血症三联苗，免疫期为1年。或用羊快疫、羊猝狙、羊肠毒血症、羔羊痢疾、羊黑疫五联苗，免疫期为6个月。

2. 治疗 可试用0.1%高锰酸钾溶液80～250毫升，口服，每天2次，连用3天，以后每天1次。或用2%硫酸铜溶液80～100毫升，口服。或用10%生石灰水100毫升，口服。或用青霉素，每千克体重3万～4万单位，肌内注射，每天2～3次。或用土霉素1～3克，口服，有缓解疫情的作用。

羊肠毒血症

羊肠毒血症又称类快疫、软肾病，是羊的一种急性非接触性传染病。临床上以膘肥的羊突然死亡，剖检肾脏软化为特征。

【病　原】 病原为魏氏梭菌，又称D型产气荚膜杆菌，为厌气性粗大杆菌，革兰氏染色阳性，无鞭毛，不能运动，在动物体内能形成荚膜，芽孢位于菌体中央。

一般消毒药均易杀死本菌繁殖体，但芽孢抵抗力较强，在95℃条件下需2.5小时方可被杀死。本菌能产生强烈的外毒素，具有酶活性，不耐热，有抗原性，用化学药物处理可变为类毒素。

【流行特点】 本病主要是D型魏氏梭菌在羊肠道中大量繁殖，产生毒素所致。羊肠毒血症的发生具有明显的季节性和条件性。多呈散发，绵羊发生较多，山羊发生较少。2～12月龄的羊最易发病，发病的羊多为膘情较好的。

【临床症状】 本病的特点为突然发作，很少见到症状，往往在出现病状后便很快死亡。症状可分为2种类型：一种以搐搦为特征，另一种以昏迷和安静死亡为特征。前者在倒毙前，四肢强烈划动，肌肉抽搐，眼球震颤，磨牙，大量流涎，随后头颈显著抽缩，往往在2～4小时内死亡。后者病程较缓，其早期症状为步态不稳，并有感觉过敏，继而昏迷，角膜反射消失。有的病羊发生腹泻，通常在3～4小时内静静死去。

【病理变化】 可见皱胃内有未消化的食物，小肠黏膜广泛出血，含有大量带气泡的茶色或酱油色内容物。

【防治措施】

1. 预防 当羊群中出现本病时，可立即搬圈，转移到高燥的地区放牧。在常发地区，应定期注射羊快疫、羊猝狙、羊肠毒血症三联苗或羊快疫、羊猝狙、羊肠毒血症、羔羊痢疾、羊黑疫五联苗。或在每千克饲料中加入金霉素22毫克，有预防效果。

在牧区夏初发病时，应该少抢青，让羊群在青草萌发较迟的地方放牧。秋末发病时，可尽量到草黄较迟的地方放牧。在农区针对引起发病的原因，减少或暂停抢茬，少喂菜根、菜叶等多汁饲料。加强羊只的饲养管理，加强羊只的运动。

2. 治疗　可用10%石灰水，成年羊200毫升/只，小羊50～80毫升/只，口服。

或用以下中药方剂治疗。

方剂一：白茅根9克，车前草15克，野菊花15克，筋骨草12克，水煎服。

方剂二：苍术、大黄、甘草各9克，贯众、龙胆草各4克，槟榔3克，水煎取汁，加雄黄1克，口服。口服后加灌少量植物油。

羊猝狙

本病是由C型魏氏梭菌所引起的一种毒血症，临床上以羊只突然死亡、十二指肠和空肠黏膜严重充血、糜烂为特征。

【病　原】 魏氏梭菌又称产气荚膜杆菌，革兰氏染色阳性。在动物体内能形成荚膜，芽孢位于菌体中央。羊猝狙是由C型魏氏梭菌所引起。

【流行特点】 本病发生于成年绵羊，以1～2岁的绵羊发病较多。常见于低洼、沼泽地区和冬、春季节，常呈地方流行性。C型魏氏梭菌随污染的饲料和饮水进入羊只消化道后，在小肠（特别是十二指肠和空肠）里繁殖，产生β毒素，引起羊只发病。

【临床症状】 本病病程短促，常未见到症状即突然死亡。有时发现病羊离群、卧地，腹痛不安、衰弱和痉挛，在数小时内死亡。

【病理变化】 十二指肠和空肠黏膜严重充血、糜烂，有的区段可见大小不等的溃疡。胸腔、腹腔和心包腔积液，浆膜上有小点出血。

【防治措施】 可参照羊快疫和羊肠毒血症的防治措施进行。

羊黑疫

羊黑疫又名传染性坏死性肝炎，是绵羊和山羊的一种急性高度致死性毒血症，临床上以突然死亡、尸体皮下静脉显著扩张、皮肤呈暗黑色外观以及肝实质发生坏死性病灶为特征。

【病　原】 本病病原是诺维氏梭菌，与羊快疫、羊肠毒血症、羊猝狙的病原一样，同属于梭状芽孢杆菌属。本菌为革兰氏阳性大杆菌，严格厌氧，能形成芽孢，不产生荚膜，具周身鞭毛，能运动。

【流行特点】 以2～4岁的绵羊发生最多，发病羊多为营养好的肥胖羊只，山羊也可感染。本病主要在春、夏季发生于肝片形吸虫病流行的低洼潮湿地区。

【临床症状】 本病在临床上与羊快疫、羊肠毒血症等极其类似。病程十分短促，绝大多数情况是未见有症状而突然发生死亡。少数病例病程稍长，可拖延1～2天，但不超过3天，病羊离群，不食，呼吸困难，体温在41.5℃左右，呈俯卧昏睡状态，并保持在这种状态下毫无痛苦地死去。

【病理变化】 病羊尸体皮下静脉显著扩张，皮肤呈暗黑色外观(黑疫之名即由此而来)。小肠黏膜充血、出血。肝实质发生坏死性病灶。

【防治措施】 预防本病首先在于控制肝片形吸虫的感染。我国已试制成功羊厌气菌五联苗，能同时预防羊快疫、羊猝狙、羊肠毒血症、羔羊痢疾、羊黑疫。

发生本病时，应将羊群移于高燥地区放牧。对病羊可用抗诺维氏梭菌血清治疗。对症状轻缓的病羊，可用青霉素3万～4万单位/千克体重，肌内注射，每隔8小时使用1次，连用3～4天。

羔羊痢疾

羔羊痢疾又称梭菌性痢疾，是初生羔羊的一种急性毒血症，临床上以剧烈腹泻和小肠发生溃疡为特征。

【病　原】 病原为B型魏氏梭菌。

【流行特点】 羔羊在生后数日内，魏氏梭菌可通过羔羊吮乳、饲养员的手和羊的粪便而进入羔羊消化道。在外界不良诱因的影响下，羔羊抵抗力减弱，细菌在小肠（特别是回肠）里大量繁殖，产生毒素（主要是β毒素），引起发病。促进羔羊痢疾发生的不良诱因，主要是母羊妊娠期营养不良，羔羊体质瘦弱；气候寒冷，特别是大风雪后，羔羊受冻；哺乳不当，羔羊饥饱不均。本病主要危害7日龄以内的羔羊，其中又以2～3日龄的发病最多，7日龄以上的很少患病。感染途径主要是消化道，也可能通过脐带或创伤传染。本病常使羔羊发生大批死亡，给养羊业带来重大损失。

【临床症状】 本病潜伏期为1～2天。病初羔羊精神委顿，低头拱背，不吮乳。不久后腹泻，粪便恶臭，有的稠如面糊，有的稀薄如水，后期含有血液，直至成为血便。若不及时治疗，常在1～2天内死亡，只有少数可能自愈。

有的病羔腹胀而不下痢，或只排少量稀便（也可能带血或呈血便），但主要表现为神经症状，四肢瘫软，卧地不起，呼吸急促，口流白沫，最后昏迷，头向后仰，体温降至常温以下。病情严重，病程很短，若不加紧救治，常在数小时至十几小时内死亡。

【病理变化】 最显著的病理变化是在消化道，皱胃内往往存在未消化的凝乳块，小肠（特别是回肠）黏膜充血发红，常可见到溃疡，溃疡周围有一出血带环绕。有的肠内容物呈血色，肠系膜淋巴结肿胀、充血，间或出血。心包积液，心内膜有时有出血点，肺常有充血区域或淤斑。

【防治措施】

1. 预防 综合实施抓膘保暖、合理哺乳、消毒隔离、预防接种和药物防治等措施，每年秋季注射羔羊痢疾疫苗或羊快疫、羊猝狙、羊肠毒血症、羔羊痢疾、羊黑疫五联苗，产前2～3周再接种1次。

羔羊出生后 12 小时内，灌服土霉素 0.15～0.2 克，每天 1 次，连用 3 天，有一定的预防效果。

2. 治疗 土霉素 0.2～0.3 克，胃蛋白酶 0.2～0.3 克，加水灌服，每天 2 次。磺胺脒 0.5 克，鞣酸蛋白 0.2 克，次硝酸铋 0.2 克，碳酸氢钠 0.2 克，复合维生素 B 1 片，加水灌服，每天 3 次。如并发肺炎，可用青霉素 80 万单位、链霉素 100 万单位，肌内注射，每天 2 次，连用 3～5 天。或用青霉素 10 万～20 万单位，肌内注射，每 4 小时使用 1 次。同时，用磺胺脒 0.5～1 克，鞣酸蛋白 0.2 克，次硝酸铋 0.2 克，碳酸氢钠 0.2 克，口服，每天 2～3 次，连用 3～4 天。

食欲不好的病羊，可用胃蛋白酶 10 克，稀盐酸 5 毫升，水 1 000 毫升，混合后每次每只口服 10 毫升。

初生羔羊口服酸乳 50 毫升，然后再哺乳。若已发病，可口服酸乳 100 毫升，直至痊愈。

先口服 6%硫酸镁溶液 20～30 毫升（内含 0.5%甲醛溶液），经 4～6 小时后，再灌服 0.1%高锰酸钾溶液 20 毫升，翌日上午继续口服 20 毫升，下午口服 10 毫升。

中药治疗可用以下方剂。

方剂一：大黄、酒黄芩、焦栀子、甘草、枳实、厚朴、青皮各 6 克，研末，加水 400 毫升，煎汤浓缩至 150 毫升，加入 12 克芒硝，口服，每次 20～30 毫升，6～8 小时后重复使用。

方剂二：乌梅（去核）、炒黄连、黄芩、郁金、炙甘草、猪苓各 6 克，诃子、焦栀子各 9 克，干柿饼 1 个（切细），神曲 12 克，泽泻 7 克。研末，加水 400 毫升，煎汁浓缩 150 毫升，加红糖 30 克，口服，每次 30 毫升。

衣原体病

衣原体病又称鹦鹉热或鸟疫，是由鹦鹉热衣原体引起的各种畜、禽和人类共患的传染病。临床上以地方流行性妊娠母羊流产、眼睑结膜有滤泡、关节肿胀疼痛、肺炎为特征。

【病　原】 鹦鹉热衣原体呈圆形或椭圆形，具有始体和原体2个发育阶段，经姬姆萨染色，始体染成蓝色，原体染成紫色。衣原体为专性细胞内寄生，能在鸡胚和易感动物细胞内分裂繁殖，并产生胞质内包涵体，经姬姆萨染色，包涵体呈深紫色。

衣原体对热敏感，56℃作用5分钟可将其杀死，常用的消毒药如0.5%石炭酸溶液等可迅速将其杀死。但对低温抵抗力强。四环素、青霉素、红霉素、环丝氨酸等对其有抑制作用。

【流行特点】 衣原体随患病动物的分泌物、排泄物排出，污染饲料和饮水等，主要通过消化道感染，也可经污染的尘埃、飞沫经呼吸道或眼结膜感染，经生殖道也可感染。

【临床症状】

1. 流产型 特征为妊娠母羊流产、死产和产弱羔。流产发生于妊娠的最后1个月，产后多见胎衣滞留，阴道流出分泌物。流产胎儿水肿，皮肤、皮下、胸腺及淋巴结有出血点。肝肿大，表面有针尖大小的灰白色病灶。流产母羊如无继发感染，可逐渐好转，以后不再流产。如继发感染，则引起子宫内膜炎以至死亡。

2. 结膜炎型 多发于绵羊羔，主要表现一眼或双眼结膜充血、水肿，角膜混浊，于结膜和眼睑结膜上形成大小不等的淋巴样滤泡。有些发生关节炎。

3. 关节炎型 多发于哺乳羔羊，尤以3～5月龄羔羊多见。病羔体温升高，一肢或四肢跛行，肢关节肿胀疼痛。

4. 肺炎型 病羊精神沉郁，不食，有浆液性、黏液性或脓性鼻液，同时体温升高，呼吸困难，有的下痢，逐渐消瘦和衰弱。常有巴

氏杆菌、链球菌等继发感染。

【防治措施】

1. 预防 本病应采取综合性预防措施，即加强饲养卫生，消除各种发病诱因，消灭传染源，切断传播途径，提高动物机体免疫力。本病的常发地区，应定期用单价或多价苗进行预防接种。

2. 治疗

(1)青霉素 每千克体重 3 万～4 万单位，注射用水 10 毫升肌内注射，每 8 小时使用 1 次，连用 3～4 天。

(2)链霉素 50 万～100 万单位/只，注射用水 10 毫升肌内注射，每天 1 次，连用 2～3 天。

结膜炎可用土霉素和四环素软膏点眼，同时配合对症治疗。

放线菌病

放线菌病又称大颌病，是牛、羊和其他动物及人的一种多菌性的非接触性慢性传染病。临床上以头、颈、颌下增生性肿与化脓为特征。

【病 原】 本病病原是牛放线菌、林氏放线杆菌、金黄色葡萄球菌及化脓放线菌。

牛放线菌是不规则的革兰氏阳性杆菌，在分类上属于放线菌属，是一种不运动、不形成芽孢的杆菌，有长成菌丝的倾向。在动物组织中呈现带有辐射状菌丝的颗粒性聚集物——菌芝，外观似硫黄颗粒，其大小如帽针头，呈灰色、灰黄色或微棕色，质地柔软或坚硬。制片经革兰氏染色后，其中心菌体呈紫色，周围辐射状菌丝呈红色，这种细菌的抵抗力微弱。

林氏放线杆菌是皮肤和柔软器官放线菌病的主要病原菌，是一种不运动、不形成芽孢和荚膜的多形态革兰氏阴性菌。在动物组织中也能形成菌芝，但无显著的辐射状菌丝，用革兰氏法染色后，中心与周围均呈红色。本菌可在牛的舌肉芽肿中发现，能引起

绵羊皮肤与肺的化脓性损害,还可能在牛、羊的其他部位形成肉芽肿。此外,某些化脓性细菌也常侵入病灶。

【流行特点】 在自然状态下,能使绵羊、山羊感染发病。放线菌病的病原体存在于污染的土壤、饲料和饮水中,寄生于动物口腔和上呼吸道中,因此只要黏膜或皮肤上有破损,便可以自行发生。当给羊饲喂带刺的饲料,如大麦穗、谷糠、麦秸等时,常使口腔黏膜损伤而感染本病。

【临床症状】 常见羊只下颌骨肿大,界限明显,肿胀进展缓慢,一般经过6~18个月才出现一个小而坚实的硬块。有时肿大发展甚快,牵连整个头骨。肿部初期疼痛,晚期无痛觉。病羊呼吸、吞咽和咀嚼均感困难,消瘦,有时皮肤化脓破溃,脓液流出,形成瘘管,长久不愈。头、颈、颌部组织也常见硬结,不热不痛。

乳房患病时,呈弥散性肿大或有局灶性硬结,乳汁黏稠,混有脓液。

【防治措施】 避免在低湿地放牧,舍饲羊只最好在饲喂前将干草、谷糠等用水浸软,避免刺伤口腔黏膜。遵守饲养管理及卫生制度,特别是要防止皮肤、黏膜发生损伤。有伤口时及时处理、治疗,对本病的预防十分重要。发现羊只患放线菌病应及时淘汰。

第二节 寄生虫病防治技术

肝片吸虫病

肝片吸虫病是由片形科、片形属的吸虫寄生于动物和人的肝脏胆管引起的疾病。临床上以结膜苍白黄染,消瘦,眼睑、下颌及胸下水肿,触压和叩打肝区疼痛为特征。

【病　原】 本病病原是肝片形吸虫和大片形吸虫。

1. 肝片形吸虫 虫体呈扁平叶状。新鲜虫体为棕灰色,固定

后为灰白色。体长20～35毫米，宽5～13毫米。虫体前端有一个锥状凸起，在基部突然增宽，似人的双肩，以后逐渐变窄。口吸盘呈圆形，在锥体凸起于前端。腹吸盘稍大，在肩水平线稍后方。生殖孔位于口、腹吸盘之间。消化系统由口吸盘底部的口孔起，下接咽和食管，两条盲端肠管有许多外侧枝，内侧枝短而少。雄性生殖器官包括2个高度分枝的睾丸，前后排列于虫体的中后部，各有一条输出管，汇合成一条输精管，进入雄茎囊，囊内有储精囊和射精管，其末端为雄茎，通过生殖孔伸出体外。在储精囊和雄茎之间有前列腺。雌性生殖器官有1个鹿角状的卵巢，位于腹吸盘的右侧。输卵管与卵膜相通，卵膜位于攀丸前的体中央，其周围有梅氏腺。曲折重叠的子宫位于卵膜和腹吸盘之间，内充满虫卵，一端与卵膜相通，另一端通向生殖孔。卵黄腺为胰花样，分布于虫体两侧，与肠管重叠，通过卵黄总管与卵膜相通。无受精囊。体后部有纵行的排泄管。

虫卵呈长卵圆形，黄色或黄褐色，卵壳薄而光滑，半透明，分为2层，卵盖不明显，卵内有1个胚细胞，周围充满卵黄细胞。

2. 大片形吸虫 在形态上与肝片形吸虫相似，“肩”部不明显，两侧缘较平行，后端钝圆。长为25～75毫米，宽为5～17毫米。腹吸盘较口吸盘大约1.5倍。肠管分枝更多。虫卵为黄褐色，呈长卵圆形。

【生活史】 中间宿主为淡水螺，在我国主要是小土蜗螺。

成虫寄生于终末宿主肝脏胆管内，产出虫卵随胆汁进入肠腔，再随粪便排出体外。虫卵在适宜的温度(25℃～26℃)、氧气、水分和光线条件下，经10～25天孵出毛蚴。毛蚴游于水中，遇到中间宿主淡水螺即钻入其体内，在35～50天内经胞蚴、雷蚴阶段，发育为尾蚴。尾蚴离开螺体，在水面或植物叶上形成囊蚴，终末宿主吞食囊蚴而感染。当条件不适宜时，则雷蚴发育为子雷蚴，延长在螺体内的发育时间。

囊蚴进入终末宿主肠道，通过3种途径进入肝脏：或从胆管开口钻入肝脏；或进入肠壁血管，随血流入肝；或穿过肠壁进入腹腔，然后从肝脏表面钻入肝脏。到达肝脏后，穿破肝实质，进入肝脏胆管发育为成虫。从感染到发育为成虫需2～4个月，成虫可在终末宿主体内存活3～5年。患病动物和带虫动物不断向外界排出大量虫卵，是重要的感染来源。片形吸虫的繁殖力较强，1条成虫每昼夜可产8 000～13 000个虫卵。幼虫在中间宿主体内无性繁殖，1个毛蚴可发育为数十至数百个尾蚴。

虫卵在13℃时即可发育，25℃～26℃为最适宜温度。对高温和干燥敏感，在40℃～50℃条件下几分钟内死亡，在完全干燥的环境中迅速死亡。在潮湿无光照的粪堆中可存活8个月以上。对低温的抵抗力较强，但结冰后很快死亡。对常用消毒药抵抗力较强。囊蚴抵抗力更强，在水中及湿草上可活3～5个月，在干草上可存活1～1.5个月。对低温有一定的抵抗力，－1℃时作用24小时仍有活力。温度、水和淡水螺是肝片吸虫病流行的重要因素。肝片吸虫病在我国普遍发生，其中大片形吸虫病主要见于南方地区，多发生于地势低洼的牧场、稻田地区和江河流域等。

终末宿主感染多在夏、秋季节，主要与肝片吸虫在外界发育所需要的条件和时间、螺的生活规律以及降水量和气温等因素有关。在多雨或久旱逢雨的温暖季节可促使本病流行。感染季节决定了发病季节，幼虫引起的疾病多在秋末冬初，成虫引起的疾病多见于冬末和春季。

虫体进入胆管后，肝炎的慢性化，小叶间结缔组织增生，以及虫体周围形成肉芽肿，致使发生肝硬化。分解产物吸收入血，引起全身中毒，血管壁通透性增强，血液成分外渗而发生水肿。虫体吸食宿主血液，其分泌物造成溶血和影响红细胞生成而引起贫血。虫体多时引起胆管扩张、增厚、变粗，甚至阻塞，胆管内壁盐类沉积，胆汁停滞而发生黄疸和消化障碍。虫体代谢产物可扰乱中枢

神经系统，使患病动物体温升高。

【临床症状】

1. 急性型 多见于秋季，病初表现体温升高，精神沉郁，食欲减退，衰弱易疲劳，迅速发生贫血。肝区扩大，触压和叩打有痛感。结膜由潮红黄染转为苍白黄染。消瘦，有腹水。重者在几天内死亡，或转为慢性。

2. 慢性型 可见于任何季节，初春和冬季多发。病羊明显消瘦，表现贫血和低蛋白血症，黏膜苍白，被毛粗乱、易脱落。眼睑、下颌及胸下水肿，早晨明显，运动后可减轻或消失。间歇性瘤胃臌气和前胃弛缓，腹泻，或腹泻与便秘交替发生。妊娠母羊易流产。重者终因恶病质而死亡。

【病理变化】 在大量感染、急性死亡的病例中，可见到急性肝炎。肝肿大，肝脏表面有暗红色虫道，虫道内有凝固的血液和少量幼虫。腹腔内有血红色的液体，有腹膜炎病变。

慢性呈现慢性增生性肝炎，肝实质萎缩、褪色、变硬，边缘圆，小叶间结缔组织增生。胆管肥厚、扩张，呈绳索样突出于肝脏表面。胆管内有虫体和污浊稠厚的液体。

【防治措施】

1. 预防 定期驱虫，驱虫的时间和次数视流行区的具体情况而定。南方地区每年可进行 3 次，第一次在感染高峰后的 2～3 个月进行，以后每隔 3 个月进行第二、第三次成虫期驱虫。北方地区可于 3～4 月份和 11～12 月份各进行 1 次驱虫。流行严重地区，要注意对带虫动物的驱虫。驱虫后的粪便进行生物热发酵处理。

尽量选择高燥地区放牧或兴建牧场。在感染季节放牧时，应每隔 1.5～2 个月轮换一块草地。

避免饮用地表非流动水。在湿洼地收割的牧草，晒干后存放 2～3 个月再利用。

可用烧荒、洒药、疏通水沟以及饲养水禽等措施灭螺。药物灭螺可用氨水、硫酸铜、生石灰、五氯酚酸钠和血防-67(粗制氯硝柳胺)等。氨水适用于稻田,1厘米深的水层用20%氨水按每平方米水面30毫升的量洒入。牧场用1∶5 000倍硫酸铜溶液按每平方米5毫升喷雾;水池、沼泽地每厘米水深每平方米水面用2克。水沟及泥沼地用生石灰,用量为每平方米75克。五氯酚钠用于水池时,每平方米水面用10～20克,牧场每平方米用5～10克,配成溶液喷洒。

废弃的患病动物肝脏应经高温处理后再利用。

2. 治 疗

(1)三氯苯唑(肝蛭净) 每千克体重10毫克,一次口服,对成虫和童虫均有效。

(2)丙硫咪唑 每千克体重10～15毫克,一次口服,对成虫有效,对童虫有一定的疗效。

(3)硝氯酚 每千克体重4～5毫克,一次口服。针剂每千克体重0.75～1毫克,深部肌内注射。适用于慢性病例,对童虫无效。

(4)硫双二氯酚(别丁) 每千克体重100毫克,口服。

(5)嗅酚磷(蛭得净) 每千克体重12毫克,口服。

(6)硫溴酚 绵羊每千克体重50～60毫克,山羊每千克体重30～40毫克,口服。

(7)双酰胺氧醚 每千克体重150毫克,口服。

(8)四氯化碳与液状石蜡 混合后充分摇匀,成年羊3～4毫升,小羊1～2毫升,肌内注射。

(9)碘醚柳胺 每千克体重7.5毫克,一次口服。

(10)克洛素隆 每千克体重7毫克,口服。或每千克体重2毫克,一次皮下注射。

(11)伊维菌素 每千克体重0.2毫克,一次皮下注射。

(12)硝碘酚腈 每千克体重14毫克,皮下注射。

(13)左旋咪唑 每千克体重10毫克,口服。

中药治疗可用以下方剂。

方剂一:苏木15克,贯众9克,槟榔12克,水煎取汁,加白酒60毫升,口服。

方剂二:苏木、贯众、槟榔、龙胆草、木通、泽泻各9克,厚朴、草豆蔻各6克,水煎取汁,口服。

方剂三:藜芦、草豆蔻、川芎、桔梗、荆芥各等份,研末混合后成年羊每只7.5克,小羊每只5.5克,口服,隔日1次,连用3次。

血吸虫病

血吸虫病又称日本分体吸虫,是由分体科、分体属的日本分体吸虫寄生于羊和人的肠系膜血管中引起的一种疾病。临床上以体温升高、腹泻、消瘦为特征。它是我国南方地区危害严重的人兽共患病。

【病原及生活史】 日本分体吸虫呈线状,为雌雄异体,常呈合抱体态。腹吸盘大于口吸盘,如杯状,有柄、突出,两吸盘相距较近。

雄虫乳白色,长9~18毫米,宽0.5毫米,向腹面弯曲呈镰刀状。从腹吸盘起向后,虫体两侧向腹两侧卷起,形成抱雌沟。口吸盘内有口,缺咽,下接食管,两侧有食管腺,食管在腹吸盘前分为两支,向后延伸为肠管,至虫体后部1/3处合并为一单管,伸达体末端。睾丸7个,呈椭圆形,在腹吸盘下排列成单行。雄性生殖孔开口于腹吸盘后的抱雌沟内。

雌虫较雄虫细长,长15~26毫米,宽0.3毫米,呈暗褐色。消化器官基本上与雄虫相同。卵巢呈椭圆形,位于虫体中部偏后方两侧肠管之间。卵膜前为管状的子宫,其中含卵50~300个,雌性生殖孔开口于腹吸盘后方。卵黄腺呈较规则的分枝状,位于虫体后1/4处。

虫卵椭圆形，呈淡黄色，卵壳较薄，无盖，在其侧方有一小刺，卵内含毛蚴。虫卵大小为 70～100 微米×50～65 微米。

日本分体吸虫多寄生于肠系膜静脉，也见于门静脉内，一般为雌雄合抱。雌虫交配受精后，在血管内产卵，1 条雌虫每天可产卵 1 000 个左右。产出的虫卵一部分顺血流到达肝脏，一部分逆血流沉积在肠壁形成结节。虫卵在肠壁或肝脏内逐渐发育成熟，由于卵内毛蚴分泌溶细胞物质，能透过卵壳破坏血管壁，并使肠黏膜组织发炎和坏死，加之肠壁肌的收缩作用，使结节及坏死组织向肠腔破溃，虫卵即进入肠腔，随宿主粪便排出体外。虫卵落入水中，在 25℃～30℃条件下很快孵出毛蚴，毛蚴钻入钉螺体内 6～8 周，经胞蚴、子胞蚴形成尾蚴。尾蚴具有很强的活力，静止时倒悬浮于水面，当遇到终末宿主时，即以口、腹吸盘附着，利用头部穿刺腺分泌的溶组织酶和尾部的推动作用，很快钻入宿主皮肤；当人、畜饮水时，尾蚴也可随饮水进入口腔，通过口腔黏膜进入体内。然后脱去尾部成为童虫，经小血管或淋巴管随血流经右心、肺、体循环到达肠系膜静脉内寄生，以宿主血液为食。一般从尾蚴侵入到发育为成虫需 30～50 天，成虫生存期 3～5 年或以上。

【流行特点】 尾蚴经皮肤侵入终末宿主，或在终末宿主饮水时从口腔黏膜侵入；母羊妊娠后期，童虫可通过胎盘感染胎儿。一条毛蚴在钉螺体内经无性繁殖后，可产生数万条尾蚴。虫卵在 28℃的湿粪中可存活 12 天。在我国长江中下游地区，9 月中旬排出的含卵粪便，存放至 10 月下旬仍能孵出毛蚴。

日本分体吸虫的发育必须通过中间宿主钉螺，否则不能发育、传播。钉螺适应水、陆两种环境，多在小河边、湖岸、稻田以及山区和平原的水边、潮湿且杂草丛生的泥土中滋生。3 月份开始活动，4～5 月份和 9～10 月份是钉螺活动和繁殖的季节。钉螺感染毛蚴后若气温在 30℃时，尾蚴成熟的最短时间为 47～48 天；温度低时，成熟时间随之延长。尾蚴在水中的存活时间为 2～4 天。

【临床症状】 轻度感染时无明显临床症状，严重感染时呈急性经过，表现精神不振，体温升至40℃～41℃或以上。行动缓慢，食欲减退，腹泻，粪便中混有黏液、血液和脱落的黏膜；腹泻加剧者，最后出现水样便，排便失禁。逐渐消瘦、贫血，经2～3个月死亡或转为慢性。

慢性者表现消化不良，发育迟缓，间歇性腹泻，粪便中含黏液、血液，甚至块状黏膜，有腥恶臭味和里急后重现象。病羊颌下、腹下水肿，贫血、消瘦，羔羊发育不良，妊娠母羊易流产。

【病理变化】 病羊尸体消瘦，贫血，腹腔内常有多量积液。肝脏表面和切面有粟粒大至高粱米粒大、灰白色或灰黄色小点，即虫卵结节。病初肝脏肿大，后期萎缩硬化。严重感染时，肠道各段可见虫卵的沉积，常见有小溃疡、斑痕及肠黏膜肥厚。肠系膜淋巴结肿大，门静脉血管肥厚，在其内及肠系膜静脉内可找到虫体。

【防治措施】

1. 预防 在本病流行区，每年对人、畜进行普查，对病人、病羊及带虫者进行治疗，消除感染源。建立卫生厕所，人、畜粪便经发酵处理后再做肥料。管好水源，保持清洁，防治污染；不饮地表水，必须饮用时，须加入漂白粉，确信杀死尾蚴后方可饮用。避免在钉螺滋生地放牧；禁止病羊调动；老龄及病情较重的羊应淘汰更新。可采用物理、化学和生物等方法灭螺。化学灭螺常用药物可选用氯硝柳胺、生石灰等。

2. 治疗

(1)硝硫氰胺 每千克体重4毫克，配成2%混悬液静脉注射。

(2)硝硫氰醚 每千克体重60～80毫克，一次灌服。

(3)吡喹酮 每千克体重20～30毫克，一次灌服。

(4)六氯对二甲苯(血防846) 每千克体重700毫克，分成7份，口服，每天1次，7天为1个疗程。

东毕吸虫病

东毕吸虫病是由分体科、东毕属的土耳其斯坦东毕吸虫寄生于羊肠系膜静脉血管中而引起的一种寄生虫疾病。临床上以腹泻、贫血、消瘦、颌下、腹下水肿为特征。

【病原及生活史】 土耳其斯坦东毕吸虫为雌雄异体，但雌、雄体经常呈抱合状态。虫体呈线状。雄虫为乳白色，长 3～9 毫米，宽 0.4～0.5 毫米，体表光滑无结节，呈"C"形，腹面有抱雌沟；睾丸 78～80 个，呈颗粒状，位于腹吸盘下方，呈不规则的双行排列，生殖孔开口于腹吸盘后方。雌虫比雄虫纤细，长 3.9～5.7 毫米，宽 0.07～0.116 毫米，卵巢呈螺旋状扭曲，位于两肠管合并处之前；卵黄腺在肠单管两侧；子宫短，在卵巢前方，子宫内通常只有 1 个虫卵。虫卵呈椭圆形，无色，无卵盖，一端有一纽状物，另一端有一小刺，内含毛蚴。虫卵大小为 72～74 微米×22～26 微米。

成虫寄生于羊的肠系膜静脉及门脉中产卵，虫卵在肠壁黏膜或被血流冲积到肝脏内形成虫卵结节，结节在肠壁处可破溃而使虫卵进入肠腔。在肝脏处的虫卵或被结缔组织包埋，钙化而死亡；或破坏结节随血流或胆汁注入小肠，随粪便排出体外。虫卵在适宜条件下，经 10 天左右孵出毛蚴。毛蚴在水中遇到宜适的中间宿主淡水螺，即迅速钻入其体内，经过母胞蚴、子胞蚴发育至尾蚴，毛蚴侵入螺体发育至尾蚴约需 1 个月。尾蚴自螺体逸出，在水中遇到羊等即经皮肤侵入，移行至肠系膜血管内发育为成虫。在终末宿主体内发育为成虫需 2～3 个月。

【流行特点】 中间宿主——椎实螺类分布于静水及缓流的水域内。羊放牧时，在水中吃草或饮水时经皮肤感染。急性病例多见于夏、秋季，慢性病例多见于冬、春季。成年羊的感染率高于幼龄羔羊，多呈地方性流行。

【临床症状】 多为慢性经过。病羊表现精神不振，体温升高，

食欲减退，贫血，颌下、腹下水肿，腹围增大，消瘦，结膜苍白黄染，发育不良，长期腹泻，粪便中混有黏液、黏膜和血丝。如饲养管理不善，可因恶病质而死亡。

【病理变化】 尸体消瘦，贫血，腹腔内有大量积液。肠系膜淋巴结水肿。肝脏病变明显，表面凸凹不平、质硬，上有大小不等散在的灰白色虫卵结节。肝脏病初肿大，后期萎缩、硬化。小肠壁肥厚，黏膜上有出血点或坏死灶。肠壁血管、肠系膜静脉及门静脉中可发现虫体，绵羊可达上万条。

【防治措施】 参见血吸虫病的防治。

歧腔吸虫病

歧腔吸虫病是由歧腔科、歧腔属的吸虫寄生于动物和人的肝脏胆管中引起的疾病。临床上以可视黏膜黄染，腹泻与便秘交替发生，消瘦，颌下水肿，肝肿大为特征。

【病　原】

1. 矛形歧腔吸虫 虫体狭长呈矛形，扁平，体薄呈半透明棕红色。体表光滑。口吸盘后紧随有咽，下接食管和两条简单的肠管。腹吸盘大于口吸盘，位于虫体前端1/5处。有2个圆形或边缘有缺刻的睾丸，纵列或斜列于腹吸盘的后方。雄茎囊位于肠分叉与腹吸盘之间，内有储精囊、前列腺和雄茎。生殖孔开口于肠分叉处。卵巢为圆形，在睾丸之后。卵黄腺位于虫体中部两侧。子宫弯曲，充满虫体的后半部，内含大量虫卵。

2. 中华歧腔吸虫 外形与矛形歧腔吸虫相似，但虫体较宽，其前方体部呈头锥形，后两侧呈肩样凸起。睾丸2个，呈圆形，边缘不整齐或稍分叶，左、右排列于腹吸盘之后。

【生活史】 中间宿主为陆地螺，我国主要是条纹蜗牛和蜕小丽螺，补充宿主为蚂蚁。

虫卵随终末宿主粪便排出体外，被中间宿主蜗牛吞食后，在其体内孵出毛蚴,然后发育为母胞蚴、子胞蚴和尾蚴。在蜗牛体内的发育期为 82～150 天。尾蚴从子胞蚴的产孔逸出后,移行至螺的呼吸腔,每数十个至数百个尾蚴集中在一起形成尾蚴群囊,外被有黏性物质成为黏球,从螺的呼吸腔排出,粘在植物或其他物体上。当含尾蚴的黏球被补充宿主蚂蚁吞食后,尾蚴在其体内形成囊蚴。羊吃草时吞食了含囊蚴的蚂蚁而感染。囊蚴在终末宿主的肠内脱囊,由十二指肠经胆总管到达肝脏胆管内寄生,需 72～85 天发育为成虫。成虫在宿主体内可存活 6 年以上。

虫卵对外界环境的抵抗力较强,在土壤和粪便中可存活数月并具有感染性。对低温的抵抗力更强。虫卵以及中间宿主、补充宿主体内的各期幼虫均可越冬,且不丧失感染性。

【流行特点】 本病多呈地方性流行,我国大部分省(自治区)均有发生。

在温暖潮湿的南方地区,中间宿主蜗牛和补充宿主蚂蚁可全年活动,因此动物几乎全年都可感染;而在寒冷干燥的北方地区,由于中间宿主的冬眠,使动物的感染具有明显的季节性,即发病多在冬、春季。

【临床症状】 症状多不明显,严重感染时可视黏膜轻度黄染,消化紊乱,腹泻与便秘交替发生,逐渐消瘦、贫血及颌下水肿,可引起死亡。

【病理变化】 寄生于肝脏胆管内可引起胆管卡他性炎症,胆管壁增生、肥厚,肝肿大。在胆管、胆囊内可见到虫体。

【防治措施】 参见肝片吸虫病的防治措施。

阔盘吸虫病

阔盘吸虫病是由歧腔科、阔盘属的吸虫寄生于动物和人的胰腺中引起的疾病。主要感染牛、羊。临床上以消瘦,腹泻、贫血、颌下及胸前水肿、消瘦为特征。

【病　原】 阔盘吸虫呈扁平叶状，新鲜时为棕红色，固定后为灰白色。胰阔盘吸虫呈长椭圆形，长8～16毫米，宽5～5.8毫米，口吸盘大于腹吸盘。各器官位置与歧腔吸虫相似。2个睾丸并列或稍斜列，位于腹吸盘稍后，边缘有深缺刻。雄茎囊呈长管状，位于腹吸盘前方与肠叉之间。生殖孔开口于肠叉的后方。卵巢分3～6个叶，位于睾丸之后体中线附近。

受精囊呈圆形，在卵巢附近。子宫弯曲，内充满棕色虫卵，位于虫体的后半部。卵黄腺呈颗粒状，位于虫体中部两侧。

【生活史】 中间宿主为陆地螺，主要是丽螺。胰阔盘吸虫和腔阔盘吸虫的补充宿主为螽斯，枝睾阔盘吸虫的补充宿主为针蟋。

成虫在终末宿主胰腺中产生虫卵，卵随胰液进大肠，随粪便排出体外。虫卵被中间宿主吞食后，毛蚴逸出，经母胞蚴、子胞蚴和尾蚴阶段。在发育形成尾蚴的过程中，子胞蚴向蜗牛的气室内移行，并从蜗牛的气孔排出，附在草上形成圆形的囊，即子胞蚴黏团，此时子胞蚴内已含有尾蚴。补充宿主吞食子胞蚴黏团，在其体内发育成囊蚴。终末宿主吞食含有囊蚴的补充宿主而感染，囊蚴在终末宿主小肠内逸出，由胰腺管开口钻入，上行至胰腺发育为成虫。

阔盘吸虫发育较慢，整个发育期为10～16个月，其中在中间宿主体内为6～12个月，在补充宿主体内为1个月，在终末宿主体内为3～4个月。

【临床症状】 病羊消化障碍，营养不良，腹泻，贫血，颌下及胸前水肿，逐渐消瘦。

【病理变化】 在羊的胰管中见有虫体，由于虫体的机械性刺激和排出毒性物质的作用，使胰管发生慢性增生性炎症，结缔组织增生，胰管增厚，黏膜表面有小结节，管腔狭小。

【防治措施】 预防措施参见肝片吸虫病的预防。

治疗可选择下列药物。六氯对二甲苯，每千克体重300～400

毫克，口服，隔天 1 次，3 次为 1 个疗程；也可用植物油或液状石蜡制成 3%油剂肌内注射。或用吡喹酮，绵羊每千克体重 65～80 毫克，山羊每千克体重 100 毫克，口服；或绵羊每千克体重 35～50 毫克，山羊每千克体重 50 毫克，配合液状石蜡或植物油制成 20%油剂，腹腔注射。

前后盘吸虫病

前后盘吸虫病是由前后盘科的多种吸虫引起的疾病。临床上以消瘦、腹泻，眼睑、颌下、腹下水肿为特征。

【病原及生活史】 前后盘吸虫中最常见的有鹿前后盘吸虫和长形菲策吸虫。鹿前后盘吸虫虫体呈粉红色，形似圆锥状或圆柱状。长 8～10 毫米，宽 4～5 毫米，腹吸盘在虫体后端，大小是口吸盘的 2 倍。消化系统缺咽，肠支长，经 3～4 个回旋弯曲，伸达腹吸盘边缘。睾丸 2 个，呈横椭圆形，前后相接排列，位于虫体中部。储精囊长而弯曲。生殖孔开口于肠支起始部的后方。卵巢呈圆形，位于睾丸后侧缘，通过输卵管经卵膜接子宫。子宫在睾丸后缘经数个回旋弯曲后，沿睾丸背面上升，开口于生殖孔。卵黄腺发达，呈滤泡状，分布于肠支两侧，前自口吸盘后缘，后至腹吸盘两侧中部。虫卵呈椭圆形，淡灰色，卵黄细胞不充满整个虫卵，常偏于一端，大小为 125～132 微米×70～80 微米。

长形菲策吸虫属于腹袋科、菲策属。虫体呈深红色，圆筒形，前端尖细。长 10～23 毫米，宽 3～5 毫米。腹吸盘在体后端，为口吸盘的 2.5 倍。有腹袋，由口吸盘下方延伸到腹吸盘前，止于睾丸边缘，前窄后宽。睾丸边缘有 3～4 瓣，前后排列于体后。卵巢位于两睾丸之间。卵黄腺呈滤泡状。分布于虫体两侧。虫卵形态同鹿前后盘吸虫虫卵，颜色为褐色。

前后盘吸虫的发育过程与肝片吸虫相似。成虫在羊瘤胃内产卵，后随粪便排出体外，虫卵在适宜的环境条件下孵出毛蚴，毛蚴

在水中遇到适宜的中间宿主(椎实螺和扁卷螺)即钻入其体内,发育为胞蚴、雷蚴和尾蚴。尾蚴离开螺体后,附在水草上形成囊蚴。羊吞食粘有囊蚴的水草而感染。囊蚴在肠道逸出,发育为童虫,童虫先在小肠、胆管、胆囊和皱胃内移行,寄生数十天,最后在瘤胃内发育为成虫。在中间宿主体内发育期约 35 天,进入瘤胃 2～4 个月发育为成虫。

【流行特点】 本病多发生于多雨年份的夏、秋季节,特别是长期在湖滩地放牧,采食水淹过的青草的羊最易感染。

【临床症状】 幼虫移行而致小肠和皱胃黏膜水肿、出血,发生急性炎症,致使肠黏膜发生坏死和纤维素性炎症。成虫吸取宿主营养和造成瘤胃乳头萎缩、硬化,进而影响消化功能。

本病多发生于夏、秋季,由大量感染的幼虫引起。病羊体温一般正常,表现精神沉郁,食欲降低,不久后呈现顽固性腹泻,粪便呈粥样或水样,常有腥臭味,羊只迅速消瘦、贫血,肩前及腹股沟淋巴结肿大,眼睑、颌下、腹下水肿,有时发展到整个头部至全身。后期病羊极度瘦弱,表现为恶病质状态,卧地不起,终因衰竭而死亡。在腹泻的粪便中往往混有被排出的幼虫,可用水洗沉淀法检查。

【病理变化】 可见尸体消瘦,淋巴结肿大,皱胃和小肠黏膜水肿,有出血点,有时见有纤维素性炎及坏死灶。在小肠、皱胃、网胃和瘤胃见有大量幼虫。

【防治措施】 预防措施同肝片吸虫病。

治疗可用氯硝柳胺,每千克体重 75～80 毫克,口服,对童虫疗效较好。或用硫双二氯酚或六氯对二甲苯,每千克体重 75～80 毫克,口服。还可用硝硫氰醚,每千克体重 35～55 毫克,制成悬浮液,口服。

消化道线虫病

消化道线虫病是指由寄生在消化道中的毛圆科、盅口科、钩口科、圆线科和毛首科的许多种线虫引起的疾病统称。临床上以腹泻带血，颌下和颈下水肿为特征。在自然条件下多呈混合感染。这类线虫在形态、生态习性及疾病流行、病理变化和综合防治上都有许多相同点。

【病　原】

1. 毛圆科线虫

(1)血矛属线虫　寄生于皱胃，其中以捻转血矛线虫为常见。虫体呈毛发状，因吸血而呈现淡红色。颈乳突呈锥形，头端尖细，口囊小，内有一背矛状小齿。雄虫长15～19毫米，交合伞发达，由细长的肋支持着长的侧叶，偏于右侧有倒"Y"形背肋支持着的小背叶。交合刺短而粗，末端有一小钩。雌虫长27～30毫米，由白色的生殖器官环绕于红色含血的肠道周围，形成红白线条相间的外观。阴门位于虫体后半部，有一显著的瓣状阴门盖。

(2)毛圆属线虫　寄生于小肠和皱胃，是最常见的种类。虫体细小，一般不超过7毫米。呈淡红色或褐色，缺口囊和颈乳突。排泄孔靠近体前端，呈一凹陷。雄虫交合伞的侧叶大，背叶极不明显，背肋小，末端分小枝。交合刺短而粗，有引器。雌虫阴门位于虫体后半部，无阴门盖，尾端钝。

(3)长刺属线虫　主要为指形长刺线虫，寄生于牛和绵羊的皱胃。虫体呈淡红色，雄虫长25～31毫米，交合伞有2个舌片状的侧叶；背叶小，长方形，交合刺细长。雌虫长30～45毫米，卵巢环绕于肠管，阴门盖为两片，阴门位于肛门附近。

(4)奥斯特属线虫　寄生于皱胃和小肠，虫体呈棕色，长10～12毫米。口囊小，交合伞由2个侧叶和1个小的背叶组成。交合刺粗短，末端有2～3个凸起。雌虫阴门在体后部，有些种有阴门盖，其形状不一。

(5)马歇尔属线虫　寄生于皱胃。与奥斯特属线虫的形态相似，但外背肋和背肋较细长，背肋远端分成两枝，每枝的端部有3

个小分叉。

(6)古柏属线虫　寄生于反刍兽的小肠、胰脏。虫体呈红色或淡黄色,头端呈圆形,较粗,角皮膨大,有横纹;交合伞的背叶小,交合刺短。

(7)细颈属线虫　寄生于小肠。外观与捻转血矛线虫相似,但虫体前部呈细线状,后部较宽。口缘有6个乳突围绕;头端角皮形成头泡,其后部有横纹;无颈乳突。交合伞有2个大的侧叶,背叶小,交合刺细长。

2. 食道口科线虫　主要包括食道口属线虫,寄生于结肠。口囊小,口缘有叶冠,有颈沟和头泡;颈沟后方有颈乳突及有或无侧翼膜。雄虫交合伞发达,有1对等长的交合刺。雌虫阴门位于肛门前方附近,排卵器发达,呈肾形。

3. 钩口科线虫　主要包括仰口属的羊仰口线虫,寄生于羊的小肠。本属线虫的头端向背面弯曲,口囊大,腹缘有1对半月形的角质切板。雄虫交合伞的背叶不对称。雌虫阴门在虫体中部之前。

4. 毛尾科线虫　只包括毛尾属线虫,寄生于大肠(主要是盲肠),也称鞭虫。虫体呈乳白色,前部细长为食道部,后部为体部、短粗。雄虫后部弯曲,有一根交合刺,藏在交合刺鞘内。雌虫后端较钝圆,阴门位于粗细交界处。

5. 圆线科线虫　主要包括夏伯特属线虫,有或无颈沟,颈沟前有不明显的头泡或无头泡。口孔开向前腹侧,有两圈不发达的叶冠。口囊呈亚球形,底部无齿。雄虫交合伞发达,交合刺等长。雌虫阴门靠近肛门。

【生活史】　虫卵随宿主粪便排出体外,在适宜的温度(12℃~31℃)和湿度下,经1~2天从卵内孵出第Ⅰ期幼虫,再经1周左右蜕皮2次,变为第Ⅲ期幼虫。但细颈属线虫的幼虫在卵内进行2次蜕皮,第Ⅲ期幼虫才从卵壳内钻出,其发育期4周左右。羊随吃草或饮水吞食第Ⅲ期感染性幼虫而被感染，幼虫到达寄生部位后经2次蜕皮，经3～4周发育为成虫。

仰口线虫的感染途径是经口或经皮肤感染，均进入静脉血管，随血液循环到心脏，然后到肺脏移行到支气管、气管，再被宿主吞咽进入小肠内发育为成虫。

食道口线虫主要经消化道感染。有些虫种（如哥伦比亚食道口线虫）的幼虫进入宿主肠道后，首先钻进大肠壁形成结节，在结节内进行2次蜕皮，然后回到肠腔发育为成虫。本虫在宿主体内发育期为4～6周。

毛首线虫的虫卵随粪便排出到外界，在适宜条件下经3～4周发育为感染性虫卵，宿主经口感染后，幼虫在肠内逸出，叮附于肠壁，需经12周发育为成虫。

【临床症状】 病羊精神沉郁，食欲减退，腹泻，排血便，或粪便中混有黏液、脓液。病羊贫血，可视黏膜苍白，有时颌下和颈下水肿，发育不良，生长缓慢。严重感染时，可在短时间内造成大批死亡。

【病理变化】 剖检可见消化道各部位有数量不等的线虫，以及由虫体引起的炎性病理变化。

【防治措施】

1. 预防 根据本地区的流行情况，每年春、秋季节各进行1次驱虫；加强饲养管理，避免在潮湿地带和幼虫活跃的时间放牧，减少感染；注意饮水卫生，合理补充维生素和矿物质，提高机体抗病力；全面规划牧场，有计划地进行轮牧。

2. 治疗

（1）左旋咪唑 每千克体重5～10毫克，口服。

（2）噻苯唑 每千克体重30～75毫克，口服。

（3）丙硫咪唑 每千克体重10～15毫克，口服。

（4）丙氧咪唑 每千克体重10～15毫克，口服。

(5)酒石酸甲噻嘧啶　每千克体重10毫克,口服。

(6)伊维菌素　每千克体重0.2毫克,皮下注射或口服。

肺线虫病

肺线虫病又叫网尾线虫病,是由网尾科、网尾属或原圆科、原圆属等多种线虫寄生于反刍动物肺部所引起的疾病。临床上以咳嗽、打喷嚏、呼吸加快或呼吸困难为特征。网尾科的线虫较大,又称大型肺线虫;原圆科的线虫较小,又称小型肺线虫。

【病　原】　丝状网尾线虫寄生于绵羊、山羊等反刍兽的支气管,有时见于气管和细支气管。虫体呈细线状,口囊小,口缘有4个唇片,呈乳白色,肠管好似一条黑线穿行于体内。

原圆属和缪勒属等多个属的小型肺线虫,寄生于绵羊和山羊的肺泡、毛细支气管、胸膜下结缔组织和肺实质内。虫体非常细小,肉眼勉强可见,雄虫交合伞不发达,背肋不分枝或仅末端分叉,或有其他形态变化。

【生活史】　网尾线虫为直接发育型,在宿主咳嗽时虫卵随痰液进入口腔,转入消化道。卵内幼虫多在大肠孵化,并随粪便排至体外。在适宜的温度、湿度条件下,幼虫经2次蜕化后变为感染性幼虫,感染性幼虫被宿主吞食后,幼虫进入肠系膜淋巴结,经淋巴循环到右心,随血液循环到肺脏发育为成虫。由感染至发育为成虫需3～4周。

小型肺线虫属于间接发育型,中间宿主为多种螺类。第Ⅰ期幼虫进入中间宿主体内发育为感染性幼虫,感染性幼虫从中间宿主体内逸出或留在体内,被终末宿主吞食后而感染。

网尾线虫幼虫耐低温,特别是丝状网尾线虫的幼虫,通常在4℃～5℃时,幼虫可以发育,并且可以保持生命力达3个月以上。在－20℃～－40℃条件下,粪便中的感染性幼虫仍不死亡。但温暖季节对其生存极为不利,干燥和直射的日光可迅速使其死亡。

小型肺线虫的幼虫对低温、干燥抵抗力均强，在中间宿主体内可生存 2 年之久。

【临床症状】 病羊表现咳嗽，尤其是清晨和夜间更为明显。常从鼻孔中排出黏液脓性分泌物，干涸后在鼻孔周围形成痂皮，常打喷嚏，呼吸加快或呼吸困难，体温一般不高。羔羊症状严重，发育受阻，甚至死亡。

【病理变化】 虫体寄生于支气管和细支气管，大量虫体及炎性产物可堵塞支气管和肺泡，从而引起肺膨胀不全或肺气肿，肺表面隆起，呈灰白色，触之有坚硬感。该部位可能发生细菌感染，从而导致广泛性肺炎。

【防治措施】 预防可在冬末春初进行预防性驱虫。

治疗可用以下药物。

左旋咪唑，每千克体重 10 毫克，口服。

丙硫咪唑，每千克体重 5～15 毫克，口服。

氰乙酰肼，每千克体重 17 毫克，口服。

枸橼酸乙胺嗪（海群生），每千克体重 100～200 毫克，口服。

伊维菌素或阿维菌素，每千克体重 0.2 毫克，皮下注射或口服。

硝氯酚，每千克体重 3～4 毫克，口服。

脑脊髓丝虫病

脑脊髓丝虫病是由寄生于腹腔的指形丝状线虫和唇乳突丝状线虫的幼虫迷路移行后，童虫寄生于羊的脑脊髓而引起的一种疾病。临床上以脑脊髓炎和脑脊髓实质被破坏为特征，病羊腰部无力，走路摇摆，故又称摆腰病。

【病　原】 唇乳突丝状线虫寄生于羊的腹腔，口孔呈长形，背、腹面凸起的顶部中央有一凹陷。雄虫长 40～60 毫米，有交合刺 2 根。雌虫长 60～120 毫米，尾端为球形的纽扣状膨大，表面有

小刺。

【生活史】 成虫寄生于腹腔，所产微丝蚴周期性地出现在动物外周血液中，其密度以早晨6时、中午12时、晚6时和9时较高。当中间宿主蚊类吸血时进入蚊体内，经12～16天发育为感染性幼虫，该蚊再吸食血液时感染给新宿主，在新宿主体内经8～10个月发育为成虫。

当携带有指形丝状线虫感染性幼虫的蚊刺吸非固有宿主羊的血液时，幼虫即进入羊的体内，但由于宿主不适，经血液循环进入脑脊髓，停留在童虫阶段，引起羊脑脊髓丝虫病。

【临床症状】 感染后多突然发病，主要表现共济失调，后躯无力，后肢强拘，走路蹄尖拖地，摇摆，身体常歪向一侧，转弯、后退困难。严重时跌倒后不能起立，常呈犬坐姿势，前肢交叉，后肢开张，斜颈，呈现兴奋、咩叫、眼球震颤等。有时可见突然四肢强直、肌肉痉挛。一般体温、脉搏、呼吸变化不大。只有重症病例出现呼吸困难，预后不良。慢性病例腰部无力或卧地不起，但食欲和精神正常。

【病理变化】 可见脑、脊髓的硬膜、蛛网膜有浆液性、纤维素性炎症，以及大小不等的出血灶，其附近有时可见寄生童虫。脑、脊髓实质可见由虫体所致的大小不等的斑点状、线状黄褐色病灶，以及形成大小不同的空洞和液化灶。

【防治措施】

1. 预防 消灭蚊虫是最有效的预防方法，搞好环境卫生，消灭蚊虫滋生地。在蚊虫活动季节经常使用灭蚊药物喷洒羊舍，或用拟除虫菊酯类药物或松叶等进行烟熏灭蚊。不宜在牛圈附近养羊。

2. 治疗

(1)枸橼酸乙胺嗪 每千克体重10毫克，每天分2～3次口服，连用2天；也可以按每千克体重20毫克剂量口服，每天1次，连用6～8天。

(2)酒石酸锑钾　按每千克体重8毫克配成4%注射液，一次静脉注射，隔天使用1次。

(3)阿维菌素　每千克体重0.2毫克，一次皮下注射。

(4)左旋咪唑　每千克体重10毫克，口服，每天1次，连用2～3天。

(5)丙硫咪唑　每千克体重20～30毫克，口服，每天1次，连用2～3天。

脑多头蚴病

脑多头蚴病俗称脑包虫病，是由带科、多头属的多头带绦虫的幼虫寄生于羊及反刍动物的脑中所引起的一种疾病。临床上以脑炎、转圈为特征。

【病　原】　脑多头蚴又称脑共尾蚴或脑包虫，为乳白色、半透明的囊泡，呈圆形或卵圆形，大小取决于寄生部位、发育程度及寄生动物种类。囊壁由2层膜组成，外膜为角质层，内膜为生发层，其上有许多原头蚴，直径为2～3毫米，数量有100～250个。囊内充满液体。

多头带绦虫又称多头绦虫，寄生于犬、狼、狐狸的小肠中，体长40～100厘米，由200～250个节片组成。最大宽度为5毫米。头节小，上有4个吸盘，顶突上有小钩22～32个，孕节子宫每侧有18～26个主侧枝。

虫卵呈圆形，卵内含有六钩蚴。

【生活史】　成虫的孕节随粪便排到体外，被牛、羊等中间宿主吃入而感染。卵内六钩蚴在小肠内逸出，钻入肠壁血管，随血液循环到达脑、脊髓等处，经2～3个月发育为多头蚴。

终末宿主吃到病脑及脊髓而感染，经1.5～2.5个月发育为成虫。成虫在犬体内可生存6～8个月。

【临床症状】 病初病羊呈现脑膜炎或脑炎症状。体温升高，脉搏和呼吸加快，有时高度兴奋，有时沉郁、离群独处。长期卧地，部分病羊5～7天内因急性脑炎而死亡。

大部分羊只感染后2～7个月开始出现典型症状，运动和姿势异常。临床症状主要取决于虫体的寄生部位。寄生于大脑额骨区时，常向患侧做转圈运动，虫体越大，转圈越小，有的病例可使视力减弱或消失。寄生于枕骨区时，头高举。寄生于小脑时，病羊站立或运动失去平衡，行走时步态蹒跚。寄生于脊髓时，行走时后躯无力、麻痹，呈犬坐姿势。症状常反复出现，重症者最后因极度消瘦或主要神经中枢受害而死亡。如寄生多个虫体而又位于不同部位时，则出现综合性症状。

【防治措施】

1. 预防 主要是防止羊感染多头带绦虫，避免犬吃到带有多头蚴的羊、牛等动物脑及脊髓，牧羊犬定期驱虫；避免饲料、饮水被粪便污染。高发区每年给牧羊犬注射2次吡喹酮。

2. 治疗 寄生在大脑表层时可行外科手术摘除。

药物治疗可用吡喹酮，每千克体重100～150毫克，口服，每天1次，连用3天为1个疗程。或用5%～10%敌百虫溶液2～3毫升，注入囊泡内(先抽出囊泡内液体，再注入药液)。或用吡喹酮与经消毒的液状石蜡按1∶10比例研末混合成混悬液，每千克体重30～50毫克，肌内注射，隔2～3天使用1次，连用1～2次。或用吡喹酮1份，混入10份95%酒精中，注射前，吡喹酮酒精与加温的注射用水按1∶1.2比例稀释，每千克体重20～30毫克，静脉注射，每天1次，连用2天。

棘球蚴病

棘球蚴病又称囊虫病、肝包虫病，是由带科、棘球属绦虫幼虫寄生于所有哺乳动物及人而引起的一种疾病。成虫寄生于犬科动

物小肠中，幼虫可寄生于动物及人的任何部位，以肝脏和肺脏为多见。临床上以脱毛、营养不良、消瘦为特征。

【病　原】 细粒棘球绦虫为小型虫体，由1个头节和3～4个节片构成。头节上有4个吸盘，顶突上有2排小钩。成节内含有一组雌雄生殖器官，睾丸35～55个。

幼虫有以下2种类型。

1. 单房型棘球蚴 是细粒棘球绦虫的幼虫，寄生于人以及羊、牛、猪和骆驼体内。大小可由豌豆大至直径10厘米左右。棘球蚴囊壁为2层，外层为角质层，呈乳白色，无细胞结构。内层为胚层(生发层)，胚层生有许多原头蚴，还可向腔内芽生出许多小泡，称为生发囊，生发囊内壁上也生成数量不等的原头蚴。生发囊和原头蚴可从胚层上脱落于囊液中，常见于幼龄绵羊。

母囊内还可生成与母囊结构相同的子囊，甚至孙囊，与母囊一样可长出生发囊和原头蚴。游离于囊液中的生发囊、原头蚴和子囊统称为包囊(棘球砂)。有的棘球蚴囊内的胚层不生出原头蚴，称为不育囊。

2. 多房型棘球蚴 多房型棘蚴虫体较小，由许多连续的小囊构成，囊内没有液体，也没有头节，一般常见于牛体，无感染力。

【生活史】 成虫寄生于犬、狼、狐等肉食动物小肠，孕卵节片脱落后在消化道内逸出，钻入肠壁血管内，随血液循环进入肝脏、肺脏等处，虫卵随粪便排出体外，污染饲料、饮水，被中间宿主吞食后，六钩蚴在消化道内逸出，钻入肠壁血管内，随血循环进入肝脏、肺脏等，经5～6个月发育为成熟的棘球蚴。当终末宿主吞食含有棘球蚴的脏器后，原头蚴在其小肠内经6～7周发育为成虫。成虫在犬体内的寿命为5～6个月。

本病以牧区为多见。犬是动物和人细粒棘球蚴的感染源，人的感染多因直接接触犬，致使虫卵粘在手上再经口感染。通过蔬菜、水果、饮水和生活用具而误食虫卵也可遭受感染。猎人因直接

接触犬和狐狸的皮毛等而感染。

虫卵对外界环境抵抗力强，在5℃～10℃的粪堆中可存活12个月。对化学药物也有较强的抵抗力。

【临床症状】 病羊消瘦，被毛逆立，呼吸困难，咳嗽，体温升高，腹泻，倒地不起。肺部感染时有明显的咳嗽，咳后往往卧地，不愿站起。

【病理变化】 肝脏表面凹凸不平，重量较大，表面有数量不等的棘球蚴囊泡凸起；肝脏实质中也有数量不等、大小不一的棘球蚴囊泡。棘球蚴内含有大量液体。有时棘球蚴发白钙化或化脓。有时在脾、肾、脑、肌肉、皮下也可发现棘球蚴。

【防治措施】

1. 预防 对犬进行定期驱虫，药物可用氢溴酸槟榔碱，每千克体重2～4毫克，口服；或用吡喹酮，每千克体重5毫克，口服。犬粪应做无害化处理。患病器官不得随意喂犬，必须做无害化处理后方可用作饲料；保持圈舍、饲草、饲料和饮水卫生，防止犬粪污染。人与犬等动物接触时，应注意个人卫生和防护。

2. 治疗

(1)丙硫咪唑 每千克体重90毫克，口服，连服2次。

(2)吡喹酮 每千克体重25～30毫克，口服。

人患本病时可用外科手术治疗，也可用丙硫咪唑和吡喹酮治疗。

细颈囊尾蚴病

细颈囊尾蚴病是由带科、泡状带属的泡状带绦虫的幼虫寄生于多种家畜和野生动物引起的一种疾病。临床上以消瘦、腹水、眼结膜黄染为特征。细颈囊尾蚴寄生于猪、牛、羊等的大网膜、肠系膜、肝脏等器官，成虫寄生于犬、狼和狐狸等肉食动物的小肠内。

【病原及生活史】 泡状带绦虫头节上有4个吸盘，顶突上有

26～46 个小钩。孕节全被虫卵充满，子宫有 5～16 对主侧枝。虫体长 75～500 厘米，链体由 250～300 个节片组成。

虫卵为卵圆形，内含六钩蚴，虫卵大小为 36～30 微米×31～35 微米。

细颈囊尾蚴俗称水铃铛，为乳白色囊泡状，囊内充满透明液体，大小如鸡蛋大或更大。囊壁有一个乳白色而具有长颈的头节。孕节或虫卵随粪便排至体外，污染牧草、饲料及饮水，被猪、牛、羊等中间宿主吞食，虫卵内的六钩蚴逸出钻入肠壁血管，随血液循环到达肝脏，并逐渐移行至肝脏表面，进入腹腔内发育。感染后至蚴体到达腹腔需经 18～28 天，在腹腔内再经 34～52 天发育为细颈囊尾蚴。幼虫可寄生于肠系膜和网膜上，也可见于胸腔和肺部，犬、狼吞食了含有细颈囊尾蚴的脏器而感染。成虫在犬体内可生存 1 年左右。

【临床症状】 细颈囊尾蚴对羔羊危害较严重。幼虫在肝脏移行，数量较多时可破坏肝实质和微血管，导致出血性肝炎，此时病羊表现不安、流涎、不食、腹泻和腹痛等症状，可能以死亡告终。慢性型症状不明显，有时可见病羊消瘦、虚弱、结膜黄染，羔羊发育受阻。

【病理变化】 在肝脏、肠系膜、网膜上见有大小不一、数量不等的囊体。急性病例可见肝炎、腹膜炎及肝肿大，表面有出血点，有时有腹水。

【防治措施】

1. 预防 应对犬进行定期驱虫，防止犬进入猪、羊舍内散布虫卵，污染饲料和饮水，勿用屠宰病猪、病羊的废弃物喂犬。

2. 治疗

(1)吡喹酮 每千克体重 15～20 毫克，口服，每天 1 次，连用 2 天。

(2)氯硝柳胺 每千克体重 80～100 毫克，口服。

(3)丙硫咪唑 每千克体重15～25毫克，口服。

反刍兽绦虫病

反刍兽绦虫病是由裸头科、莫尼茨属、曲子宫属和无卵黄腺属的绦虫寄生于羊、牛等反刍动物小肠内引起的一种疾病。临床上以贫血、消瘦、腹泻、水肿为特征。

【病 原】 莫尼茨绦虫呈乳白色长带状，长1～6米，最宽处16～26毫米。头节小，近似球形，上有4个吸盘；无顶突和小钩。体节宽而短，成节内有两组生殖器官，每侧1组，生殖孔开口于节片两侧。卵巢和卵黄腺在体两侧构成花环状，子宫呈网状。睾丸数百个，分布于排泄管内侧。节间腺为环状，在节片后缘横列。

曲子宫绦虫虫体长可达4米，宽12毫米，节片内只有1组生殖器官，左右不规则交替排列。虫体外观边缘不整齐，睾丸分布于排泄管外侧。子宫呈多弯曲的横列状。虫卵呈圆形，无梨形器，每5～15个虫卵被包在一个副子宫器内。

无卵黄腺绦虫体长2～3米，宽2～3毫米，每个节片内只有一组生殖器官，左右不规则排列。睾丸位于排泄管两侧，无卵黄腺和梅氏腺，子宫在节片中央。虫卵呈椭圆形，内含六钩蚴，无梨形器。

【生活史】 莫尼茨绦虫的中间宿主为地螨。虫卵和孕节随粪便排至体外，被中间宿主吞食后，六钩蚴穿过消化道壁进入体腔，发育至具有感染性的似囊尾蚴。含有似囊尾蚴的地螨被羊吞食后进入小肠，扩展莫尼茨绦虫在羊体内经37～40天，贝氏莫尼茨绦虫在羊体内经42～49天，发育为成虫。绦虫在动物体内的寿命为2～6个月。

莫尼茨绦虫的卵在地螨体内发育为似囊尾蚴所需要的时间主要取决于外界温度，在16℃时需107～206天，16℃～20℃时需65～90天，26℃时需51～52天，27℃～35℃时需26～30天。

曲子宫绦虫和无卵黄腺绦虫的发育史尚不完全清楚。

莫尼茨绦虫主要感染羔羊，曲子宫绦虫多见于6~8个月的成年绵羊，4～5个月的羔羊几乎不感染。无卵黄腺绦虫则多见于成年羊。

【临床症状】 病羊表现消化紊乱，经常腹痛、肠臌气和腹泻，粪便中常混有脱落的节片，有时可见一段黄白色虫体吊在肛门处。

羊只逐渐消瘦、贫血、精神沉郁，有时出现痉挛、反应迟钝或消失、空口咀嚼、口吐白沫、转圈运动等神经病状。重症者多因衰竭而死，有时发生肠阻塞和肠扭转。

【病理变化】 肠黏膜出血，肠内有成虫。

【防治措施】

1. 预防 应采用预防性驱虫，在放牧前与舍饲后进行。可在春季放牧后30～35天进行1次驱虫，以后每隔30～35天进行1次，直到转入舍饲为止。

消灭中间宿主，采取深耕土壤、开垦荒地、种植牧草、更新牧地等方法减少地螨的繁衍。避免在低湿草地放牧，有条件的地区可实行轮牧。保护幼畜，粪便发酵处理。

2. 治疗 硫双二氯酚，每千克体重100毫克，一次口服。氯硝柳胺，每千克体重60～70毫克，口服。丙硫咪唑，每千克体重10～20毫克，口服。1%硫酸铜溶液，1～5月龄羔羊15～45毫升，7月龄以上羊45～100毫升，口服。左旋咪唑，每千克体重4～8毫克；丙硫咪唑，每千克体重5～10毫克，混合一次口服。复方7501，由新疆农垦科学院生产，主要成分为阿维菌素、丙硫咪唑等，每千克体重10～15毫克，口服。

中药治疗可用以下方剂。

方剂一：南瓜子75克，槟榔125克，白矾25克，鹤虱25克，川椒25克，水煎灌服。

方剂二：川椒30克，贯仲、使君子、马鞭草各9克，皂荚、鹤虱各6克，与小米汤共调，口服。

方剂三：烟叶 30 克，加水浸泡 1 天，取烟叶水 250 毫升，加入胆矾 1.5 克，再加水 250 毫升，充分混匀，一天分两次服完。

方剂四：贯众 9 克，南瓜子 30 克，槟榔、鹤虱、苏木各 6 克，研末，沸水冲调，候温灌服。

疥螨病

羊疥螨病又称疥疮病，是由疥螨科、疥螨属的疥螨和痒螨寄生于羊皮肤内所引起的一种慢性寄生虫病。临床上以皮肤痒、啃咬皮肤、脱毛为特征。

【病　原】 疥螨虫体呈龟形，背面隆起，腹面扁平，微黄色，大小为 0.2～0.5 毫米．前端口器呈蹄铁形，为咀嚼式。足粗而短，第三、第四对不突出体缘。雄虫的第一、第二、第四对足的末端具有与不分节柄连接的吸盘，无吸盘足的末端则生长有刚毛。

痒螨呈椭圆形，大小为 0.5～0.8 毫米。口器呈长圆锥状，为刺吸式。4 对肢均突出虫体边缘。雌虫第一、第二、第四对足和雄虫第一、第二、第三对足的末端有吸盘。虫体腹面后部有 1 对交合吸盘，尾端有 2 个尾突，其上有 5 根刚毛。第三对肢末端有刚毛。雌虫第一、第二对肢端有吸盘，第三、第四对足有刚毛。吸盘柄长，不分节。

【生活史】 疥螨的一生都寄生在动物体上，并能世代相继生活在同一宿主体上。

雌虫在宿主皮肤内挖凿隧道，以角质层组织和渗出的淋巴液为食，并在此中产卵，一生可产卵 40 万～50 万个。卵经 3～8 天孵化出幼虫，经 3～4 天蜕化变为若虫，再经 3～4 天蜕化变为成虫。全部发育过程需要 2～3 周。雄虫交配后死亡，雌虫产卵后 3～5 周死亡。在适宜条件下，3 个月能繁殖 6 个世代以上。条件不利时停止繁殖，但长期不死，常成为疾病复发的原因。

患病动物和带虫动物通过直接接触或通过被污染的物品间接

接触感染健康动物。

羊只在羊舍潮湿，饲养密度过大，皮肤卫生状况不良时容易发病。尤其在秋末以后，毛长而密，受阳光直射时间减少，皮温恒定，湿度增高，有利于螨的生长繁殖。夏季少发。

【临床症状】 潜伏期2～4周，皮肤发生剧烈的痒觉，病羊不停地在栏柱、墙壁上摩擦，甚至啃咬皮肤。由于渗出使皮肤出现小丘疹和水疱，以后变为脓疱、水疱。脓疱破溃后流出渗出液和脓液，干涸后形成黄色痂皮。病情继续发展，则表皮角质化，结缔组织增生，皮肤变厚，失去弹性，形成皱褶和龟裂。脱毛多见于羊的头、颈、腹下及四肢，脱毛处逐渐向四周扩散，使病变不断扩大，甚至蔓延全身。羊只表现烦躁不安，逐渐消瘦，甚至衰竭死亡。羊群中到处可以见到散落的羊毛，病程可持续2～4周。

【防治措施】

1. 预防 栏舍保持干燥、光线充足、通风良好，动物群密度适宜。清净场引进动物时要进行严格的临床检查，严禁将病原体带入。疑似动物应及早确诊，并隔离治疗。被污染的栏舍及用具用杀螨剂处理。羊群应坚持剪毛后7天进行药浴。

2. 治疗

(1)敌百虫 用0.5%～1%溶液涂擦患部。

(2)溴氰菊酯 每升水加50毫升，喷淋。

(3)伊维菌素 每千克体重0.2毫克，颈部皮下注射，重者隔7～10天再用1次。

(4)巴胺磷 用0.015%～0.02%溶液药浴或淋浴。

(5)二嗪磷(螨净) 用0.025%溶液喷淋或药浴。

(6)橘皮素乙酪脂乳剂 加水配制成0.05%～0.025%溶液药浴，间隔1周后再用1次。

(7)喜农疥螨灵 每升水加150～200毫克，药浴。

(8)20%碘硝酚注射液 3～5毫克/只，肌内或皮下注射。

(9)通灭(多拉菌素) 每千克体重0.2毫克,一次肌内注射。

(10)伊维菌素控释药丸 投入瘤胃,有效浓度可维持100天。

(11)阿维菌素长效缓释油胶注射液 由新疆畜牧科学院生产,每只羊2～5毫升,颈部皮下注射。

中药治疗可用以下方剂。

方剂一:蛇床子、地肤子、苦参各200克,加水煎2次,浓缩煎汁至5 000毫升,过滤后加硫黄100克,搅拌均匀,涂擦患处。

方剂二:狼毒2 000克研末,加煤油250毫升,调匀涂于患部,每隔3天使用1次,连用3次。

方剂三:百草霜、食盐、桐油各100克,调匀涂于患部。

方剂四:升华硫15克,凡士林85克,制成膏涂于患部。

方剂五:百部、大枫子、白芷、马钱子各6克,狼毒12克,苦楝树皮、当归、苦参各9克,棉籽油500毫升,将各药放入棉籽油内炸至呈红色,取汁,加入黄蜡60克,制成膏涂于患部。

方剂六:狼毒500克,硫黄90克,白胡椒45克(炒),研末,加烧开的植物油500毫升,混匀后涂于患部。

方剂七:苦参4份,花椒1份,加水煎汁清洗患部。每次洗2～3遍,隔7天再洗1次。

方剂八:南瓜秧末6份,棉籽油25份,调匀涂于患部。

方剂九;烟叶250克,放入20升水中浸泡24小时去渣,加入雄黄60克,混合均匀,涂于患部。

方剂十:豆油500毫升,溶入食盐50克,涂于患部。

蠕形螨病

蠕形螨病是由蠕形螨科、蠕形螨属的各种蠕形螨寄生于山羊、绵羊毛囊及皮脂腺内引起的疾病。临床上以肩、颈、背、腹、四肢等处形成圆形、椭圆形高出皮肤的粟粒大至红枣大白色结节或脓疮,皮肤变硬、脱毛为特征。

【病　原】 虫体呈细长形，体长0.1～0.39毫米，宽0.04毫米。虫体由颚体、足体及末体组成。颚体呈不规则的四边形，其上有须肢、螯肢和口下板组成的口器。足体腹面有4对3节的短足。雄虫背面有凸起的雄茎，雌虫腹面有阴门。末体长且有明显的横纹。

【生活史】 整个发育阶段包括卵、幼虫、两期若虫和成虫，全部在宿主体上发育。雌虫在毛囊或皮脂腺内产卵，卵孵出有3对足的幼虫，幼虫蜕皮变为有4对足的前若虫，再蜕皮变为若虫，再蜕皮变为成虫。全部发育期为25～30天。

【临床症状】 绵羊多发生于耳、头顶及其他皮肤细嫩部位。皮脂腺分泌物增多，形成粉刺、脓疱，被毛脱落，局部溃疡。

山羊多发生于肩、颈、背、腹、四肢等处，形成圆形和椭圆形高出皮肤的白色结节或脓疮，呈粟粒大至红枣大小，皮肤变硬、脱毛。严重者消瘦、贫血。

根据症状及镜检皮肤结节和脓疱内容物发现虫体即可确诊。

【防治措施】 参见羊疥癣病。

羊狂蝇蛆病

羊狂蝇蛆病是狂蝇科、狂蝇属的羊狂蝇幼虫寄生于羊的鼻腔及其附近腔窦中引起的疾病。临床上以流脓性鼻液、鼻痒（摩擦鼻部）为特征。

【病　原】 羊狂蝇体长10～12毫米，呈淡灰色，略带金属光泽。头大呈黄色，两复眼小且相距较远，口器退化，翅透明。胸部呈灰黄色，有4条不明显的黑色纵纹。腹部有银灰色与墨绿色斑点。

第三期幼虫体长30毫米，前端尖，有2个黑色口钩，腹面扁平，上有多排小刺。背面隆起无刺，成熟后各节上具有深褐色横斑。虫体后端平齐，其上有2个气门板。

【生活史】 成蝇在每年温暖季节出现，尤以夏季为多，营自由生活，不采食，交配后雄蝇死亡。雌蝇在晴朗无风天气时飞翔，突然冲向羊鼻孔，将幼虫产于鼻孔内，一次可产幼虫20～40个，然后立即飞走，数天内可产幼虫500～600个。幼虫被产出后立即爬入鼻腔并向深部移行，在鼻腔、副鼻窦内经2次蜕皮变为第三期幼虫。第三期幼虫向鼻腔浅部移行，随打喷嚏落于地面，钻入土中化为蛹，1～2个月后羽化为成蝇，成蝇寿命为2～3周。羊狂蝇在北方地区每年仅繁殖1代，而在温暖地区则可繁殖2代。

【临床症状】 当成虫侵袭羊群产出幼虫时，羊群骚动，惊慌不安，互相拥挤，频频摇头，或低头奔跑，将鼻孔抵于地面，或将头藏于其他羊的腹下或腿间，严重干扰羊的采食和休息。当幼虫进入鼻腔后，引起发炎和肿胀，导致浆液性、化脓性鼻炎或副鼻窦炎，间或出血，鼻液干涸堵塞鼻孔，造成呼吸困难。羊表现打喷嚏，摇头，摩擦鼻部，眼睑水肿，流泪，食欲不佳，日渐消瘦。数月后症状逐渐减轻，但到第三期幼虫时，虫体增大、变硬，并向鼻孔移行，症状又有所加剧。个别幼虫可进入颅腔损伤脑膜而引起神经症状，病羊表现共济失调，出现旋转运动，即假回旋症，最终可死亡。

【防治措施】 早期化学预防可杀死第一期幼虫，根据当地气候条件决定用药时间，一般在9～11月份进行。

舍内可用80%敌敌畏溶液做气雾处理，剂量为每立方米1毫升，吸雾15分钟后打开门窗。露天气雾处理时，应在温暖无风天气时进行，剂量为每只羊用敌敌畏原液1毫升或50%敌敌畏乳剂2毫升。

也可用10%敌百虫溶液做舍内气雾处理，剂量为每立方米49毫升，吸雾1小时。治疗可用0.03%敌百虫溶液，饮用4天，或每千克体重75～100毫克，一次灌服。秋、冬、春季驱杀一、二、三期幼虫时，可向鼻腔内喷洒2%溶液，剂量为每侧7.5～10毫升。此法在秋季使用最佳。

或用1%伊维菌素溶液,每千克体重0.2毫克,皮下注射。氯硝柳胺,每千克体重5毫克,口服;或每千克体重2.5毫克,皮下注射,可杀死各期幼虫。用敌百虫60克,95%酒精31毫升,蒸馏水31毫升,混合后肌内注射。体重10～20千克的绵羊用0.5毫升,20～30千克用1毫升,30～40千克用1.5毫升,40～50千克用2毫升。或用20%碘硝酚注射液,每只羊3～5毫升,皮下注射。

中药治疗可用百部30克,加水煎至250毫升,每次取30毫升,注入鼻腔,每天2次。

绵羊虱蝇病

绵羊虱蝇属于虱蝇科、虱蝇属,是寄生于绵羊体表的无翅昆虫,有时也寄生于山羊。临床上以剧痒、贫血、啃咬、摩擦、脱毛等为特征。

【病原及生活史】 绵羊虱蝇虫体长4～6毫米,体表革质,密被细毛,头短而宽,与胸部紧密相接,不能活动。口器为刺吸式,复眼小,呈椭圆形,间距大。胸部呈暗褐色。腹部大,呈卵圆形,淡灰褐色,肢强壮并有锐利的爪。虫体寄生于绵羊体表,属永久性寄生虫。雌蝇产出幼虫,一生可产5～15个,幼虫迅速化蛹。蛹呈棕红色,卵圆形,长3～4毫米,经2～4周发育成幼虫。雌蝇可生活4～5个月,1年繁殖6～10个世代。成蝇如离开绵羊体,只能短期生活。

【临床症状】 虫体主要寄生在绵羊的颈、胸、腹、肩等部位,吸食血液,严重感染时引起剧痒,瘦弱,贫血,啃咬或摩擦皮肤,造成被毛机械性脱落和外伤。羔羊受侵害严重时可引起死亡。

【防治措施】 治疗药物和方法可参考疥螨病,剪毛是有效的防治措施。

羊球虫病

羊球虫病是由雅氏艾美耳球虫、浮氏艾美耳球虫、阿氏艾美耳球虫等15种寄生虫所致。它们寄生于绵羊或山羊的肠道上，以引起急性或慢性肠炎为特征。

【病　原】 球虫卵囊呈椭圆形、圆形或卵圆形，囊壁2层，有些种类在一端有微孔，或在微孔上还有突出的微孔帽（极帽），有的微孔下有1～3个极粒，卵内含有一团原生质。具有感染性的卵囊必须含有子孢子，即孢子化卵囊。根据卵囊中孢子囊的有无、数目和每个孢子囊内含有子孢子的数目，将球虫分为以下4个属。

1. 艾美耳属　卵囊内含4个孢子囊，每个孢子囊内含有2个子孢子。

2. 等孢属　卵囊内含2个孢子囊，每个孢子囊内含有4个子孢子。

3. 温扬属　卵囊内含有4个孢子囊，每个孢子囊内含有4个子孢子。

4. 泰泽属　卵囊内无孢子囊，含有8个裸露的子孢子。

【生活史】 球虫属直接发育型，即不需要中间宿主。宿主吞食孢子化卵囊而感染，在消化液的作用下，子孢子逸出卵囊，多数种的子孢子侵入特定肠段的上皮细胞内进行裂殖生殖。经数代无性繁殖后，一部分裂殖子转化为小配子体，再分裂生成许多小配子（雄性），具有2根鞭毛，能运动；另一部分则转化为大配子（雌性）。大、小配子结合为合子，发育成为卵囊。卵囊随宿主粪便排至外界，在适宜的条件下，经数小时或数天发育为孢子化卵囊，即感染性卵囊，被宿主吞食后又重复上述发育过程。裂殖生殖和配子生殖在宿主体内进行，称为内生性发育；孢子生殖是在外环境中完成，称为外生性发育。

能使羊只感染的球虫有15种，均寄生于绵羊或山羊的肠道上皮细胞引起急性或慢性肠炎。致病力最强的是雅氏艾美耳球虫，其次为浮氏艾美耳球虫、错乱艾美耳球虫和阿氏艾美耳球虫等。

本病主要危害绵羊和山羊的羔羊，发病重，病死率高。成年羊多数为带虫者。发病多在春、夏、秋三季，冬季很少发生。突然更换饲料、羊圈潮湿或在低洼地上放牧均易感染本病。

【临床症状】 急性型多见于1岁以下的羔羊，精神不振，食欲减退或消失，饮欲增加，腹泻，粪便中带血并有大量卵囊，气味恶臭。病羊迅速消瘦、贫血，有时腹胀、脱毛，眼、鼻黏膜发生卡他性炎症。最终因衰竭而死亡。

慢性型表现长期腹泻、贫血、消瘦、发育迟缓。

【防治措施】

1. 预防 羔羊与成年羊分群饲养和放牧，及时清扫羊舍，每周用3%～5%热氢氧化钠溶液消毒地面、饲槽和饮水槽等。哺乳母羊乳房要经常擦洗，避免突然更换饲料，注意使用药物预防。

2. 治疗

(1)硝苯酰胺 每千克体重25～50毫克，口服，每天1次，连用5～7天。

(2)氨丙啉 每千克体重20～75毫克，口服，每天1次，连用4～5天。

(3)磺胺二甲嘧啶 每千克体重50毫克，口服，连用1～3周，首次量加倍。

(4)盐霉素 每千克体重2毫克，混料拌服，连用1周。

(5)盐霉素钠(沙利诺麦新) 每100千克饲料添加60克，混料喂服。

(6)磺胺-6-甲氧嘧啶、甲氧苄啶 按5：1比例配合，每千克体重0.1克，口服，每天1次，连用2天。

(7)磺胺喹噁啉 按0.1%比例拌料喂服，连用3～5天。

(8)三字球虫粉 配成10%水溶液，每10千克饲料用10毫

升，拌料口服，连用3～5天。

(9)莫能霉素 每千克体重20～30毫克，拌料喂服，连用7～10天。

羊焦虫病

焦虫病是由泰勒科和巴贝斯科的各种梨形虫寄生于动物红细胞内引起的疾病，是一种通过蜱传播的血液原虫病。临床上以体温升高至40℃～42℃，久热不退，呈稽留热，体表淋巴结肿大为特征。

【病 原】 各种巴贝斯焦虫在红细胞中的形态均呈多样性，有梨籽形、圆形、卵圆形、环形、阿米巴形等，其中以梨籽形虫体的大小、在红细胞内的排列方式和位置等形态学特征具有种类鉴定意义。巴贝斯虫可以分为两类：长度在3微米以上的为大型虫体，虫体大于红细胞半径，有2团染色质且位于虫体边缘，2个梨籽形虫体以其尖端成锐角相连，呈现双梨籽形；另一类长度不超过2.5微米的为小型虫体，虫体小于红细胞半径，体内只有1团染色质，也位于虫体边缘，2个梨籽形虫体以其尖端成钝角相连，呈双梨籽形，或4个梨籽形虫体以其尖端相连，呈“十”字形。

泰勒焦虫在不同的发育阶段具有不同的形态。配子体见于红细胞内，称为血液型虫体。虫体很小，为0.5～2.1微米，具有圆环形、卵圆形、杆形、梨籽形、逗点形、圆点形、十字形、三叶形等各种形状，其中以圆环形和卵圆形虫体占多数，高峰时可达70%～80%。裂殖体是在巨噬细胞和淋巴细胞内进行裂殖繁殖所形成的多核裂殖体(又称石榴体或柯赫氏蓝体)，呈圆形、椭圆形或肾形，大小为8～27微米。

【生活史】 巴贝斯焦虫需要转换2个宿主才能完成其发育，一个是哺乳动物，另一个是一定种属的蜱。巴贝斯焦虫在蜱体内发育，并通过它来传播。在哺乳动物的红细胞内行二分裂或外出芽生殖,1个母细胞可生成2个或4个子细胞。红细胞破裂后,释放出的虫体侵入新的红细胞重复上述繁殖过程。

当含有虫体的红细胞被蜱吸食以后,虫体在蜱的消化道上皮细胞内进行裂殖生殖,形成虫样体再经马氏管进行复分裂繁殖,产生的裂殖子移行到蜱的卵巢,经卵传递给下一代幼蜱,先后在幼蜱的肠上皮细胞和唾液腺进行裂殖生殖,最后发育为具有感染性的虫体,由蜱的幼虫、若虫或成蜱传播,称为经卵传递,这种方式最多;另一类不经卵传递的巴贝斯焦虫,是在幼蜱或若蜱的肠上皮细胞内裂殖生殖,形成虫样体后,寄生于蜱的肌肉组织中,待蜱变为下一个发育阶段的若蜱或成蜱时,移行至唾液腺进行裂殖生殖,产生具有感染性的虫体,这种方式称为期间传递,即在蜱的同一个世代内进行传播。当带虫蜱在哺乳动物体上吸血时,感染性虫体随蜱的唾液注入,侵入细胞进行发育。

泰勒焦虫在发育中需要9个宿主,在羊体内进行无性繁殖,在蜱体内进行有性繁殖。感染泰勒虫的蜱在羊体吸血时,子孢子随蜱的唾液进入羊体,首先侵入局部淋巴结的巨噬细胞和淋巴细胞内进行裂殖繁殖,形成大裂殖体(无性型),继而破裂为许多大裂殖子,然后侵入其他巨噬细胞和淋巴细胞内,重复上述裂殖繁殖过程。与此同时,部分大裂殖子可随淋巴和血液向动物全身散播,侵入脾、肝、肾、淋巴结、皱胃等各器官的巨噬细胞和淋巴细胞进行数代裂殖增殖,形成的小裂殖体(有性型)发育成熟后破裂产生许多小裂殖子,进入红细胞变成雌性或雄性配子体(血液型虫体)。

当蜱吸食病羊血液时,配子体随红细胞进入蜱消化道,逸出红细胞的配子体发育为雌、雄配子,两者结合为合子,进一步发育为动合子,移行到蜱的唾液腺内进行孢子生殖,产生许多子孢子。当蜱再叮咬羊时,将子孢子注入羊体,重新开始在羊体内的发育和繁殖。病原的传播者——硬蜱吸食羊血液时,病原又进入蜱内发育,如此周而复始,流行发病。

【临床症状】 病初体温升高至40℃～42℃，呈稽留热，病羊精神沉郁，食欲减退，呼吸和脉搏加速。可视黏膜由潮红转苍白，并轻度黄染，有时有小出血点。体表淋巴结肿大，呈核桃大小，坚硬有压痛。症状缓和者，病程可达3周。

【病理变化】 血液色淡、稀薄、凝固不全，可见黏膜与皮下结缔组织苍白或黄染。脾脏肿大，切面呈紫红色。肝脏充血、肿大，切面呈灰棕色。胆囊肿大2～4倍。肾脏和膀胱出血肿大，大量红色尿液充满肾盂和膀胱。

【防治措施】

1. 预防 灭蜱并科学放牧，要特别做好舍内灭蜱，在成蜱活动期可采取离舍放牧的方法避开蜱的侵袭。同时，应注意牧场灭蜱，在发病季节应避免到山地和次生林地放牧，可转移到平原放牧或舍饲。加强检疫，凡引入动物要进行血液寄生虫学检查，发现患病动物应及时隔离治疗，同群动物进行药物预防。

2. 治疗

(1)硫酸喹啉脲(阿卡普林、抗焦虫素注射液) 抗焦虫效果最好。每千克体重1毫克，配成1%～2%的水溶液，皮下注射。该药不良反应较大，但若配合硫酸阿托品，可预防或减轻其不良反应。

(2)贝尼尔(血虫净) 每千克体重5～7毫克，用时配成7%注射液，臀部深层肌内注射，每天1次，连用2～3天。

(3)黄色素 每千克体重3～4毫克，极量不得超过2克。以生理盐水或5%葡萄糖注射液稀释成0.5%～1%注射液，一次静脉注射，也可1～2天后再用药1次。使用本药后病羊对光敏感，数天之内应避免日光直接照射。

(4)台盼蓝(锥蓝素)或台盼红(锥红素) 每千克体重5毫克，用生理盐水配成1%注射液，静脉注射。

(5)青蒿琥酯 每千克体重5毫克，口服，首次用量加倍，每天

2次，连用3～4天。

弓形虫病

弓形虫病是由弓形虫科、弓形虫属的龚地弓形虫所引起的人兽共患寄生虫病。临床上以体温升高、呈稽留热型，腹泻、咳嗽和呼吸困难为特征。

【病　原】 只有1个种，即龚地弓形虫，但有不同的虫株。全部发育过程中可有5种不同形态的阶段，即5种虫型：滋养体和包囊两型出现在中间宿主体内；裂殖体、配子体和卵囊只出现在终末宿主体内。

1. 滋养体（速殖子） 呈月牙形或香蕉形，一端较尖，一端钝圆，大小为4～7微米×2～4微米，经姬姆萨或瑞氏染色后，胞质呈淡蓝色，有颗粒，核呈深蓝色，位于钝圆一端。滋养体主要出现于急性病例的腹水中，常可见到游离于细胞外的单个虫体；在单核细胞、内皮细胞、淋巴细胞等有核细胞内，可见到正在进行内双芽增殖的虫体；有时在宿主细胞的胞质里，许多滋养体簇集在被宿主细胞膜包绕的假包囊内。

2. 包囊（组织囊） 见于慢性病例的脑、骨骼肌、心肌和视网膜等处。包囊呈卵圆形，有一层较厚的囊壁，囊内的滋养体称慢殖子，可不断增殖，由数十个至数千个。包囊直径50～60微米，并随虫体的繁殖而逐渐增大。包囊在一定条件下可破裂，慢殖子重新进入新的细胞内繁殖形成新的包囊，可长期在组织内生存。

3. 裂殖体 在终末宿主猫的小肠绒毛上皮细胞内发育增殖。成熟的裂殖体为长椭圆形，内含4～20个裂殖子，呈扇状排列。裂殖子形如新月状，前尖后钝，较滋养体小。

4. 配子体 由游离的裂殖子侵入另一个肠上皮细胞发育形成配子母细胞，进而发育为配子体。雌配子体较大，发育为雌配子；雄配子体较小，发育为雄配子。雌、雄配子结合形成合子，由合

子发育为卵囊。

5. 卵囊 刚从猫粪便排出的卵囊为圆形或椭圆形，大小为10～12微米，具有两层光滑透明的囊壁，内充满均匀小颗粒。成熟的卵囊含有2个孢子囊，每个孢子囊含有4个子孢子。

【生活史】 弓形虫全部发育过程需要2种宿主，完成有性生殖和无性生殖阶段。在猫体内完成有性世代，故猫是弓形虫的终末宿主(同时也进行无性增殖，兼为中间宿主)；其他动物和人为中间宿主，在其体内只能完成无性繁殖。有性繁殖只限于在猫科动物小肠上皮细胞内进行，称肠内期发育。无性繁殖阶段可在其他组织、细胞内进行，称肠外期发育。

中间宿主吃入猫排出的卵囊或含有滋养体或包囊的病肉而感染。在肠内逸出的子孢子、滋养体和慢殖子，进入血液和淋巴循环而扩散至全身各器官组织、细胞内发育繁殖，直至细胞破裂，滋养体重新侵入新的组织、细胞，反复繁殖。在免疫功能正常的机体，部分滋养体侵入宿主细胞后，特别是脑、眼、骨骼肌的虫体繁殖速度减慢，并形成包囊，包囊在宿主体内可存活数月、数年，甚至终生。当机体免疫功能低下或长期应用免疫抑制剂时，组织内的包囊可破裂，释放出缓殖子，进入血流和其他组织细胞继续发育繁殖。包囊也是中间宿主之间或是终末宿主之间互相传播的主要形式。

终末宿主猫吞食孢子化卵囊或中间宿主器官组织中的滋养体或包囊后，子孢子、滋养体或慢殖子侵入小肠上皮细胞进行裂殖生殖，产生大量的裂殖子，经过数代裂殖生殖后，部分裂殖子进行配子生殖，最后产生卵囊排出外界，在适宜的条件下，经2～4天发育为感染性卵囊。猫吞食不同发育期虫体后排出卵囊的时间不同，吞食包囊后3～10天就能排出卵囊，而吞食滋养体或卵囊后需20天以上。因此，猫吃入中间宿主体内的包囊是弓形虫生活史的最佳途径。受感染的猫，一般每天可排出卵囊1 000万个，可持续

10～20 天。

患病动物和带虫动物(包括终末宿主)均为感染来源。猫主要是吃入感染弓形虫的鼠以及患病或带虫动物的肉而感染;草食动物主要是吃入被卵囊污染的牧草和饲料而感染;其他动物和人可因吃入含有各发育期弓形虫的奶、肉和脏器,以及被卵囊污染的食物、饲料和饮水而感染。急性期动物的分泌物和排泄物均可能含有弓形虫,可因其污染环境而造成各种动物的感染。感染途径主要是消化道,也可通过呼吸道、损伤的皮肤和黏膜以及眼等感染。经胎盘感染也是一个重要的途径。

弓形虫的宿主极为广泛,动物年龄小、免疫状态差和营养低下者易感,动物的阳性率可达 10%～50%。造成广泛流行的原因主要是弓形虫的多个生活史期都具有感染性,中间宿主广,可在终末宿主与中末宿主之间、中间宿主与中间宿主之间多向交叉传播,包囊可长期生存在中末宿主组织内,以及卵囊排出量大,且对环境抵抗力强。本病季节性不明显。

【临床症状】 大多数成年羊呈隐性经过,主要表现妊娠母羊在分娩前 4～6 周流产,少数羊只废食,体温升高,呈稽留热型。腹泻,咳嗽,呼吸急促,腹式呼吸,每分钟达 80 次以上。眼流泪或流清鼻液。发病后数天出现神经症状,肌肉震颤,腰和后肢摇摆,共济失调。病程 2～8 天,常发生死亡。

【病理变化】 淋巴结肿大,有出血点,边缘有小结节。肺表面有散在小出血点和同心圆状结节,肾脏也有相同结节。肺和心脏等器官肿大,有许多出血点和坏死灶。肠道重度充血,肠黏膜可见坏死灶。肠腔和腹腔内积液。慢性病例多可见内脏器官水肿,并有散在的坏死灶。

【防治措施】

1. 预防 主要应防止猫粪便污染饲料和饮水,消灭鼠类。对病死动物和流产胎儿要深埋或高温处理;加强检疫,对患病动物及

时隔离治疗。禁止用生肉或未熟的肉喂猫或其他动物；防止饲养动物与猫、鼠接触；加强饲养管理，提高动物抗病能力。

2. 治 疗

(1)磺胺嘧啶或磺胺间甲氧嘧啶　每千克体重30～50毫克，一次静脉注射。

(2)磺胺对甲氧嘧啶　每千克体重30～50毫克，一次静脉注射，每天1次，连用3～5天。

(3)磺胺甲氧吡嗪　每千克体重30毫克，配合甲氧苄啶，每千克体重10毫克，混合一次口服，每天1次，连用3～5天。

(4)氯苯胍　每千克体重10～15毫克，一次口服，每天2次，连用3～5天。

(5)盐酸林可霉素　0.2～0.5克，口服，每天1次，连用21天。

(6)螺旋霉素　每千克体重10～15毫克，一次口服，每天1次，连用2～3天。

第三节　内科病防治技术

口　炎

口炎也称口膜炎，是口腔黏膜炎症的总称，包括齿龈炎和舌炎。临床上以食欲部分或完全丧失、咀嚼障碍和流涎等为特征。

【病　因】　原发性病因主要由于口黏膜遭受机械性、化学性等刺激引起，如尖锐异物以及锐齿直接损伤口腔黏膜；化学性物质、有毒植物的刺激；或灌服过热的药液烫伤，或霉败饲料的刺激等。也常继发于换牙、咽炎、维生素A缺乏症、佝偻病以及汞、铜、铅和氟中毒以及某些传染病等。

【临床症状】　口炎初期，口黏膜潮红、肿胀、疼痛，口温增高，采食、咀嚼缓慢，流涎，口角附着白色泡沫。唇内面、硬腭、口角、颊、舌缘、舌尖以及齿龈有粟粒大乃至蚕豆大透明水疱，3～4天后，破溃形成鲜红色烂斑。体温间或轻微升高。口腔疼痛，食欲减退，5～6天后痊愈。

【防治措施】

1. 预防 首先应注意搞好经常性饲养管理，合理调配饲料，避免使用刺激性药物。改善饲养环境，给予优质青干草、营养丰富且富有维生素的青绿饲料和块根饲料。

2. 治疗 1%食盐水或2%～3%硼酸溶液洗涤口腔，每天3～4次。或用1%白矾溶液、1%鞣酸溶液或0.1%黄色素溶液冲洗口腔，然后用2%硼酸钠甘油混悬液、1%磺胺甘油混悬液涂于患部，并用维生素E和维生素C肌内注射，疗效良好。防止继发感染，应及时应用磺胺类药物或抗生素，以提高治疗效果。

中药治疗可用以下方剂。

方剂一：青黛、黄连、黄柏、薄荷、桔梗、儿茶各等份，研末，装入袋内，在水中浸湿，让病羊含于口内。

方剂二：硼砂6克，青黛12克，冰片5克，研末，涂抹口腔。

方剂三：儿茶3份，柿霜5份，枯矾、冰片各2份，研末，撒在溃疡面上。

方剂四：黄柏适量，加蜂蜜少许，用铁锅微火焙炒，撒敷患处，每天2次。

方剂五：生姜捣烂取汁涂于患部。或用干姜(炒黑)6份，黄连1份，研末涂于患处。

方剂六：百草霜(锅底灰)20份，加食盐3份，研末，涂于患处。

方剂七：白矾、食盐等份，研末，涂于患处。

方剂八：白扁豆50克，煎汁清洗创面，然后用黄连、冰糖各等份，研为细末，撒布患处。

方剂九：生姜30克，绿豆100克，红枣30个，加水煎汁，口服。

食管阻塞

食管阻塞是羊食管内被食物或异物堵塞而发生的疾病。临床上以突然紧张不安、做吞咽动作、大量流涎和瘤胃臌胀为特征。

【病　因】　常因羊吞食马铃薯、甘薯、玉米穗、甜菜等，其停滞在食管中而导致堵塞不通。有原发性和继发性之分，原发性食管无器质性病变且功能正常，只因异物阻塞所致；继发性则是因食管麻痹、狭窄或因其他相关疾病所致。其中以原发性食管阻塞为常见。

【临床症状】　发病前一切正常，病羊突然停止饮食，骚动不安，摇头，伸头缩颈，张口伸舌或空口咀嚼，口、鼻流出大量泡沫状液体，阵发短咳，常表现吞咽动作。因食物阻塞部位及程度不同，其临床表现有所差异。

食管不完全阻塞时，可咽下流体食物或饮水，臌胀及其他症状也较轻微。

颈部食管阻塞时，病羊伸颈抬头，流涎，兴奋不安，空嚼，咳嗽，呃逆。在左侧静脉沟内，可摸到阻塞硬块，触压硬块上部食管，可感到液体和气体，胃管探查不能进入胃内，常有继发性瘤胃臌气。

食管完全阻塞时，瘤胃臌气和呼吸困难比较严重。尖锐性异物阻塞食管常引起穿孔，局部皮下可能发生气性水肿。

【防治措施】

1. 预防　要加强饲料加工调制工艺，块根类饲料应切碎、切小，饼类饲料应粉碎泡软。饲喂时先给青贮饲料、精饲料，后给块根饲料。其次，加强饲料的保管，块根类集中堆放，防止羊只偷食。羊舍、运动场内不应有金属物体和玻璃片，以防羊只将其吞入。

2. 治疗　食管阻塞发病急骤，病情重剧，且常伴有瘤胃臌胀，治疗时应尽快除去阻塞物。瘤胃臌胀严重时，应及时用套管针进行瘤胃穿刺放气。在阻塞物尚未清除前，不要拔出套管针，直至阻塞物除去为止。

(1)掏取法　阻塞物位于咽或食管上部时,将羊保定,装上开口器,助手在颈部将异物固定,术者用手或镊子通过口腔伸入咽腔将梗阻物取出。若阻塞物在颈部食管,且为坚硬圆滑物,可用2%盐酸普鲁卡因注射液注入咽部和食管,或用2%静松灵注射液2毫升肌内注射。助手可沿两侧颈静脉沟向上挤压,将阻塞物挤压到咽部固定,术者再用手伸进咽部取出。

(2)推送法　用灭菌蒸馏水将0.2毫克硝酸毛果芸香碱稀释至5毫升,皮下注射。待药物起作用后,若为颈部食管阻塞,用手触摸到阻塞物后将其轻轻向口腔方向推送;若为胸部食管阻塞,用胃管向下轻轻推送。

(3)外科手术法　金属异物、木屑、玻璃片等阻塞食管时,为防止食管破损,不应强行掏取、推送和按摩,可采用食管切开术取出异物。

前胃弛缓

前胃弛缓是由各种原因导致的前胃兴奋性降低、收缩力减弱,瘤胃内容物不能正常消化和后移,在前胃内产生大量腐败和酵解的有毒物质,引起消化障碍,食欲、反应减退以及全身功能紊乱的一种疾病。本病是羊的一种多发病,特别是舍饲羊群更为常见。

【病　因】 饲料过于单纯,长期饲喂粗纤维多、营养成分少的稻草、麦秸、豆秸、甘薯蔓、花生蔓等,使消化功能陷于单调和贫乏,一旦变换饲料,即引起消化不良。其次是草料质量低劣,多因饲草饲料缺乏,利用野生杂草、作物秸秆以及棉花秆、小杂树枝饲喂羊只,由于纤维粗硬,刺激性强,难于消化,常导致前胃弛缓。受热的青绿饲料、冻结的块根类饲料、变质的青贮饲料以及霉败的酒糟、豆渣、粉渣、豆饼、花生饼、棉籽饼等糟粕饲料,饲喂后也容易导致消化障碍而引发本病。

【临床症状】 病羊突然食欲减退或废绝，饮欲增加，有的出现异嗜，反刍减少或完全停止，有的常有便秘，粪便色深并附有黏液，病羊拱背磨牙。瘤胃时有间歇性臌气，触诊瘤胃松软，蠕动力量减弱，次数减少，持续时间短，甚至蠕动消失。病羊站立时，四肢紧靠身体，低头伸颈，拱背。

慢性型通常多为继发性因素所引起，或由急性型转变而来，多数病例食欲不定，发生异嗜，反刍不规则，大多数病羊饮水减少，反刍停止，呈间歇性臌气，触诊瘤胃有坚硬感。

【防治措施】

1. 预防 应注意饲养管理，禁止突然变更饲料或任意加料。注意劳逸结合和适当运动，减少应激反应。

2. 治疗 病初禁食1～2天，然后饲喂适量富有营养、容易消化的优质干草或放牧，迅速改善饲养管理。

初期宜用硫酸钠或硫酸镁50～100克，鱼石脂5～10克，温水600～1 000毫升，混合后一次口服；或用液状石蜡100毫升，苦味酊5～10毫升，一次口服，以促进瘤胃内容物运转与排除。

使用氨甲酰胆碱0.25～0.5毫克，或新斯的明2～4毫克，或2%硝酸毛果芸香碱注射液1毫升，皮下注射（对病情危急、心脏衰弱、妊娠母羊则禁止应用，以防虚脱和流产）。

用10%氯化钠注射液50毫升，5%氯化钙注射液50毫升，20%安钠咖注射液5～10毫升，静脉注射，可促进前胃蠕动。

防腐制酵可用稀盐酸5～10毫升，酒精10～15毫升，3%来苏儿溶液3～5毫升，常水500毫升，或鱼石脂3～5克，酒精5毫升，常水1 000毫升，一次口服，每天1次。伴发瓣胃阻塞时，可先用液状石蜡100毫升口服，同时应用新斯的明或氨甲酚胆碱，促进前胃蠕动及其排除作用，连用数天。若不见效，即做瘤胃切开，取出其中内容物，冲洗瓣胃。

伴发脱水和自体中毒时，可用25%葡萄糖注射液100～200

毫升，静脉注射；或用5%糖盐水500～1 000毫升，40%乌洛托品注射液10～20毫升，20%安钠咖注射液5～10毫升，静脉注射。或用50%葡萄糖注射液100毫升，维生素B_1注射液10毫升，20%安钠咖注射液2毫升，静脉注射，每天1次，连用3～4天。

中药治疗可用以下方剂。

方剂一：党参10克，白术7克，茯苓7克，炙甘草10克，陈皮8克，黄芪8克，当归8克，红枣10克，水煎去渣口服，每天1剂，连用2～3天。

方剂二：红糖25克，生姜20克(捣碎)，沸水冲调，候温灌服。

方剂三：茯苓15克，泽泻9克，党参、白术、黄芪、苍术各8克，青皮、木香、厚朴各7克，甘草6克，研末，沸水冲调，候温口服。

方剂四：熟石灰5克，白糖50克，水500毫升，口服，每天1次，连用3天。

方剂五：石膏40～60克，知母30克，枳实10克，厚朴15克，煎汁口服。

方剂六：滑石粉100～150克，丁香10～15克，肉豆蔻10～15克，煎汁口服。

瘤胃积食

瘤胃积食也叫瘤胃滞症，中兽医称为宿草不转，是因前胃收缩力减弱或采食大量难于消化的饲草或容易膨胀的饲料蓄积于瘤胃中所致，临床上以急性瘤胃扩张，瘤胃容积增大，内容物停滞和阻塞为特征。

【病　因】 本病是羊最常见的多发病之一，山羊比绵羊多发，老龄母羊较易发病。主要见于贪食大量青草、苜蓿、红花草(紫云英)或甘薯、胡萝卜、马铃薯等饲料；或因饥饿采食大量谷草、稻草、豆秸、花生秧、甘薯蔓等，加上饮水不足，导致难以消化所致。

【临床症状】 有一次采食量过多的病史。本病发展迅速，通

常在采食后数小时内发病。病羊神情不安,目光凝视,间或后肢踢腹,有腹痛表现。拱背,不断起卧。腹围增大,左侧瘤胃上部胀满,中、下部向外突出。腹痛,按压瘤胃,内容物充满、坚硬,甚至不易压下,拳压留有压痕。瘤胃蠕动力量减弱,蠕动次数减少。

【防治措施】

1. 预防 本病的预防在于加强经常性饲养管理,防止突然变换饲料或过食,应按日粮标准饲养。避免外界各种不良因素的刺激和影响,保持羊只健康状态。

2. 治疗 首先禁食,并进行瘤胃按摩,每次 5～10 分钟,每隔 30 分钟 1 次。或先灌服大量温水,随即按摩,效果更好。

酵母粉 50～100 克,1 天分 2 次口服,具有化食作用。

液状石蜡 100 毫升,硫酸镁 50 克,芳香氨酯 10 毫升,水 500 毫升,混合后一次口服。

硫酸镁或硫酸钠 50～100 克(配成 8%溶液),液状石蜡或植物油 50～100 毫升,鱼石脂 5～10 克,75%酒精 20～50 毫升,常水 1 000～2 000 毫升,混合后一次口服。

促进前胃蠕动可用 2%硝酸毛果芸香碱注射液 1 毫升,或 0.1%新斯的明注射液 1 毫升,皮下注射(心脏功能不全与妊娠母羊忌用)。也可用 10%氯化钠注射液 50～100 毫升,静脉注射。或用人工盐 50 克,大黄末 10 克,龙胆末 10 克,复合维生素 B 50 片,一次口服。

制酵防腐可用鱼石脂 1～3 克,陈皮酊 20 毫升,加水适量,口服。或煤油 3 毫升,加水 250 毫升,混匀口服。

防止脱水,解除自体中毒宜用 5%糖盐水 300 毫升,20%安钠咖注射液 2 毫升,10%维生素 C 注射液 3～5 毫升,静脉注射,每天 2 次。或用 5%碳酸氢钠注射液 100 毫升,5%葡萄糖注射液 200 毫升,静脉注射。

当血液碱储下降、酸碱平衡失调时,宜用 5%碳酸氢钠注射液

50～100 毫升或 11.2%乳酸钠注射液 30～50 毫升，静脉注射，以解除酸中毒。在病程中，继发瘤胃臌胀时，应及时穿刺放气，以缓解病情。药物治疗无效时，尽快进行瘤胃切开术。

中药治疗可用以下方剂。

方剂一：陈皮、神曲、山楂、莱菔子各 10 克，枳壳、枳实、厚朴各 6 克，水煎取汁，口服。

方剂二：大黄 9 克，芒硝 15 克，枳壳、厚朴各 7 克，陈皮、麦芽、山楂、神曲各 6 克，槟榔、木香、香附各 5 克，水煎口服。

方剂三：郁李仁、大黄各 10 克，麻仁 15 克，枳实、厚朴各 6 克，芒硝 20 克，牵牛子、槟榔、神曲、食盐各 8 克，水煎取汁，口服。

方剂四：芒硝、枳壳各 10 克，山楂、麦芽、神曲、炒牵牛子、郁李仁、槟榔各 5 克，水煎取汁，口服。

方剂五：莱菔子 250 克(捣碎)，菜油 150 克，口服。

瘤胃臌气

瘤胃臌气是因羊只采食大量容易发酵的饲料，产生大量气体，或因其他原因造成瘤胃内气体排除困难，气体在瘤胃和网胃内迅速积聚，导致肺与胸腔脏器受到压迫，引起呼吸与血液循环障碍，甚至窒息死亡的一种疾病。临床上以腹部臌胀，触诊有弹性，叩诊呈鼓音，呼吸极度困难为特征。

【病　因】 本病多发于绵羊，山羊少见。发病原因主要是采食了大量易发酵的青绿饲料，特别是舍饲转为放牧的羊群，最容易发生急性瘤胃臌气。

【临床症状】 有采食大量易发酵性饲料病史。病羊站立不动，拱背，腹部臌胀，左肷部突出。触诊有弹性，叩诊呈鼓音。病羊张口伸舌，有嗳气或食物反流症状。瘤胃蠕动初强盛后减弱，甚至完全消失。体温正常，呼吸极度困难，严重时可视黏膜呈紫红色。

【防治措施】

1. 预防 预防本病应着重加强饲养管理，在放牧或改喂青绿饲料前1周，先饲喂青干草、稻草，然后放牧或青饲，以免饲料骤变发生过食。幼嫩牧草采食后易发酵，应晒干后掺杂干草饲喂，饲喂量应有所限制。放牧时还应注意在茂盛牧区和贫瘠草场进行轮牧，避免羊只过食。

2. 治疗 病初，使病羊头颈抬举，用草把适度按摩腹部，促进瘤胃内气体排除。或用木棒涂3%来苏儿溶液，给病羊衔在口内，同时按摩瘤胃，促进气体排除，也能奏效。当发生窒息危险时，首先应用套管针进行瘤胃穿刺放气，防止窒息。

止酵消沫可应用松节油3～5毫升，鱼石脂3～5克，酒精5～10毫升，加适量温水或8%氧化镁溶液100～200毫升，一次口服，具有消胀作用。

非泡沫性臌气在放气后，宜用稀盐酸5～10毫升，或鱼石脂3～5克，酒精10毫升，常水1 000毫升。

放气后用25%普鲁卡因溶液5～10毫升、青霉素100万单位，注入瘤胃，效果更佳。

泡沫性臌气，宜用表面活性药物，如二甲硅油，每只羊用0.5～1克；或用消胀片5～10片，口服，能迅速奏效。或用植物油300毫升，温水500毫升，制成油乳剂，口服。松节油5～10毫升，液状石蜡100～200毫升，常水适量，一次口服。8%氢氧化镁混悬液100毫升，口服。酒精、食醋各50毫升，水300毫升，混合后一次口服。乳酸15～20毫升，水400毫升，口服。克辽林5～10毫升，水500毫升，口服。3%来苏儿溶液5～10毫升，水400毫升，口服。40%甲醛溶液2～5毫升，水300～400毫升，口服。

健胃消导可用2%～3%碳酸氢钠溶液进行瘤胃洗涤，以调节瘤胃内容物pH值。

在治疗过程中，应注意病羊全身状态，及时强心补液。

使用消除泡沫性臌气药物治疗无效时，应立即进行瘤胃切开术，常可获得良好疗效。

中药治疗可用以下方剂。

方剂一：轻度臌气时，可在病羊口中放入食盐颗粒 20～30 克。

方剂二：白萝卜 500 克，大蒜 10 克，榨汁后加糖 30 克、醋 100 毫升，口服。

方剂三：莱菔子 15 克，芒硝 30 克，大黄 8 克，滑石 10 克，研末，加食醋和食用油各 100 毫升，口服。

方剂四：鲜酢浆草 500 克，莱菔子 150 克，捣烂后加水 5 升煎至 4.5 升，加食盐 100 克，口服。

方剂五：新鲜草木灰 20 克，植物油 50～100 毫升，混匀后口服。

方剂六：小茴香 25 克，藿香、香附各 20 克，广木香 15 克，丁香 10 克，研末，加植物油 500 毫升，口服。

方剂七：食醋 50 毫升，植物油 100 毫升，加水适量，口服。

方剂八：食用碱 10 克，加水溶解后与植物油 150 毫升混合，口服。

方剂九：烟叶、花椒各 200 克，水煎，口服。

方剂十：莱菔子 300 克，大蒜 120 克，捣碎加芝麻油 150 毫升，口服。

方剂十一：臭椿皮或叶 250 克，捣烂，口服。

方剂十一：小茴香 20～30 克，研末，沸水冲调，候温灌服。

瘤胃酸中毒

瘤胃酸中毒又称谷物过食症、乳酸酸中毒、酸性消化不良、过食豆谷综合征，是羊大量采食或偷食谷物饲料过多，从而引起瘤胃内乳酸异常发酵，使瘤胃内微生物区系和纤毛虫生理活性降低而导致的一种疾病。临床上以瘤胃胀满、视觉障碍、神经兴奋、眼窝

下陷、腹泻为特征。

【病　因】 是由于采食过量精饲料或长期饲喂酸度过高的青贮饲料,在瘤胃内产生大量乳酸等有机酸而引起的一种代谢性酸中毒。绵羊、奶山羊等均可发生。

【临床症状】 有过食豆、谷等精饲料的病史。发病急骤,病程短,一般在大量采食后4～8小时发病。

病羊可见精神沉郁,食欲、反刍停止,瘤胃胀满,视觉障碍,中枢神经兴奋,眼窝下陷,脱水,酸中毒,腹泻或排便减少,尿量减少等。急性病例4～6小时死亡,耐过病羊如病期延长也多死亡。

【防治措施】

1. 预防 本病的预防在于加强饲养管理,增强前胃神经反应性,促进消化功能,保持羊只健康水平。在放牧或改喂青绿饲料前1周,先饲喂青干草、稻草,然后放牧或青饲,以免饲料骤变发生过食。幼嫩牧草采食后易发酵,应晒干后掺杂干草饲喂,饲喂量应有所限制。羊群放牧还应注意在茂盛牧区和贫瘠草场进行轮牧,避免过食。注意饲料保管,防止霉败变质。

2. 治疗 禁食1～2天,而后饲喂优质干草。要限制饮水,因瘤胃酸中毒病羊瘤胃积液,饮欲增加,如饮水过量,易促进死亡。

缓解酸中毒可用5%碳酸氢钠注射液50～100毫升,静脉注射,每天1～2次,并口服碳酸氢钠20～30克。或用1%碳酸氢钠溶液或石灰水上清液(1 000克生石灰加水5升,充分搅拌,取上清液)反复洗胃,直至胃液呈碱性。也可用10%硫代硫酸钠注射液100～200毫升或28.75%谷氨酸钠注射液5～10毫升,静脉注射。

促进乳酸代谢可用维生素B_1 0.05～0.1克,肌内注射,并口服酵母片20～30片。或用生理盐水、5%糖盐水、复方生理盐水、低分子右旋糖酐注射液各50～100毫升,静脉注射。

为了兴奋瘤胃,可用瘤胃兴奋剂如新斯的明或毛果芸香碱注射液皮下注射。或用氧化镁100克,加水适量,口服。或用大黄苏

打片 15 片，橙皮酊 10 毫升，豆蔻酊 5 毫升，液状石蜡 100 毫升，口服。

出现神经症状时，可用氯丙嗪 30～50 毫克，肌内注射。

中药治疗可用以下方剂。

方剂一：苍术 60 克，厚朴、陈皮各 45 克，甘草、生姜各 20 克，红枣 90 克，研末混匀，每次取 30～40 克，加碳酸氢钠 50～80 克，沸水冲调，候温灌服，每天 2 次。

方剂二：人参 20 克，茯苓、枳实、白术、陈皮、干姜、神曲、麦芽、山楂各 10 克，水煎口服，每天 1 次。

方剂三：当归、麦冬、玄参、郁金、白芍、陈皮各 8 克，黄芩 10 克，金银花 12 克，生地黄 15 克，研末口服。

瓣胃阻塞

瓣胃阻塞又称瓣胃秘结，也称为百叶干，是因前胃弛缓、瓣胃收缩力减弱，内容物在瓣胃内停滞干涸，致使瓣胃扩张、坚硬、疼痛，不排便，导致严重消化不良为特征的疾病。

【病　因】 原发性瓣胃阻塞主要见于长期饲喂糟糠、粉渣、酒糟等含有泥沙的饲料，或粗纤维坚硬的甘薯蔓、花生秧及豆荚等。其次，放牧转变为舍饲，或饲料突然变换，饲料质量低劣，缺乏蛋白质、维生素以及微量元素，或饲养不规范，饮水及运动不足等都可引起本病。

【临床症状】 初期病羊精神迟钝，呈现前胃弛缓症状，食欲不定或减退，便秘，排便量少，后期排便停止。瘤胃轻度臌胀，瓣胃蠕动音微弱或消失。于右侧 7～9 肋间腹壁，肩关节水平线瓣胃区触诊，病羊表现疼痛。后期体温升高，呼吸和脉搏加快，全身衰竭，卧地不起，最后死亡。

【防治措施】

1. 预防 本病的预防在于注意避免长期应用糟糠及混有泥

沙的饲料喂养羊只，同时注意适当减少饲喂坚硬的纤维饲料。糟粕类饲料也不宜长期饲喂过多，注意补充矿物质饲料，并给予适当运动。

2. 治疗 初期可用硫酸镁或硫酸钠 40～100 克、常水 1 000～2 000 毫升，或液状石蜡 100～200 毫升，或植物油 50～100 毫升，一次口服。同时，应用 10％氯化钠注射液 50～100 毫升、20％安钠咖注射液 2～4 毫升、5％糖盐水 150～300 毫升，静脉注射。

瓣胃注射可用 8％硫酸钠溶液 200～300 毫升，液状石蜡或甘油 50～100 毫升，普鲁卡因 0.1 克，盐酸土霉素 0.5～1 克，混合后一次瓣胃内注入。翌日再使用 1 次。同时，用 10％氯化钠注射液 50～100 毫升、10％氯化钙注射液 10 毫升、5％糖盐水 150～300 毫升，静脉注射。待瓣胃松软后，用氨甲酰胆碱 0.2～0.3 毫升，皮下注射。

中药治疗可用以下方剂。

方剂一：大黄、牵牛子各 9 克，枳壳、番泻叶各 6 克，槟榔、续随子各 3 克，当归 12 克，白芍 2.5 克，栀子 2 克，水煎口服。

方剂二：大黄末 15 克，人工盐 25 克，清油 100 毫升，加水 300 毫升，口服。

方剂三：山楂 80 克，青皮、当归各 70 克，大黄 120 克，芒硝 200 克，枳壳、枳实各 30～50 克，香油 50 克。除芒硝、香油外，诸药水煎，随后加入芒硝、香油，口服。

创伤性网胃心包炎

创伤性网胃心包炎是由于异物（如针头、大头针、铁钉、碎铁丝等）混杂在饲料内，被羊采食吞咽落入并刺伤网胃而发生的一种疾病，临床上以顽固性前胃弛缓、瘤胃反复臌胀、消化不良、网胃区敏感性增高为特征。

【病　因】 羊采食迅速，并不咀嚼，以唾液将饲料裹成食团，囫囵吞咽，往往将饲料中混入的金属异物吞咽落进网胃。落入网胃的金属异物，因网胃收缩，即使短小，也容易刺伤胃壁，并以胃壁成为金属异物的支点，向前可刺损膈、心、肺，向后则刺损肝、脾、瓣胃、肠和腹膜等，进而引起腹膜炎及各部位的化脓性炎症。

【临床症状】 病初一般多呈现前胃弛缓症状，食欲减退，有时异嗜，瘤胃收缩力减弱，反刍受到抑制而弛缓，常常呈现间歇性瘤胃臌胀。由于网胃疼痛，病羊有时突然骚动不安。病情逐渐增剧，久治不愈，并因网胃和腹膜或胸膜受到金属异物损伤，呈现各种异常临床症状。病羊头颈伸展，肘关节外展，拱背。行走时，忌上下坡、跨沟或急转弯，当卧地、起立时，极为谨慎，肘部肌肉颤动，甚至呻吟和磨牙。叩诊网胃区，病羊有疼痛感，呈现不安，躲避。体温、呼吸、脉搏在一般病例无明显变化，但在网胃穿孔后，最初几天体温可能升高至 40℃ 以上，以后降至常温，转为慢性过程，精神不振，消化不良，病情时而好转，时而恶化，逐渐消瘦。当损及心脏时，病羊心动过速，每分钟达 80～120 次，颈静脉怒张。颌下及胸下水肿。听诊心音区扩大，听到心包摩擦音及拍水音。病后期常发生腹膜粘连，心包蓄脓和脓毒败血症，最终死亡。

【防治措施】 预防在于加强经常性饲养管理工作，注意饲料的选择和调制，防止饲料中混杂金属异物。

加工饲料时应增设清除金属异物的电磁装置，除去饲料、饲草中的异物，以防本病的发生。

一旦确诊为本病，建议淘汰病羊。对于价值较高的种羊，在早期如无继发病，可采取手术疗法，施行瘤胃切开术，从网胃壁上摘除金属异物，同时加强护理措施。如病程发展到心包蓄脓，也应予以淘汰。

保守疗法可用磺胺嘧啶钠，每千克体重 0.07 克，配合碳酸氢钠 5 克，口服，每天 1 次，连用 7 天；或用青霉素 300 万单位与链霉

素100万单位，肌内注射，连续用药3～5天。也可用氨苄西林1克或头孢唑啉钠1克，5%葡萄糖注射液250毫升，静脉注射。其后给予易消化的饲料，并适当应用防腐制酵剂、高渗葡萄糖或葡萄糖酸钙注射液，静脉注射，增强治疗效果。

皱胃溃疡

皱胃溃疡是皱胃黏膜浅表糜烂和黏膜下深层组织溃疡，引起局部缺损、坏死的疾病。临床上以厌食、消化不良、腹痛和排黑色粪便为特征。多发生于饲喂高精饲料的羊只。

【病　因】 饲料品质不良，过于粗硬，霉败，难于消化。羊日粮中的精粗比往往超过50%，造成慢性酸中毒和瘤胃的不良状况，导致胃黏膜组织形成溃疡。羊舍狭窄，缺乏运动，冬季缺乏优质干草，饲料单一等诸多因素诱导，致使皱胃的运动和代谢功能紊乱。影响消化，或突然更换饲料，引起消化功能紊乱。另外，在前胃疾病、寄生虫病、羊痘等病的过程中，往往会出现皱胃黏膜组织充血、出血、糜烂、坏死和溃疡。

【临床症状】 病初出现周期性食欲不良，食欲减少或废绝，反刍减退或停止，病羊精神沉郁、紧张，腹壁收缩，按压皱胃区安静如常，除去按压反而表现疼痛。磨牙、呻吟，听诊瘤胃蠕动音低沉，蠕动波短而不规则。排便量少，粪便发黏，表面呈棕褐色，混有黏液或血液，里面多见到暗褐色肉质索状物或絮状物(为脱落的胃黏膜)。体温升高，如发展为穿孔性溃疡，可能因出血或严重的腹膜炎而死亡。

【病理变化】 剖检可见幽门区及胃底部黏膜皱襞上有散在的大小、数量不等的糜烂斑点。伴发胃穿孔时，邻近器官形成广泛性粘连，有穿孔性腹膜炎的病理变化。

【防治措施】

1. 预防　改善饲养管理，合理调整羊日粮中的精、粗饲料比例，注意饲料品质，避免突然更换饲料。

2. 治疗　可用5%葡萄糖注射液250毫升、安溴注射液10～20毫升，一次静脉注射。或用2.5%盐酸氯丙嗪注射液1～2毫升，肌内注射。也可用30%安乃近注射液5～10毫升，皮下注射，每天1次，连用3～5次。

中和胃酸，防止胃黏膜受侵蚀可用碳酸氢钠10～20克、滑石粉20～50克，加温水适量，灌服。或氧化镁10～20克，每天1次，拌料口服，连用3～5天。瘤胃轻度臌气的可灌服液状石蜡10～20毫升。

防止出血，促进溃疡愈合可用25%葡萄糖注射液100～250毫升、10%维生素C注射液5～10毫升、10%葡萄糖酸钙注射液50～150毫升、10%安钠咖注射液2～5毫升，一次静脉注射，每天1次，连用1～2天。或用止血敏、安络血3～5毫升，肌内注射。

抗菌消炎可用5%葡萄糖注射液100毫升，10%磺胺嘧啶钠注射液70～100毫克/千克体重，一次静脉注射，每天1次，连用3～5天。或用庆大霉素5万～10万单位，肌内注射，每天2次，连用3～5天。

中药可用炒当归、五灵脂、蒲黄、香附各10克，赤芍12克，甘草8克，水煎去渣取汁，口服。

羔羊毛球阻塞症

羔羊毛球阻塞症是由于羔羊缺乏某些营养而舔食羊毛，在胃内形成小球，堵塞于幽门处或小肠里而发生的一种疾病。本病多发生在秋末冬初，细毛羊和杂种羊的羔羊多发。

【病　因】　由于母羊和初生羔羊日粮中维生素A、维生素D和微量元素（钙、磷等）不足或缺乏，从而引起代谢紊乱，发生异食癖。这种患异食癖的羔羊，经常啃食圈内泥土和母羊后腿或其他羊身上的被毛，将毛咽入胃中。或因未剪去母羊乳房周围的长毛，

羔羊吃奶时将毛吃下去。山羊羔喜欢玩耍，在隔离人工哺乳的羔羊群中，也会互相舔食身上的被毛。或因母羊奶量不足或泌乳停止，乳汁营养成分降低，患乳腺炎或羔羊患消化道疾病等，均会引起毛球阻塞症。有时羊群密度过大，羔羊常把其他公羔的阴囊当成乳头吮吸，从而把羊毛吃下去引发本病。

羔羊将羊毛食入口中，略经咀嚼，即成团咽下，进入胃中，因胃的蠕动将毛缠成小球。以后再继续食入羊毛，则毛球越来越大。如果毛球在胃内随时活动，则不会形成完全阻塞。但如卡在幽门处或小肠，就会引起严重的毛球阻塞症。

【临床症状】　初期个别羔羊表现异食癖，以后多数羔羊表现异食癖。羔羊啃咬母羊股、腹、尾等处被污染的被毛，或捡食脱落在地上的羊毛及其他异物。食欲减退，容易腹泻，精神不振。当发生严重阻塞时，羊只卧下或休息反刍时，可见口唇下及卧下的地面上有唾液或绿色液汁（青草汁）。病羔腹胀，不排便。口流唾液，磨牙，喜卧。通过腹壁触摸胃肠部位时，可以感觉到有枣核大或蚕豆大的硬物，形状为圆形或椭圆形，压捏时病羔表现疼痛剧烈，发出叫声。

【防治措施】

1. 预防　加强母羊的饲养管理，提高母羊体质。给瘦弱羔羊补充维生素 A、维生素 D 和微量元素，可加喂市售的维生素 AD 粉和营养素（或家畜生长素），对有异食癖的羔羊，更应认真补喂，按 10 只羔羊用 1 个鸡蛋的量，将鸡蛋打碎，拌入饲料中喂服，连喂 5 天，停喂 5 天后再喂 5 天。母羊临产之前，应剪除乳房周围的长毛。

2. 治疗　确诊为毛球阻塞时，应及时施行手术治疗，取出毛球。如果胃肠道没有发生坏死，治愈希望较大。

羔羊肠痉挛

羔羊肠痉挛又称痉挛疝，是一种由于不良因素刺激使肠壁平滑肌发生痉挛性收缩，并表现明显的间歇性腹痛的疾病，临床上以阵发性或剧烈腹痛为特征。多发生于哺乳期的羔羊，特别是羔羊开始学会吃草及饮水时发病率最高。

【病　因】 寒冷因素和饲养管理不善是导致本病发生的主要因素。春季产羔季节，遇气温、风雪、寒潮、雨雹和湿度剧变等刺激，羔羊舔食冰雪和采食冰冻饲料，人工哺乳乳温过低，或舍饲羊寒夜露宿等，都可能促进本病的发生。不适宜地饮用冷水，饲喂发霉、腐败的草料等，都有可能成为发病条件。

羔羊慢性消化不良、胃肠炎症或寄生虫及其毒素被吸收和神经系统的相对平衡发生紊乱，使自主神经兴奋，从而引起平滑肌痉挛性收缩，则是导致本病发生的内在原因。

【临床症状】 病羔耳鼻俱冷，体温正常或偏低，结膜苍白，拱背或蜷曲而卧。或有阵发性轻度或剧烈腹痛，腹痛时表现回头顾腹、后肢蹴踢，有时做排尿姿势。严重时急起急卧或前肢跪地，匍匐前行，有时突然跳起，落地后就地转圈，咩叫不止，持续约 10 分钟，又恢复平静状态。有时表现腹胀，腹泻，口流涎。

【预防措施】 加强饲养管理，在气候剧变时注意防寒，禁食冰冻饲料。

治疗可用 30%安乃近注射液 2～6 毫升，皮下或肌内注射。病羔腹部用热水袋或浸有热水的毛巾热敷，也有较好的效果。

胃肠炎

胃肠炎是由于胃肠道黏膜及其深层组织受到致病因素的刺激，发生重剧炎症所致的一种疾病。临床上以体温升高、剧烈腹泻、腹痛、脱水和不同程度的自体中毒为特征。

【病 因】 饲养管理不善、营养不良、风寒露宿，以及羊舍阴暗、潮湿等环境卫生不良，导致机体抵抗力降低，均可促使本病发生。

继发感染常见于某些传染病，如病毒性肠炎、大肠杆菌病、沙门氏菌病、巴氏杆菌病、副结核病、球虫病等。还可继发于严重的乳房炎、脓性子宫炎、创伤性网胃心包炎、酮病、瘤胃酸中毒等。

【临床症状】 病初呈现消化不良症状，有轻度胃肠炎，粪便中混有黏液。急性胃肠炎病羊病初剧烈腹泻，腹痛，摇尾或踢腹。粪便呈黄绿色水样或稀粥状，并混有少量黏液、假膜、血液或脓样物，气味腥臭。口腔干燥，呼出气味恶臭，食欲、反刍停止，渴欲增加。体温升高至40℃～41℃。久泻或腹泻严重者，病羊出现脱水和酸中毒或碱中毒的典型症状，即肛门失禁，眼窝凹陷，皮肤弹性减退，耳、鼻、角根发凉，腹围紧缩。羔羊患胃肠炎时，病初尚有食欲，仅发生腹泻，粪便如粥样，呈灰白色、淡黄色、灰色或绿色。

【防治措施】

1. 预防 平衡日粮，保证羊只的营养需要。防止饲料发霉变质，严禁饲喂有毒饲料。羊舍、运动场和产房定期用2%氢氧化钠溶液消毒。

2. 治疗 治疗原则为清理胃肠，消除炎症，制止胃肠内容物异常发酵，维护心脏功能，解毒和防止脱水。

抗菌消炎可用磺胺脒4～8克，碳酸氢钠3～5克，一次口服，每天3次，连用3天。黄连素1～2克，一次口服，每天3次；或用黄连素注射液5毫升，肌内注射，每天2次，连用2～3天。痢菌净，每千克体重5～10毫克，配成0.5%水溶液分2次灌服。硫酸庆大霉素10万～20万单位，氢化可的松0.1～0.2克，5%糖盐水200～00毫升，静脉注射。青霉素，每千克体重1万～2万单位，硫酸链霉素50万单位，肌内注射，每6小时1次，至体温下降至正常时停药。链霉素0.5～1克，加水少许，灌服，每12小时1次，连用

2～3 天。新诺明(磺胺甲基异噁唑),每千克体重 0.1 克,灌服,维持量减半,每天 2 次,连用 2～3 天。0.5%痢菌净注射液 5～10 毫升,后海穴注入。穿心莲注射液 10 毫升,肌内注射,每天 2 次。水杨酸苯酯 5～10 克,灌服,每天 2～3 次。环丙沙星,每千克体重 2～5 毫克。

解除脱水和酸中毒、维护心脏功能可用 5%糖盐水 200～300 毫升,盐酸四环素 10 万～20 万单位,25%葡萄糖注射液 100 毫升,20%安钠咖注射液 2～5 毫升,5%碳酸氢钠注射液 50 毫升,10%维生素 C 注射液 5 毫升,一次静脉注射,每天 2 次。

羔羊消化不良

羔羊消化不良是羔羊胃肠消化功能障碍的统称,是哺乳期羔羊常发的一种胃肠疾病。临床上以消化功能障碍、腹泻、营养不良为主要特征。本病具有群发性特点,但一般不具有传染性。

【病　因】 母羊乳汁质量对本病的发生有密切关系,妊娠母羊饲喂不全价饲料时,不仅使刚出生的羔羊体质衰弱,抵抗力低下,同时乳汁质量不佳;相反,分娩前给予母羊大量精饲料,乳汁浓稠,蛋白质含量过多;或母羊患乳房炎时,乳汁发生改变,都极易引起羔羊消化不良。

羔羊管理不善,没能及时吸吮初乳,过早采食,或人工哺乳不定时、定量及乳温过低;或饮水不洁,母羊乳头不洁等皆易引起本病发生。此外,羔羊受寒、圈舍潮湿等也为导致本病发生的原因。

【临床症状】 消化不良的主要临床症状是腹泻。

患病羊羔精神不振,喜躺卧,食欲减退或完全拒乳,体温一般正常或低于正常。腹泻,粪便呈水样,粪便的结构和颜色多种多样,但一般无恶臭味。粪便多呈灰绿色,且其中混有气泡和白色小凝块。发生胃肠炎时,体温升高,可达 40.5℃～41℃,脉弱,呼吸急促,剧烈腹泻,粪便呈水样,有时带有黏液和血液,具恶臭味。如

脉搏加快，体温降低，则为死亡征兆。

病至后期，体温多突然下降，四肢及耳尖、鼻端厥冷，终至昏迷而死亡。

【防治措施】

1. 预防 主要是改善卫生条件，注意加强妊娠母羊的饲养管理，注意对羔羊的护理。

2. 治疗 应将患病羔羊置于干燥、温暖、清洁、单独的羊舍或圈栏内。

缓解胃肠负担，可施行饥饿疗法，即令病羊禁食(禁乳)8～10小时，并用氯化钠5克、33%盐酸溶液1毫升、凉开水1000毫升，混合后灌服。或灌服温茶水(红茶)100～150毫升。

为排除胃肠内容物，对腹泻不甚严重的病羊，可应用油类缓泻剂，如液状石蜡30～50毫升，口服。

清除胃肠内容物后，为维持机体营养，可给予稀释乳或人工初乳(鱼肝油10～15毫升，氯化钠10毫升，鲜鸡蛋3～5个，鲜温牛奶1000毫升，混合搅拌均匀)，羔羊每次5～100毫升。

为促进消化可给予人工胃液或胃蛋白酶。人工胃液配方：胃蛋白酶10克，稀盐酸5毫升，常水1000毫升，也可添加适量的B族维生素或维生素C，每次每只5～10毫升，灌服。

为防止肠道感染，特别是对中毒性消化不良的羔羊，可选用以下抗生素治疗：新霉素，每天0.5克，或按每千克体重0.01克，分3～4次口服。卡那霉素，每千克体重0.005～0.01克，口服；或按每千克体重10～15毫克，肌内注射，每天2次，连用3天。链霉素，每千克体重10毫克，肌内注射，每天1次，连用3天。头孢噻吩钠，每千克体重10～20毫克，肌内注射，每天2次，连用2～4天。痢菌净，每千克体重2～5毫克，肌内注射，每天2次，连用3～4天。磺胺脒，首次量0.2～0.5克，维持量减半，口服。磺胺对甲氧嘧啶，每千克体重50毫克，口服。

为制止肠内腐败发酵过程,也可选用乳酸、鱼石脂等防腐制酵药物。对持续腹泻不止的羔羊,可应用白矾、鞣酸蛋白、次硝酸铋、矽炭银等口服。

防止机体脱水,可在病初给羔羊饮用生理盐水 250~300 毫升,以保持水盐代谢平衡。或用 10%葡萄糖注射液或 5%糖盐水 50~100 毫升,静脉或腹腔注射。

感冒

感冒是由于受寒冷的影响,引起以上呼吸道感染为主要症状的一种急性热性病。临床上以体温稍有升高,打喷嚏,流水样鼻液,皮温不整为特征。

【病　因】 本病主要是由于寒冷突然袭击所致,一年四季均有发生,尤以春、秋季气候多变时多见。如圈舍条件差,受贼风吹袭;舍饲的羊只突然在寒冷的气候条件下露宿等,均可引起感冒发生。

【临床症状】 病羊精神沉郁,食欲减退,体温稍有升高,结膜充血,甚至畏光流泪,眼睑轻度水肿,耳尖、鼻端发凉,皮温不整。鼻黏膜充血,常打喷嚏,摩鼻,摇头,鼻塞不通,初期流水样鼻液,随后转为黏液性或黏液脓性鼻液。咳嗽、呼吸加快,并发支气管炎时,则出现干、湿性啰音。病程为 5~7 天,如转为慢性,病期大为延长。

【防治措施】

1. 预防 除加强饲养管理,增强机体耐寒性锻炼外,主要应防止羊只突然受寒。如防止贼风吹袭,冬季气候突然变化时注意防寒措施等。

2. 治疗 复方奎宁注射液(妊娠母羊禁用)5~10 毫升,肌内注射。复方氨基比林注射液 5~10 毫升,肌内注射。30%安乃近注射液 5~10 毫升,肌内注射。复方氨基比林注射液 5~10 毫升、

青霉素 1 万～2 万单位/千克体重，肌内注射。柴胡注射液 5～10 毫升，肌内注射。安痛定注射液 10 毫升、地塞米松注射液 5 毫升、青霉素 1 万～2 万单位/千克体重，肌内注射。

中药治疗可用以下方剂。

方剂一：荆芥、紫苏、薄荷各 10 克，水煎口服。

方剂二：荆芥、防风各 10 克，羌活、独活、柴胡、枳壳各 8 克，研末，沸水冲调，候温灌服。

方剂三：桑叶、生姜各 10 克，菊花 8 克，金银花 7 克，薄荷 5 克，牛蒡子 6 克，甘草 5 克。研末，沸水冲调，候温灌服。

方剂四：葱白 20 克，绿豆 25 克，鲜姜 3 片，煎汁口服。

方剂五：生石膏 35 克，白糖 40 克，绿豆 50 克，煎汁口服。

方剂六：鲜葱白 65 克，生姜 5 克，淡豆豉 40 克，煎汁口服。

方剂七：霜后白扁豆秧、大蒜各 25 克，共捣烂，沸水冲调，候温灌服。

方剂八：冬青叶 20 克，青蒿 50 克，煎汁 200 毫升，口服。

方剂九：白菜根、萝卜各 100 克，红糖 50 克，葱白 35 克，共煎汁 200～300 毫升，口服。

方剂十：黄花菜 45 克，白胡椒 1.5 克，红糖 50 克，共煎汁 200 毫升，口服。

为预防继发感染，在使用解热镇痛剂后，体温仍不下降或症状没有减轻时，可适当使用磺胺类药物或抗生素。

支气管炎

支气管炎是支气管黏膜表层或深层的炎症。根据临床表现，可分为急性型和慢性型两种。

急性支气管炎是支气管黏膜表层和深层的急性炎症过程，临床上以干、短的痛咳和流鼻液为特征。

慢性支气管炎为支气管黏膜长期的慢性炎症，以支气管黏膜和支气管壁组织形态发生改变和临床上表现持续性咳嗽为特征。

【病 因】 受寒感冒是引起支气管炎的主要原发性原因。吸入某些刺激性物质，如饲草或空气中的尘埃等，也为导致本病发生的原因。

有吞咽障碍的病羊在饮水或采食时，将少量液体或固体咽入气管中；或当不正确地或强制地灌服液体时，也可能误入气管中，不但会刺激黏膜，而且这些液体还常被细菌和腐败微生物所污染，因此往往会引起吸入性支气管炎。

此外，圈舍卫生条件不好，如通风不良、闷热潮湿以及饲料营养价值不全如缺乏维生素 A 等，均为支气管炎发生的诱因。

继发性病因则包括某些传染性因素和寄生虫的侵袭。另外，邻近器官炎症的蔓延，如喉炎、肺炎以及胸膜炎等也可继发支气管炎。

【临床症状】

1. 急性支气管炎 主要症状是咳嗽。病初为干、短并带有疼痛的咳嗽，经 3～4 天后转为湿润而长的咳嗽，疼痛减轻，但经常发作，有时咳出痰液。痰液为黏液或黏液脓性，呈灰白色或黄色，由两侧鼻孔流出。

触诊喉头或气管，其敏感性增高，常诱发持续性咳嗽，咳嗽声音高朗。

胸部听诊，病初肺泡呼吸音增强，2～3 天后可听到啰音。病的前几天呈干性啰音，随着分泌物增多并变为稀薄，则可见湿性啰音。

全身症状轻微，体温正常或稍升高 0.5℃～1℃，呼吸增数。重剧性支气管炎病羊表现精神委靡，嗜睡，食欲大减，运动、劳役时迅速疲劳。

2. 毛细支气管炎 当主要病变发生在毛细支气管时，全身症状重剧。一般体温升高 1℃～2℃，病羊呼吸急速，呈呼气性呼吸困难。胸部听诊可听到支气管小水泡音或干性啰音。其后炎症很

快侵入肺泡，可引起支气管肺炎。

3. 慢性支气管炎 持久的拖延数月甚至数年的咳嗽为其特殊症状，尤其是早晚进出圈舍时，或饮水、采食时，以及气候剧变时，常常引起剧烈咳嗽。痰量不多，有时混有少量血液。

【防治措施】

1. 预防 本病的预防首先为加强耐寒锻炼，防止感冒，特别是防止运动羊只出汗时免受寒冷、风、雨、潮湿等的袭击。不可饮冷水和喂给冰冻的饲料。在平时应注意饲养管理，喂给营养丰富、易于消化的饲料。圈舍要通风透光，保持空气新鲜清洁，以增强羊只抵抗力。

2. 治疗 可用氯化铵 0.2～2 克或远志酊 1～5 毫升，口服。或用吐酒石 0.2～0.5 克，口服。

解除病羊咳嗽可用止咳药，如用复方樟脑酊 1～3 毫升，或咳必清 0.05～0.1 克，或磷酸可待因 0.05～0.1 克，口服。也可用复方甘草合剂 10～20 毫升或杏仁水 2～5 毫升，每天 1～2 次。消除炎症可用磺胺类药或抗生素，如 10%磺胺嘧啶钠注射液 10～20 毫升，肌内或静脉注射，每天 1～2 次，连用 3～4 天。青霉素，每千克体重 1 万～1.5 万单位，肌内注射，每天 2 次，连用 2～3 天。四环素，每千克体重 5～10 毫克，溶于 5%葡萄糖注射液或生理盐水 200～300 毫升中静脉注射，每天 2 次。链霉素 50 万单位，1%普鲁卡因注射液 2～5 毫升，混合溶解后，缓慢气管内注入，每天 1 次，连用 5～7 天。青霉素 2 万～4 万单位/千克体重，庆大霉素 10 万～20 万单位/只，肌内注射，每天 2 次，连用 3～4 天。在祛痰止咳的同时，加服抗过敏药物溴樟脑 0.5～1 克或盐酸异丙嗪 25～50 克。或用盐酸氯丙嗪 0.1 克，盐酸异丙嗪 0.1 克，人工盐 20 克，复方甘草合剂 10 毫升，口服，每天 1 次，连用 2 天。止喘可用 3%盐酸麻黄素 1～2 毫升，肌内注射。

慢性支气管炎的治疗一般比较困难，在确诊后可做淘汰处理。

中药治疗可用以下方剂。

方剂一：枇杷叶、知母、川贝母、阿胶、百部各6克，款冬花、百合、桑白皮各8克，杏仁7克，桔梗10克，葶苈子5克，甘草4克，煎汁口服。

方剂二：紫苏、荆芥、前胡、防风、茯苓、桔梗、生姜各10～20克，麻黄5～7克，甘草6克，煎汁口服。

方剂三：苏子20克，生姜10克，蜂蜜20克，杏仁10克，水煎2次，合并两次药液共1 500毫升，加酥油100克，调匀，每次20毫升，口服。

方剂四：冬瓜子20克，莱菔子15克，白芥子8克，共炒后研末，沸水冲调灌服。

方剂五：白茅根30克，榆树皮40克，车前草20克，煎汁口服。

支气管肺炎

支气管肺炎是个别肺小叶或几个肺小叶的炎症，故又称为小叶性肺炎。通常于肺泡内充满由上皮细胞、血浆与白细胞组成的卡他性炎症渗出物，故也称为卡他性肺炎。临床上以出现弛张热型，干性痛苦的咳嗽，流鼻液，呼吸困难，叩诊有散在的局灶性浊音区和听诊有捻发音等为特征。

【病　因】 在呼吸道内常存在一些非特异性致病微生物，如肺炎球菌、链球菌、流感病毒等，当受寒感冒、饲养管理失调以及受物理和化学因素的刺激时，在某种程度上均能降低整个机体，特别是肺组织的抵抗力，以致引起本病。

【临床症状】 病初呈现急性支气管炎的症状，体温升高1.5℃～2℃，通常呈弛张热（有时为间歇热），体温常在39.5℃～41℃。

脉搏随着体温的变化而改变，病初稍强，以后变弱；脉搏数每分钟可增至60～100次或以上。呼吸困难，通常发炎的小叶数目

越多,则呼吸越浅速越困难。呼吸频率每分钟可增至40～100次。病初呈干性痛苦的咳嗽,以后随着渗出物的增多,咳嗽变为湿性,痛苦亦减轻,并有分泌物被咳出。流鼻液,初期和末期鼻液较多,且常干涸而附于鼻孔周围,鼻液呈黏性。

在病灶部分,病初听诊肺泡呼吸音减弱,可听到捻发音。以后由于渗出物堵塞肺泡和细支气管,致使空气不能进入,从而肺泡呼吸音消失,可能听到支气管呼吸音。而在其他健康部位,则肺泡音亢盛。

【防治措施】

1. 预防 预防措施与支气管炎相同。此外,应预防和根治能继发本病的一些传染病和寄生虫病。发病羊只应与健康羊隔离,并置于光线充足、通风良好且温暖的圈舍中。给病羊饲喂营养丰富、多汁和易消化的饲料,给量宜少,次数宜多。为了改善病羊饮食,可用人工盐、苦味芳香健胃剂或稀盐酸与胃蛋白酶合用。

2. 治疗 消除炎症可用抗生素。在条件许可时,治疗前最好先取鼻分泌物做细菌敏感试验。一般可用青霉素和链霉素联合应用,每千克体重用青霉素1万～2万单位、链霉素100万～200万单位/只,肌内注射。

四环素0.1～0.25克,溶于5%糖盐水或5%葡萄糖注射液中,静脉注射,每天2次。

10%磺胺嘧啶钠注射液10～20毫升,肌内或静脉注射,每天1～2次,连用3～4天。

新霉素,每千克体重4 000～8 000单位,分3～4次口服。

青霉素80万单位,链霉素100万～200万单位,3%盐酸普鲁卡因溶液3～5毫升,加蒸馏水配成10毫升,一次气管内注入,每天1次。

祛痰止咳可用氯化铵3～5克,复方甘草合剂15～20毫升,口服。

制止渗出，可静脉注射10%氯化钙注射液10～20毫升，每天1次。

为促进渗出物的吸收和排除，除口服祛痰剂外，可给予利尿剂。如10%安钠咖注射液3～5毫升，10%水杨酸钠注射液10～15毫升和40%乌洛托品注射液5～10毫升，一次静脉注射。

对症治疗也很重要，心力衰弱时可使用安钠咖注射液，体温升高可使用安乃近或复方氨基比林等。

中药治疗可用以下方剂。

方剂一：石膏40克，淡竹叶10克，麻黄5克，甘草10克，水煎取汁加芒硝25克，口服。

方剂二：鲜蒲公英40克（干品用20克），鲜石韦20克（干品用10克），浮萍10克，水煎2次，合并煎汁共300毫升，加糖50克，口服。

方剂三：鸡蛋清5～10毫升，肌内注射，隔日1次，连用2次。

方剂四：蒲公英10～15克，捣烂加鸡蛋清1个，口服，每天2次，连用3～4天。

羔羊肺炎

羔羊肺炎是多种病原混合感染或继发感染引起的一种呼吸道疾病。临床上以发热、流鼻液、呼吸困难和肺有化脓性、出血性、纤维素性炎症为特征。1～3月龄幼羔多发，尤其是出生后不久的羔羊发病较多。

【病　因】 多见于春、秋气候多变季节。羊只受寒感冒，或受机械、化学因素的刺激，如圈舍寒冷、潮湿，日光照射不足，通风不良，经常蓄积有害气体（如氨气等），密集管理，舍内过热，羊只运动不足以及受贼风侵袭或雨雪浇淋等，均易使幼羔发生肺炎。

此外，本病常继发于某些微生物的感染，如链球菌、副伤寒杆菌、支原体、副流感病毒、腺病毒、大肠杆菌、双球菌等的感染。

【临床症状】

1. 急性型 多见于1～3月龄的幼羔。病初咳嗽,流鼻液,很快发展为呼吸困难。病羊精神委靡,食欲减退或废绝。结膜充血,以后发绀。体温升高至40℃～41℃,心跳次数每分钟达170次。重症时心音微弱,心律失常,多呈腹式呼吸,甚至头颈伸张。咳嗽开始时干而痛,后变为湿性。每次咳嗽之后,常伴有吞咽动作,时而发生喷鼻声。同时,流鼻液,鼻液初为浆液性,后变为黏稠脓性。

听诊时支气管呼吸音明显,有干性或湿性啰音,在病灶部肺泡呼吸音减弱或消失,可能出现捻发音。病羊有的静卧于墙根,伸颈呼吸,衰弱而死。病死率达15%,如不及时治疗,病死率更高。

2. 慢性型 多发生于3～6月龄的幼羔。病初为间断性的咳嗽,呼吸加速且困难,听诊有湿性和干性啰音,间或有支气管呼吸音。体温略有升高,病程较长,发育迟滞,日渐消瘦。

【防治措施】

1. 预防 必须给妊娠母羊提供富有营养的饲料,特别是要保证蛋白质、维生素、微量元素和矿物质的供给,并让其进行适当的室外运动。圈舍应通风良好,保持干燥,不可密集饲养。天暖时要让羔羊随母羊在附近牧地放牧,或行适当运动。

2. 治疗 将青霉素80万～160万单位或链霉素100万单位溶于5毫升注射用水内,向气管内缓缓注入,每天1次,连用5～8天为1个疗程。

咳嗽频繁而重剧的,可口服止咳祛痰药,如氯化铵、复方樟脑酊、复方甘草合剂或远志酊。

为了防止渗出,可早期应用钙制剂,心力衰弱的可用强心剂。

腹膜炎

腹膜炎是由于受到多种致病因素作用,引起腹膜的局限性或弥漫性浆液性乃至纤维蛋白性炎症疾病。临床上以腹围增大、僵硬、疼痛及消化紊乱为特征。

【病　因】 通常由于腹壁创伤及外科手术创(去势、瘤胃穿刺)引起创伤性腹膜炎。腹腔及骨盆腔中脏器破裂或穿孔,如胃、肠、肝、子宫等器官的破裂,致使肠道与生殖道内的菌群通过破裂孔侵入腹腔,也可引起本病发生。

【临床症状】 急性腹膜炎多表现为脓毒性弥漫性腹膜炎,病羊精神沉郁,食欲废绝,口渴,腹围增大,腹部僵硬,拱背,腹围紧缩,行动小心。腹水增多时,腹壁下垂和对称性增大,叩诊呈水平浊音。触诊腹部病羊躲避或抵抗。慢性腹膜炎症状轻微,发展缓慢,常表现慢性胃肠卡他症状,体温有时上升,病羊消化不良,发生顽固性腹泻,逐渐消瘦。常发生腹膜与腹腔脏器粘连,有时也继发腹水,腹部膨大。

【预治措施】 平时注意避免各种不良因素的刺激和影响,腹腔穿刺及腹壁手术应依照操作规程进行,防止腹腔感染。

治疗原则是去除病因,消炎止痛,防止渗出,促进渗出物吸收,保护心脏功能,增强病羊抵抗力,对症治疗。

消炎镇痛可用青霉素 2 万～3 万单位/千克体重,链霉素 100 万单位/只,0.25％普鲁卡因溶液 100 毫升,5％葡萄糖注射液 100～250 毫升,加温至 37℃左右,行腹腔注射。或用氨苄西林 1 克或头孢唑啉钠 1 克,5％葡萄糖注射液 250 毫升,静脉注射。也可用 0.25％或 0.5％普鲁卡因溶液作胸膜外封闭,以制止炎症。

增强机体抵抗力可用 10％氯化钙注射液 10～20 毫升,40％乌洛托品注射液 5 毫升,生理盐水 250 毫升,混合后一次静脉注射。

如有大量渗出液时,宜用细套管针进行腹腔穿刺,排除腹腔渗出液。同时,应用利尿素、安钠咖等强心利尿剂。

肾 炎

肾炎是指肾小球、肾小管或肾间质组织发生的炎症性疾病。临床上以肾区疼痛和敏感，尿量减少与排尿疼痛，尿液呈浓茶色为特征。

【病 因】 胃肠道炎症、代谢疾病所产生的毒素、代谢产物或组织分解产物等导致的内源性中毒，或摄食有毒植物、大量霉败饲料，或错误地应用有毒或具有强烈刺激性的药物（如松节油、石炭酸、水杨酸等）或化学物质（砷、汞、磷等），这些有毒物质经肾排出时产生强烈刺激而导致发病。或由于邻近器官的炎症（肾盂肾炎、肾结石、膀胱炎、子宫内膜炎、阴道炎等）转移蔓延而引起。

【临床症状】 急性肾炎病羊精神沉郁，体温升高，食欲减退，消化不良，反刍紊乱。触诊肾区敏感、疼痛，病羊不愿活动。站立时背腰拱起，强迫行走时背腰僵硬，运步困难。严重时，外部强力压迫肾区敏感性增高，躲避或抗拒检查。病羊频频排尿，尿色浓暗似浓茶水。当尿液中含有大量红细胞时，则尿液呈粉红色，甚至深红色或褐红色（血尿）。慢性肾炎多由急性肾炎发展而来，病羊逐渐消瘦。病至后期，于眼睑、胸腹下或四肢末端出现水肿。

【防治措施】

1. 预防 加强饲养管理，防止羊只受寒感冒。保证饲料质量，禁止饲喂有刺激性或发霉、腐败、变质的饲料。应用具有强烈刺激性和毒性的药物时，应严格控制剂量并遵守使用方法。

2. 治疗 治疗原则是消除病因，加强护理，消炎利尿及对症疗法。

(1)消除感染 可用青霉素，每千克体重 2 万～3 万单位，肌内注射，每隔 6～8 小时使用 1 次，连用 3～5 天。或链霉素，50 万～100 万单位/只，肌内注射，每天 2 次，连用 3 天。也可用卡那霉素，每千克体重 1 万～2 万单位，肌内注射，每天 2 次，连用 3～5 天。

醋酸泼尼松 10～50 克，口服，每天 2 次，连用 3～5 天后，应减量 1/10～1/5。或用醋酸可的松或氢化可的松 20～30 毫克，肌内或静脉注射。或用地塞米松，每千克体重 0.1～0.2 毫克，肌内或静脉注射。

(2)利尿消肿　氢氯噻嗪 0.05～0.2 克，口服，每天 1～2 次，连用 3～5 天后停药。利尿素 0.5～2 克，口服。或用醋酸钾 2～5 克，口服。也可用 75%氨茶碱注射液 0.5～1 毫升，静脉注射。

(3)尿路消毒　乌洛托品 5～10 克，口服。或 40%乌洛托品注射液 10～20 毫升，静脉注射。

(4)对症疗法　当心脏衰弱时，可应用安钠咖、樟脑或洋地黄制剂。当出现尿毒症时，可应用 5%碳酸氢钠注射液或 11.2%乳酸钠溶液 50～100 毫升，5%葡萄糖注射液 50～100 毫升，静脉注射。当有大量血尿时，可应用止血剂。

膀胱炎

膀胱炎是指膀胱黏膜或黏膜下层组织的炎症，临床上以排尿疼痛、尿频，尿液中有血液和炎性细胞为主要特征。

【病　因】 通常是由于配种和助产时消毒不严或损伤尿道口，导致肾棒状杆菌、大肠杆菌、葡萄球菌、变形杆菌、绿脓杆菌、链球菌等感染而引发本病。母羊可因阴道炎、子宫内膜炎，公羊可由尿道炎等发展而来。尿潴留、肾炎、尿石症以及有毒代谢产物的刺激等均可促使本病的发生。

【临床症状】 膀胱炎的典型症状是病羊不安，常频频做排尿动作，但无尿液排出，或排尿不通或淋漓不尽。严重感染者精神沉郁，体温升高，食欲减退或废绝，粪便干结。尿液浑浊，具刺鼻难闻气味。慢性者症状不明显。

【防治措施】

1. 预防　加强兽医卫生消毒，严格执行操作规程和无菌原

则,减少经生殖道感染的机会。对患生殖和泌尿器官疾病的病羊,应及时治疗,防止继发感染。

2. 治疗 其主要原则为抗菌、消炎、防腐消毒。急性病羊给予无刺激性的饲料和大量饮水,多喂青草、青干草、萝卜等。

治疗时,可先用生理盐水冲洗膀胱,然后选用如下消毒剂冲洗膀胱:0.5%碳酸氢钠注射液、0.1%高锰酸钾溶液、0.1%依沙吖啶溶液、0.1%~1%氨苯磺胺溶液、1%~3%硼酸溶液、1%~2%白矾溶液(尿液带血时用)、0.5%鞣酸溶液(尿液带血时用)。重症者冲洗后注入青霉素 100 万单位,每天 1~2 次。

10%水杨酸钠注射液 10~20 毫升,40%乌洛托品注射液 3~5 毫升,静脉注射。

10%硫酸镁注射液 10 毫升,静脉注射,每天 1 次,连用 3~4 天。

青霉素 4 万单位/千克体重,肌内注射,每天 2 次,连用 1 周。

10%磺胺二甲嘧啶注射液 10~20 毫升,静脉注射。

乳酸环丙沙星 2.5~3 毫克/千克体重,肌内或静脉注射,每天 2 次,连用 3~4 天。

庆大霉素 10~15 毫克,氯化铵片 2 克,穿心莲片 30 克,成年羊每天 3 次。或用头孢氨苄胶囊 1 克,诺氟沙星胶囊 0.4 克,成年羊每天口服 3 次。

0.5%黄色素注射液 100~150 毫升,5%糖盐水 500 毫升,静脉注射。

中药治疗可用以下方剂。

方剂一:绿豆芽 150 克,捣烂加红糖 10 克,加温水少许,灌服。

方剂二:啤酒花全草 15~25 克,研末调服或煎汁灌服。

方剂三:白茅根 25 克,淡竹叶 20 克,玉米须 20 克,煎汁灌服。

方剂四:瞿麦 18 克,煎汁灌服。

方剂五:大腹皮、茯苓、木通、车前子各 5 克,猪苓、泽泻各 4

克，水煎灌服。

方剂六：滑石 6 克，茵陈、知母、泽泻、酒黄柏各 3 克，猪苓 2 克，灯芯草 10 克，研末，沸水冲调，候温灌服。每天 1 剂，连用 3～5 天。

方剂七：山药、熟地黄、山茱萸各 6 克，茯苓、泽泻、牡丹皮、牛膝、车前子各 4 克，附子、肉桂各 3 克，共研为细末，沸水冲调，候温灌服。

方剂八：生黄芪、白茅根各 30 克，西瓜皮 70 克，肉苁蓉 15 克，共煎汁 250 毫升，口服。

方剂九：桃仁 20 克，滑石 25 克，共研末，用适量沸水调匀，候温口服。

方剂十：茵陈 35 克，蒲公英 50 克，捣烂加沸水适量调匀，候温口服。

尿结石

尿结石是尿石刺激尿路黏膜而引起炎症和阻塞的一种泌尿器官疾病，临床上以排尿障碍、肾区疼痛为特征。羊多发生膀胱结石、尿道结石等。

【病　因】 本病多发生于公羊、阉羊、育肥公羊，主要与饲料及饮水的数量和质量(水中含有大量的盐类)、机体矿物质代谢状态有关。

饲料与饮水质量不良，长期饲喂大量马铃薯、甜菜、萝卜等块根类饲料，饲喂含硅酸盐较多的酒糟，或是饲喂单纯富磷的麸皮、谷类、棉籽饼、亚麻籽仁等精饲料，以及长期给予钙盐丰富的饮水，长期饮水不足使尿液浓缩等，均可促进结石的形成。特别是饲料中维生素 A 或胡萝卜素不足或缺乏时更易引发本病。

【临床症状】 若尿石的体积细小呈沙粒状，且数量较少，一般不表现任何症状。但体积较大的结石则呈现明显的临床症状。

尿石症的主要症状是排尿障碍、肾性腹痛和血尿。体温一般为39.8℃～41.2℃，排尿失禁，尿液不时呈点滴状排出，包皮肿胀。由于尿石存在部位及其对各器官损害程度的不同，其临床症状颇不一致。

1. 膀胱结石 有时并不呈现任何症状，但大多数病羊表现有尿频或血尿，膀胱敏感性增高。公羊的阴茎包皮周围常附有干燥的细沙粒样物。尿石位于膀胱颈部时，可呈现明显的疼痛和排尿障碍。病羊频频呈现排尿动作，但尿量较少或无尿排出。排尿时病羊呻吟，腹壁抽缩。

2. 尿道结石 公羊多发生于乙状弯曲或龟头上方，当尿道不完全阻塞时，病羊排尿痛苦且排尿时间延长，尿液呈断续或点滴状流出，有时排出血尿。当尿道完全阻塞时，则呈现尿闭或肾性腹痛现象。病羊后肢屈曲叉开，拱背缩腹，频频举尾，屡呈排尿动作，但无尿排出。尿道探诊时，可触及尿石所在部位，尿道外部触诊时有疼痛感。直肠内触诊时，膀胱膨满，体积增大，富弹性感，按压膀胱也不能使尿排出。长期的尿闭可引起尿毒症或发生膀胱破裂。

【防治措施】

1. 预防 避免长期喂饲含某种矿物质过多的饲料和饮水，日粮中的钙、磷比例应适当。日粮中应含有适量的维生素A，及时对泌尿器官疾病如肾炎、肾盂肾炎、膀胱炎、膀胱痉挛等给予治疗，以免尿液潴留。

2. 治疗 给病羊饲喂流体饲料和大量饮水。

利尿可口服氢氯噻嗪1～4片，每天1～2次；或口服氯噻酮2～4片，每天1次；或用呋噻米，每千克体重0.5～1毫克，每天1次或隔天1次，同时每天用孕酮10单位，肌内注射。

肾结石可用氢氯噻嗪10毫克、枸橼酸钾50毫克，加水适量，口服。

尿结石可用碳酸钠0.5克，别嘌醇30毫克，加水适量，口服。

膀胱结石可用碳酸钠 0.5 克，头孢拉定 0.2 克，加水适量，口服。

必要时除投予利尿剂和尿路消毒剂外，同时使用尿道肌松弛剂，如肌内注射 2.5%氯丙嗪注射液 2～4 毫升，或皮下注射硫酸阿托品。

对体积较大的膀胱结石，特别是伴发尿路阻塞或并发尿路感染时，需施行尿道切开术或膀胱切开术以取出结石。必要时，可施行尿道改向手术。

为了防止尿道阻塞引起的膀胱破裂，可施行膀胱穿刺排尿。对膀胱破裂的病羊可试行膀胱修补手术。

中药治疗可用以下方剂。

方剂一：金钱草、海金沙各 9 克，鸡内金、牵牛子、厚朴各 5 克，滑石 12 克，木通、续随子 6 克，研末，沸水冲调，候温灌服。

方剂二：滑石 9 克，木通 3 克，续随子 15 克，肉桂心 20 克，厚朴 1 克，草豆蔻 3 克，白术 18 克，黄芩 18 克，牵牛子 25 克。研末，沸水冲调，候温灌服。

方剂三：芒硝 30 克，滑石 10 克，茯苓、冬葵子各 6 克，木通 10 克，海金沙 7 克，研末，沸水冲调，候温灌服。

方剂四：木通、栀子各 21 克，瞿麦、扁蓄、海金沙、车前子各 30 克，生滑石 45 克，水煎口服。

方剂五：荠菜 100 克，金钱草 35 克，鸡内金 20 克，煎汁口服。

方剂六：花椒 15 克，赤小豆 100 克，绿豆 150 克，煎汁口服。

方剂七：芒硝 25 克，鸡内金 20 克，萝卜 150 克，煎汁口服。

方剂八：地肤苗 120 克，白菊花根 65 克，煎汁口服。

方剂九：柳树叶 40 克，马齿苋 70 克，丝瓜络 75 克，煎汁口服。

方剂十：鲜丝瓜藤 100 克，捣烂取汁，加蜂蜜 60 克，口服。

方剂十一：火麻仁 60 克，天花粉 20 克，煎汁口服。

脑膜脑炎

脑膜脑炎是脑膜和脑实质的炎症。临床上以轻微刺激或触摸即引起强烈的疼痛反应、兴奋不安、转圈、强直性痉挛、牙关紧闭或抑制为特征。

【病　因】 本病多数由病原微生物引起，如链球菌、葡萄球菌、双球菌、李氏杆菌等均可致病。长途运输、过度拥挤、天气闷热、通风不良、采食有毒物质等是本病的诱发因素。

【临床症状】 轻微刺激或触摸即可引起强烈的疼痛反应，或引起肌肉强直性痉挛，头向后仰。轻者食欲减退，行动迟钝，发病时头部下垂，或头部做旋转运动。有时起立，有时躺卧，有时兴奋不安，转圈或突然倒地，四肢划动，尖声嚎叫，磨牙空嚼，口吐白沫。呼吸急促，脉搏加快。

抑制时头低耳耷，闭眼似睡，反应迟钝，共济失调，呼吸、脉搏变慢。出现头颈僵硬，牙关紧闭，口、眼歪斜等症状。有的病例出现面神经麻痹、舌脱出等现象。

【防治措施】

1. 预防 应加强饲养管理，羊舍要保持清洁卫生，防止过热及蚊、蝇侵袭，防止中毒。将病羊置于温暖、舒适、通风良好、安静的羊舍中，防止不良刺激。原因不明时，应及时隔离。

2. 治　疗

(1)消炎　10%磺胺嘧啶钠注射液20～40毫升，40%乌洛托品注射液10～20毫升，静脉注射，每天2次。

青霉素4万单位/千克体重，庆大霉素2～3毫克/千克体重，静脉注射，每天4次，连用3～5天。

氨苄西林，每千克体重15～20毫克，静脉注射，每天2次，连用3～5天。

甲氧苄啶，每千克体重20毫克，静脉注射，每天3～4次，连用

3天。

(2)降低颅内压　25%山梨醇注射液100～200毫升，静脉注射，每天1次。或颈静脉放血100～300毫升，然后用5%糖盐水300～500毫升，或10%氯化钠注射液50～100毫升、25%～40%乌洛托品注射液100毫升，静脉注射。

10%氯化钠注射液50～100毫升、10%氯化钙注射液20～50毫升、25%葡萄糖注射液50～100毫升，静脉注射。

(3)镇静安神　病羊不安时，可用2.5%氯丙嗪注射液2～4毫升，肌内注射。也可用10%溴化钠或安溴注射液20毫升、5%糖盐水50～100毫升，静脉注射。

中药治疗可用以下方剂。

方剂一：紫草15克，生石膏55克，大青叶10克，煎汁2次，合并煎汁，加入大蒜20克，分2次口服(适用于颈项强直和发热病羊)。

方剂二：金银花20克，菊花15克，竹茹10克，连翘15克，煎汁2次，合并煎汁，分早、晚2次口服(适用于脑炎发热病羊)。

方剂三：龙胆草20克，鲜松叶50克，板蓝根25克，甘草15克，煎汁口服。

方剂四：菊花20克，金银花25克，蒲公英30克，桑叶20克，黄柏15克，煎汁，1天分3次口服。

方剂五：青蒿15克，瓜蒌50克，栀子20克，大青叶25克，研末，分3次拌料喂服。

山羊癫痫病

山羊癫痫病俗称羊角风，是由中枢神经功能障碍引起的一种疾病，临床上以短暂发生阵发性痉挛、感觉和意识障碍为特征。

【病　因】　原发性癫痫其病因不甚了解，可能与遗传有关。继发性癫痫又称征候性癫痫，多见于脑炎、维生素A缺乏症、低钙

血症、低镁血症、食盐中毒、高热等疾病过程中。

【临床症状】 癫痫发作多不定期，发作前通常无前驱症状，常突然发病，病羊神志昏迷，突然倒地，痉挛和惊厥，全身僵硬，知觉消失。眼球震颤，旋转或凝视，瞳孔散大。鼻翼开张，呼吸促迫。咬肌痉挛，口吐白沫，颈部强直，心动急速。后期病羊大量出汗，痉挛停止，数分钟后神志逐渐清醒，慢慢恢复正常。

【治疗措施】 可用苯巴比妥，每千克体重 30～50 毫克，每天 3 次，口服。

安溴注射液 10～20 毫升，静脉注射，每天 1 次，5～7 天为 1 个疗程。

溴化钾 8～10 克，1 天分 3 次口服。或苯巴比妥 0.3～0.5 克，1 天分 3 次口服。

扑癫酮（普里米酮），每千克体重 10～20 毫克，口服，每天 3 次。也可用苯妥英钠，每千克体重 30～50 毫克，口服，每天 3 次。

中　暑

中暑分为日射病和热射病，是由于纯物理性的原因，使机体产热、吸热过多或散热不足而引起体温升高所致的疾病。临床上以突然发病，体温急速升高，体躯摇摆呈醉酒样，或卧地呈昏迷状态为特征。本病为夏季羊只常见病。

【病　因】 烈日暴晒头部（日射病），或湿热环境下散热障碍（热射病），造成体温过高，导致严重的中枢神经和心血管、呼吸系统功能紊乱而致病。

【临床症状】 突然发病，精神沉郁，站立不稳，体温达 40℃～42℃或以上，闭目低头，行走时体躯摇摆呈醉酒样，有时兴奋不安，大汗烦渴，呼吸急促，肺区听诊常有湿啰音。

常突然卧地呈昏迷状态，病初不食，饮水增加，口吐白沫，卧地不起，痉挛，抽搐。

【防治措施】

1. 预防 炎热夏季放牧时间不能过长，防止日光直射头部。运输时不能过度拥挤。羊舍要通风良好，随时供给清凉饮水。

2. 治疗 首先将病羊置于阴凉通风处，头部和心区施行冷敷，并用1%冷食盐水口服或用冷水灌肠。

5%碳酸氢钠注射液100毫升，复方氯化钠注射液80毫升，10%安钠咖注射液5毫升，一次静脉注射，每天2次。或用复方氯丙嗪50～100毫克，肌内注射。降低颅内压、减轻肺水肿可静脉放血100～300毫升，再用20%甘露醇注射液100～200毫升、5%碳酸氢钠注射液100～300毫升，静脉注射。或用地塞米松，每千克体重1～2毫克，静脉注射。

强心和兴奋呼吸中枢可用10%安钠咖注射液2～3毫升和尼可刹米注射液1～2毫升，交替注射。在饮水中添加适量维生素C，也有较好的治疗效果。

中药治疗可用以下方剂。

方剂一：连翘、知母、栀子各12克，金银花9克，生石膏30～45克，生甘草6克，研末，沸水冲调，候温灌服。

方剂二：鲜扁豆叶30克，鲜丝瓜花10克，生绿豆20克，白蒺藜40克，水煎3次，合并煎汁口服。

方剂三：生绿豆50～60克，磨浆后加入白糖40～80克，口服。

骨软症

骨软症是成年羊只的一种慢性无热性疾病，是一种由于钙、磷代谢障碍引起的骨营养不良症，以消化不良、运动障碍和骨骼变形为特征。

【病　因】 主要是饲料中钙、磷不足或比例失调所致。另外，饲料中维生素D添加不足，长期饲喂未经充分晾晒的草料，羊舍采光差，羊只户外运动少等因素，也是导致本病发生的原因。

【临床症状】 病羊表现顽固性消化不良，食欲不定，异嗜，常采食泥土、石、砖、黏土、塑料等，随着病情发展，味觉异常逐渐加剧，喜食带有恶臭气味的异物。粪便时干时稀，消瘦，易出汗，易患感冒和肺炎。有不明原因的跛行，且跛行有交替性。站立时频频换蹄，多卧少立，严重者卧地不起。长骨变形，关节粗大，肋骨末端呈串珠状肿大。头骨粗大，额部突出，上颌骨肿胀，使口腔闭合困难。牙齿松动，磨面不整，伴有咀嚼障碍。

【防治措施】

1. 预防 加强饲养管理，注意日粮调配，不仅要给予充足的钙、磷，而且比例要适当。妊娠母羊要补充矿物质和维生素，适当增加运动和光照。及时治疗胃肠病，以利于钙、磷的吸收。

2. 治疗 治疗以补磷为主，可用20%磷酸二氢钠注射液300～500毫升，静脉注射，每天1次，连用5天。或30%次磷酸钙注射液500～1 000毫升，静脉注射。或维丁胶性钙注射液2万单位，肌内注射。或人工盐50～80克，骨粉50克，拌料投喂，每天1次，连用5～7天。

可用安乃近、安痛定等药物止痛。病羊卧地不起时要在身下垫8～10厘米厚的稻草，并经常给病羊翻身，以防褥疮。有褥疮时应及时处理，防止败血症发生。

中药治疗可用以下方剂。

方剂一：石菖蒲15克，龙骨50克，补骨脂20克，研末拌料喂服。隔天1次，15天为1个疗程。

方剂二：草木灰1 500克，加水5 000毫升，搅拌后静置一夜，取上清液煎至1 000毫升，每次用25～35毫升，拌料投喂，每天3次，连喂100天。

方剂三：苍术2份，石决明1份，研末，每次取20克，拌料投喂。

佝偻病

佝偻病是幼龄动物由于维生素 D 不足或钙、磷代谢障碍而引起的一种代谢病。临床上以消化紊乱、异嗜癖、跛行及骨骼变形为特征。

【病　因】 主要是钙、磷不足或比例失调以及维生素 D 缺乏所致。幼羔断奶后，生长迅速，对钙、磷需要量大，如果不及时补充或长期单一饲喂缺乏钙、磷的饲料，可导致本病发生。羊舍光照不足，羊只运动减少，饲草受日照时间短等，均是重要的诱发因素。

【临床症状】 病羊精神沉郁，食欲减退，异嗜，生长停滞，日渐消瘦。喜卧，不愿行走，羔羊站立时拱背，后肢跗关节内收，呈"八"形叉开。驱赶时勉强行走几步后，很快卧地。长骨变形，呈"X"形腿或"Y"形腿。关节粗大，以腕关节、跗关节较明显。出牙期延长，齿形不规则，齿面易磨损、不平整。额部突出，下颌骨增厚。

【防治措施】

1. 预防　改善日粮组成，切忌饲喂单一饲料，供给充足的钙、磷，且比例要适当。维生素 D 在骨化过程中起着非常重要的作用，应特别注意补充。

2. 治疗　维生素 D，每千克体重 1 500～3 000 单位，肌内注射。骨粉 5～10 克，口服。碳酸钙 3～10 克，口服。鱼粉 10～30 克，拌料喂服。鱼肝油 1～3 毫升，肌内注射。10%葡萄糖酸钙注射液 30 毫升，静脉注射。

中药治疗可用以下方剂。

方剂一：苍术末 5～10 克，每天 2 次，连用数天。

方剂二：鲜蛋壳粉 120 克(烘干后研为末)，焦三仙各 60 克，混合后，每只羊每天 12 克，口服，连用 7 天。

异食癖

异食癖是由于代谢功能紊乱而引起的疾病。临床上以食欲不振，消化不良，采食正常食物以外的物质为特征。

【病　因】 冬季和早春季节营养物质缺乏，饲料中钠、铜、钴、锰、钙、铁、硫等矿物质不足，钙、磷比例不当，蛋白质和某些维生素（维生素 D、维生素 B_{12}、叶酸等）的缺乏，均可导致异食癖。

【临床症状】 病羊食欲不振，消化不良，舔食墙壁、泥土、破布、煤渣、瓦块等异物。皮肤干燥，弹力减退，被毛松乱，磨牙、弓腰、消瘦、贫血。病羊易惊，对外界刺激反应敏感，后期反应迟钝。口腔干燥，便秘与腹泻交替发生，食欲进一步恶化，最后衰竭死亡。

发病羊群互相舔食被毛，或捡食地上脱落的被毛。被毛粗乱无光、脱毛，食欲减退，消化不良，贫血，消瘦。当毛球阻塞幽门或肠道时，食欲废绝、胃肠臌气、磨牙、气喘、腹痛和排便停止。

【防治措施】

1. 预防 改善饲养管理，给予全价日粮，注意补充多种维生素和微量元素。

2. 治疗 氯化钴 3～5 克，口服。同时配合应用铁、铜制剂，效果更好。硫酸铝 143 千克，生石膏 27.5 千克，硫酸亚铁 1 千克，玉米 60 千克，黄豆 65 千克，草粉 950 千克，加水 45 升，加工成颗粒饲料，放牧羊平均每天每只饲喂 20～30 克。

中药治疗可用以下方剂。

方剂一：苍术 60 克，厚朴、陈皮各 45 克，甘草、生姜各 20 克，红枣 90 克，研末，每次每只羊用 40～50 克，沸水冲调，候温灌服。每天 1 次，连用 2～4 天。

方剂二：鸡蛋 2 个，胡萝卜 100 克，捣烂后口服，每天 1 次。

方剂三：骨粉 10～15 克，食盐 5 克，麸皮 50～70 克，研末后拌于精饲料中投喂，每天 1 次。

方剂四：骨粉30克，鱼粉60克，食盐5克，麦芽40克，山楂20克。研末后拌料投喂，每天1次，连用20天。

方剂五：伏龙肝60克，硫酸镁25克，龙骨50克，鸡蛋2个，葱白30克，捣烂混合后拌料投喂。

方剂六：生石膏6份，麸皮10份，食盐1份，焦山楂2份，红土4份，麦芽7份，研末，每次每只羊用30～40克，拌料投喂。

维生素A缺乏症

维生素A缺乏症是由于体内维生素A或维生素A原缺乏引起的一种代谢病。临床上以生长发育不良、视力障碍和皮肤黏膜损伤为特征。

【病　因】 本病多发于幼羔。饲料中维生素A和维生素A原（胡萝卜素、玉米黄素）不足是导致本病的主要原因。另外，饲料中维生素E、维生素C缺乏可导致维生素A破坏增加，脂肪含量低可使维生素A吸收下降，也可导致本病发生。

【临床症状】 病羊畏光，视力减退，甚至完全失明。发生眼炎，流泪，角膜角化呈云雾状，眼睑内有黏液，眼角常有气泡，严重者角膜溃疡、穿孔、失明。

成年羊缺乏维生素A时，身体并不消瘦。仅患有眼干燥症的羊，体况可能很好。

【防治措施】

1. 预防　饲料要防止霉变，防止久贮，及时治疗胃肠疾病。保证每天供给一定量的维生素A或维生素A原，以满足动物的生理需求。

2. 治疗　维生素A注射液，每千克体重4 000单位，肌内注射。维生素AD注射液0.5～1毫升，肌内注射。鱼肝油5～10毫升，肌内或皮下注射；或用20～50毫升，口服。

改善饲养管理，供给青绿饲料、玉米或胡萝卜，也可在每千克饲料中添加维生素 A 500～1 200 单位。

羔羊可用麦芽粉、人工盐、陈皮酊等健胃药调整胃肠功能，促进消化吸收。眼有病变时可用 3%硼酸溶液洗眼，然后滴入红霉素眼药水。继发肺炎时应及时治疗。

中药治疗可用以下方剂。

方剂一：胡萝卜 150 克，韭菜 120 克，拌料投喂。

方剂二：南瓜 30 份，胡萝卜 20 份，茶叶 1 份，捣烂，每次取 200～300 克，拌料投喂。

方剂三：动物肝脏 50～100 克，鸡蛋 1～2 个，捣烂，拌料投喂。

方剂四：苍术末 1～2 克，拌料投喂，每天 2 次，连用数天。

方剂五：羊肝 150 克，苍术 75 克，捣烂，沸水冲调，候温灌服。

B 族维生素缺乏症

B 族维生素缺乏症是由于饲料中 B 族维生素不足而引起的一种疾病，临床上以生长缓慢、体弱无力、皮炎、脱毛、腹泻为特征，多见于羔羊。

【病　因】 在羊只的饲料中，青绿饲料、酵母、米糠、麸皮以及发芽谷物中广泛存在 B 族维生素，但 B 族维生素易被破坏，经过煮沸或遇碱性环境更易造成损失。此外，动物肠道中的微生物虽能合成 B 族维生素，一般不会缺乏，但如果长期单一饲喂缺乏 B 族维生素的饲料，或饲料中 B 族维生素添加不足，都会导致本病发生。饲料久贮、霉变，致使 B 族维生素受到破坏。天气闷热、应激、磺胺类药物的应用等因素，也会使 B 族维生素消耗量过大。胃肠炎、消化障碍、吸收不良，会使 B 族维生素吸收减少，从而诱发本病。

【临床症状】

1. 维生素 B_1 缺乏　病羊厌食，严重时有多发性神经炎的症状。体弱，四肢无力，走路摇摆，痉挛，角弓反张，腹泻。生长不良，

黏膜发绀。拱背，牙关紧闭，步态强拘。

2. 维生素 B_2 缺乏 生长缓慢，贫血，皮炎，腹泻，脱毛，皮肤上有鳞屑和湿疹，蹄壳易于龟裂变形。

3. 维生素 B_{12} 缺乏 贫血，消瘦，结膜苍白。厌食，生长停止，营养不良，肌肉衰弱。

4. 烟酸缺乏 生长缓慢，皮肤粗糙、增厚、龟裂，上面附有暗色痂皮。采食减少，逐渐衰弱死亡。

5. 叶酸缺乏 采食减少，腹泻，贫血，被毛蓬松、褪色，毛皮质量差。

【防治措施】 改善饲养管理，除了在饲料中添加青绿饲料、酵母、麸皮、米糠外，在每吨饲料中添加维生素 B_1 100～300 克，维生素 B_2 1.5～3 克，维生素 B_{12} 2～5 克，烟酸 10 克，叶酸 4 克，可有效预防本病发生。

治疗根据病因不同，可有针对性地补充各种维生素。每千克体重用维生素 B_1 0.25～0.5 毫克，维生素 B_2 2～4 克，维生素 B_{12} 1～2 毫克，烟酸 20～30 克，叶酸 25～50 微克，肌内注射或口服，每天 1 次，连用 7 天。

酮　病

酮病，是由于蛋白质、脂肪和糖的代谢发生紊乱，导致血液、乳汁、尿液及组织内酮化合物蓄积而引起的一种代谢病，临床上以酮血、酮尿为特征。

【病　因】 饲料中含蛋白质、脂肪过高（如豆类、油饼等）而含碳水化合物（粗纤维丰富的干草、青草、多汁块根饲料等）不足，或突然增加蛋白质、脂肪饲料，产羔期母羊过肥等，均可导致本病发生。另外，羊只运动不足、前胃弛缓、皱胃炎、肝脏疾病、维生素及矿物质缺乏、消化紊乱、子宫炎、中毒及大量泌乳也是本病的诱发因素。

【临床症状】 病初羊呈现神经症状，流涎，磨牙，共济失调，行走摇摆，共济失调。体温正常或偏低，食欲减少，常有异食癖，不愿吃精饲料而喜食干草及污染的饲料，很快消瘦，排便迟滞，有时便秘与腹泻交替发生，粪便有恶臭气味。排尿减少，尿液呈浅黄色水样，尿液、乳汁中有烂苹果味(酮味)。

【防治措施】

1. 预防 合理配合日粮，保证糖、蛋白质、脂肪、矿物质、维生素等各种营养物质的平衡，满足羊的生理需求。适当运动，给予充足的阳光照射。

2. 治疗 25%葡萄糖注射液 50～100 毫升，静脉注射，每天 2 次，连用 3～5 天。也可用白糖 50～100 克，口服，每天 2 次。

丙酸钠，每次 100～250 克，口服，每天 2 次，连用 5～7 天。也可用丙二醇 100～120 克，口服，每天 2 次，连用 7～10 天。或用甘油 30 毫升，口服，每天 2 次，连用 5～7 天。

促肾上腺皮质素 20～40 单位，肌内注射。

在治疗期间应减少精饲料喂量，增喂富含碳水化合物及维生素的饲料，如甜菜、胡萝卜等。适当运动，以增强胃肠消化功能。

低镁血症

低镁血症也称牧草抽搐症，是羊的一种急性代谢性疾病。临床上以抽搐、共济失调、后肢麻痹、昏迷以及初春和晚秋季节母羊采食幼嫩青草或谷苗后突然发生身体强直性和阵发性肌肉抽搐，最终急性死亡为特征。

【病 因】 本病常发生于低温多湿的初春和晚秋，特别是早春放牧后 2～3 周发生较多。镁含量低的牧草来自于大量使用化肥的土壤，羊采食后易发生腹泻，降低对镁的吸收能力，从而患病。

【临床症状】 最急性病羊常无临床表现而突然死亡。急性发病者在采食中突然抬头咩叫，惊恐不安，盲目乱走，随后倒地，发生间歇性肌肉抽搐，行走时摇摆似醉酒状，2～3 小时中反复发作，最终因呼吸衰竭而死亡。

亚急性发病者开始精神沉郁，步态踉跄，对响声敏感。接着兴奋不安，肌肉震颤、抽搐，牙关紧闭，耳、尾和四肢强直，全身呈现间歇性和强直性痉挛。

慢性发病者对轻微刺激反应敏感，头、颈、腹部和四肢肌肉震颤，甚至强直性痉挛，角弓反张，可视黏膜发绀，呼吸促迫，口角有泡沫状唾液。

【防治措施】

1. 预防 加强饲养管理，提高牧草的镁含量。人工牧场可自放牧开始，每周用 3 千克硫酸镁配成 2%水溶液，喷洒在 100 米^{2}的草场上。同时，要控制草场钾肥施用量，防止破坏牧草中的镁、钾平衡。对放牧羊群应避免应激反应，防止诱发低镁血症。本病易发期间，放牧羊群，尤其是带羔母羊，在放牧前 1～2 周内日粮中添加镁制剂；或在放牧期间，于饮水和日粮中添加氯化镁、氧化镁或硫酸镁等，每只羊每日补饲量以不超过 7 克为宜。

2. 治疗 可用 25%硫酸镁注射液 5～10 毫升，皮下注射。或用 25%葡萄糖酸钙注射液 20～50 毫升、20%硫酸镁注射液 5～10 毫升，一次缓慢静脉注射。

还可用 5%氯化钙注射液 20～30 毫升、10%安钠咖注射液 2 毫升、5%葡萄糖注射液 100～200 毫升，静脉注射。随后再用 25%硫酸镁注射液 5～10 毫升，静脉注射。

绵羊脱毛症

绵羊脱毛症是指非寄生虫性被毛脱落的一种疾病，临床上以大面积脱毛为特征。

【病　因】 营养失调，新陈代谢紊乱，维生素及牧草中微量元素（锌和铜）缺乏，采食发霉变质的饲料，饲料中硫不足等均可引发

本病。羔羊缺碘(甲状腺肿大)也可引起脱毛。体内寄生虫病、慢性中毒性疾病和某些传染病的恢复期也可出现脱毛。

【临床症状】 病羊毛无光泽,色灰暗,营养不良,贫血,有的出现异食癖,啃食被毛、塑料、地膜等异物。羔羊毛弯曲度不够,松乱脆弱,大面积脱毛。若是缺锌导致的,病羊还表现皮肤角化、湿疹样皮炎、创伤愈合慢等特点。体温、脉搏正常。严重的出现腹泻,行走时后躯摇摆,共济失调,多数背、颈、胸、臀部最易发生脱毛。

【防治措施】 饲料中补加碳酸锌(或硫酸锌、氧化锌),按0.02%添加。补铜时加钴效果更好。

缺碘性脱毛,可口服碘化钾或鱼肝油,也可用维生素A注射液10毫升,肌内注射。

脱毛部位可用鱼石脂10克,酒精50毫升,注射用水100毫升,混匀后局部涂擦。

羔羊维生素E缺乏症

羔羊维生素E缺乏症是由于饲料中维生素E缺乏引起的一种代谢病,临床上以骨骼肌和心肌变性、坏死,运动障碍和肝营养不良为特征。

【病　因】 土壤中缺硒,其上生长的植物中硒含量也较低,不能满足羊正常的生理需要,以及饲料中硒添加不足或需要量过大,均可导致本病。

【临床症状】 生长发育停滞,营养不良,贫血。运动障碍,背腰拱起,四肢僵硬,运步强拘,共济失调。心律失常,呼吸困难,并伴有消化功能紊乱。病羊表现为肌肉乏力,站立困难,全身颤抖,行走困难。食欲废绝,可视黏膜苍白。呼吸急促,心跳加快,达每分钟150～200次。有的羔羊最初见不到异常,往往在放牧或出圈时因惊动而剧烈运动,导致过度兴奋而突然死亡。

剖检可见肌肉变性、坏死,呈苍白色。

【预防措施】

1. 预防 加强饲养管理,饲喂富含硒和维生素 E 的饲料。缺硒地区可在土壤中施硒以提高饲料的含硒量。妊娠母羊可注射 0.1%亚硒酸钠-维生素 E 注射液 4~8 毫升。刚出生的羔羊可按上述治疗量的 1/5 使用,可有效预防本病。

2. 治疗 0.1%亚硒酸钠-维生素 E 注射液,羔羊 1~4 毫升,肌内注射,间隔 2 周再使用 1 次,共用 2~3 次。维生素 E,羔羊 100~150 克,肌内注射。

锌缺乏症

锌缺乏症是饲料中锌含量不足而引起的一种营养缺乏症,临床上以生长缓慢、皮肤角化不全、繁殖功能障碍和骨骼发育不良为特征。

【病　因】 成年绵羊和羔羊对锌的需要量为每千克干饲草中含锌量为 30 毫克(20~80 毫克),低于 0.1 毫克,不能满足正常的生理需要。

钙、镉、铜、铁、铬、锰、铝、磷、碘等元素,可干扰锌的吸收。植酸、纤维素含量过高,也可影响锌的吸收。饲料久贮、霉变,羔羊生长过快,以及患消化不良等症,也可导致本病。

【临床症状】 病羊生长发育迟滞,食欲减退,营养不良,被毛粗乱、消瘦。

病羔羊流涎,眼睛周围、鼻、足部和阴囊等处皮肤角化不全。羊毛脱落、污染,散发一种刺激性气味。皮肤增厚,弹力下降,干燥、皲裂。绵羊角的正常环状结构消失,最后脱落。长骨变粗、变短,形成骨短粗症。腿弯曲,关节肿大。

公羊睾丸、附睾、前列腺发育受阻,精子形成障碍。母羊性周期紊乱,早产、流产、产死胎、不孕。

【防治措施】

1. 预防 保证日粮中含有足够的锌,并适当限制钙的摄入水平,使钙、锌比例维持在 100∶1。低锌地区可在土壤中施以硫酸锌,每 667 米^2 4～5 千克,也可让动物自由采食锌盐。

2. 治疗 硫酸锌(碳酸锌),每千克体重 1～2 毫克,肌内注射或口服,每天 1 次,连用 10 天。也可在每吨饲料中添加碳酸锌 180～200 克。

铜缺乏症

铜缺乏症是由于土壤、草料和饮水中缺乏铜而引起的疾病。临床上以营养不良、羊毛褪色、共济失调和摇摆病为特征。

【病 因】 长期饲喂低铜土壤(如盐渍化芦苇草甸地区)上生长的饲草、饲料是常见的原发性病因。通常饲料(干物质)中每千克含铜 5～10 毫克,或在食盐中加入约 0.5%的硫酸铜即可满足羊只的需要,每天低于 3 毫克,即可以引起发病。

如日粮中含有充足的铜,但铜的吸收受到干扰,如采食在高钼土壤上生长的牧草,或因钼污染导致钼中毒,都会引起铜缺乏。此外,硫也是铜的拮抗元素。实验证明,当每千克日粮中硫含量达 1 克时,约有 50%的铜不能被吸收利用。铜的拮抗因子还有钼、硫以及高磷、高氮或锌、铅、镉、铁、锰等矿物元素,在日粮或牧草中的含量过高时,均可妨碍羊只对铜的吸收利用,从而引起相对性的缺铜症。在缺乏钴的某些海滨地区,也往往存在本病。

【临床症状】 成年羊的早期症状为食欲减退,营养不良,生长缓慢,有异食癖,喜舔土。站立时拱背,后肢叉开,呈犬坐姿势,起立困难,共济失调,后肢拖地,表现左右摇摆,故称摇摆病。病羊转弯时,向一侧摔倒,后躯呈痉挛性麻痹,进而发生截瘫,同时有惊恐、失明等神经症状。全身被毛褪色,无光泽,毛失去弯曲。病羊衰弱、贫血、进行性消瘦,通常发生结膜炎,以致泪流满面,有时发生慢性腹泻。

【防治措施】

1. 预防　绵羊对于铜的需要量很小,每天供给5～15毫克,即可维持其铜的平衡。如果给量太大,即会储存在肝脏中而造成慢性铜中毒。因此,铜的补给要特别小心,除非具有明显的铜缺乏症状外,一般都不需要补给。为了预防铜的缺乏,可以采用以下几种方法:每年给牧草地喷洒硫酸铜溶液。给舔盐中加入0.5%的硫酸铜,让羊每周舔食100毫克,亦可产生预防效果。但如舔食过量,即有发生慢性铜中毒的危险,必须特别注意。

2. 治疗　3%硫酸铜溶液20毫升,成年羊每月1次,灌服。1月龄羔羊每只用1%硫酸铜溶液10～20毫升(用量必须准确,以防中毒)灌服,每天1次,连用3天。当在将产羔的母羊中发现第一只出现步态不稳症状的病羊时,给所有即将产羔的母羊灌服硫酸铜1克(溶于30毫升水中),即可防止损失。分娩前用同样方法处理2～6天,可防止羔羊发病。

碘缺乏症

碘缺乏症是由于土壤、饲料和饮水中缺乏碘而引起的疾病。临床上以营养不良,消瘦,甲状腺肿大,妊娠母羊流产、早产、产死胎为特征。在我国西北、东北地区和内陆某些山区发病率高达60%～80%。

【病　因】　原发性碘缺乏主要是由于羊摄入碘不足导致。羊体内的碘来源于饲料和饮水,而饲料和饮水中的碘与土壤密切相关。土壤缺碘地区主要分布于西北、东北地区和内陆高原、山区和半山区,尤其是降水量大的沙土地带。若土壤中含碘量低于0.2～0.25毫克/千克,可视为缺碘。羊饲料中碘的需要量为每千克0.5毫克,而普通牧草中每千克含碘量只有0.006～0.5毫克,因此许多地区饲料中如不补充碘,即可产生碘缺乏症。

继发性碘缺乏是由于某些饲料中含有碘拮抗物质，可干扰碘的吸收和利用引起碘的缺乏，如芜菁、油菜、油菜籽饼、亚麻籽饼、扁豆、豌豆、黄豆粉等含有拮抗碘的硫氰酸盐、异硫氰酸盐以及氰苷等，这些饲料如果长期喂量过大，即可产生碘缺乏症。

【临床症状】 病羊消瘦，体重减轻10%～15%，羊毛粗短、易断、产量下降。成年绵羊只发生单纯性甲状腺肿，而其他症状不明显。新生羔羊表现虚弱，不能吮乳，呼吸困难，很少能够成活。病羔的甲状腺比正常羔羊的大，因此颈部粗大，羊毛稀少，几乎像小猪一样。全身常表现水肿，特别是颈部甲状腺附近的组织更为明显。母羊妊娠率下降，易发生流产、早产、产死胎和怪胎。

【防治措施】 在缺碘地区，应用碘化钾可有效地控制和防止本病的发生，具体给量可以根据地区的缺碘情况决定。每千克干饲料中加碘0.15(0.1～0.2)毫克，妊娠母羊可在饮水中每天滴加2%碘酊1～2滴。一般在食盐中加入0.01%～0.03%的碘化钾即有良好的防治效果。

第四节 中毒病防治技术

亚硝酸盐中毒

亚硝酸盐中毒又称饱潲病，是羊只采食富含硝酸盐和亚硝酸盐的饲料引起的一种中毒病。临床上以突然黏膜发绀、呼吸困难、神经紊乱为特征。

【病　因】 羊只采食富含硝酸盐的饲料，如白菜、甜菜叶、牛皮菜、萝卜叶、南瓜藤、灰菜等，可引起中毒。如果将以上饲料堆积发酵，其内的硝酸盐经24～48小时会转化成亚硝酸盐。反刍动物的瘤胃也是形成亚硝酸盐的适宜环境，在饲料结构不合理时，会形成大量的亚硝酸盐，导致中毒。

【临床症状】 羊只大量食入菜类饲料后1～5小时发病，病羊呼吸困难、黏膜发绀，并伴有流涎、呕吐、腹痛、腹泻等症状，整个病程可持续12～24小时。

【防治措施】

1. 预防 改善青绿饲料的堆放和调制方法。将青绿饲料摊开放置，切忌堆积发热。已腐败、变质的饲料不能喂羊。羊在饲喂青绿饲料时，要添加适量碳水化合物。

2. 治疗 美蓝，每千克体重4克，配成1%溶液，静脉注射。甲苯胺蓝，每千克体重5克，配成5%注射液，静脉注射。10%维生素C注射液10～15毫升，静脉注射。25%葡萄糖注射液，每千克体重1～2毫升，静脉注射。

强心升压可用0.1%肾上腺素注射液0.2～1毫升，皮下或肌内注射。或用10%安钠咖注射液3～5毫升，肌内或静脉注射。

呼吸抑制时可用尼可刹米注射液1～4毫升，肌内或静脉注射。

中药可用新鲜石灰水上清液250毫升，绿豆粉200克，甘草末100克，沸水冲调，候温灌服，每天2次。

食盐中毒

食盐是日粮中必需的营养物质，但食入量过大，会引起中毒。临床上以胃肠炎、脑水肿及神经症状为特征。

【病　因】 本病可发生于各种动物，其中毒原因是饲料中含盐量过多，可能是由于计算失误、搅拌不匀等使饲料中混入过多食盐。另外，长期缺盐出现盐饥饿时，突然加盐又不加限制，也是导致食盐中毒的原因。

【临床症状】 病羊饮水增多，急性病羊口流大量泡沫状涎液，尿液少而黄。

初期兴奋不安，磨牙，肌肉震颤，麻痹，四肢无力，步态不稳。

有出血性胃肠炎症状，表现为食欲废绝，反刍停止，常伴发腹胀、腹痛、腹泻，粪便中带有黏液、血液及假膜。

体温正常或偏低，心跳、呼吸加快，可视黏膜潮红发绀，发病后期往往有水肿症状。

【防治措施】

1. 预防 正确加喂食盐，饲料中含盐量为0.3%～0.5%较为适宜。保证充足的饮水，用食盐治疗便秘时用量不可过大，含盐量高的酱渣、菜汤、虾酱等不能长期应用，一次喂量不可过大。

2. 治疗 停喂含盐量过高的饲料，发病初期应给病羊大量供水，后期有水肿时要定量供水。用溴化钾注射液10～20毫升，静脉注射。或用25%葡萄糖注射液100～200毫升，静脉注射。或用溴化钾5～10克，氢氯噻嗪50毫克，口服。

制止渗出，降低颅内压可用10%葡萄糖酸钙注射液10～30毫升，静脉注射。20%甘露醇注射液100～200毫升，静脉注射。兴奋时用2.5%盐酸氯丙嗪注射液2～4毫升，肌内注射。或用25%硫酸镁注射液10～20毫升，静脉注射。有胃肠炎时，应用抗菌药物肌内注射或口服，防止继发感染。也可口服淀粉糊、蛋清等黏浆剂，以保护胃肠黏膜。

中药治疗可用以下方剂。

方剂一：食醋500毫升，加水适量，口服。

方剂二：白糖100克，加水适量，口服。

方剂三：蓖麻油50～100毫升，口服。另用温水反复灌肠。

方剂四：甘草30～60克，绿豆120～250克，水煎灌服。

马铃薯中毒

马铃薯中毒是由于食入含有有毒成分的马铃薯而引起的一种疾病。临床上以神经症状、胃肠炎和皮肤湿疹为特征。

【病　因】 马铃薯的幼芽、绿叶、花中含有较多的马铃薯素

（龙葵素），尤其是保存时间过长，已经发芽、变绿或腐烂的马铃薯中含量最高，采食后会引起中毒。

【临床症状】 急性病例出现狂暴不安、肌肉麻痹、共济失调等神经症状。呼吸无力，黏膜发绀，瞳孔散大，全身痉挛，2～3 天内死亡。慢性中毒时，呈现明显的胃肠炎症状，呕吐、流涎、腹泻，粪便中带血。病羊精神不振，极度衰弱，妊娠母羊往往流产。

口唇周围、肛门、尾根、四肢系凹部、外阴部及乳房皮肤有湿疹，有时四肢发生坏疽性病灶，出现贫血和血尿症状。

【防治措施】

1. 预防 禁喂发芽、变绿、腐烂的马铃薯。用马铃薯茎叶饲喂羊只时，用量不要太大，应与其他青绿饲料配合应用。

2. 治疗 发病后，立即更换饲料，停喂马铃薯。可用食醋 200～500 毫升，口服。或用 0.1%高锰酸钾溶液洗胃，然后用硫酸镁 100 克或液状石蜡 500 毫升，加适量水口服。

兴奋不安时可用 10%安溴注射液 20～30 毫升，静脉注射。或用 2.5%氯丙嗪注射液 2 毫升，肌内注射。

抗菌消炎可用 0.5%痢菌净注射液，每千克体重 1 毫升，肌内注射。

增强肝脏解毒能力可用 10%葡萄糖注射液 500 毫升，静脉注射。

发生皮疹时可用 10%葡萄糖酸钙注射液 20～30 毫升，静脉注射。

酒糟中毒

酒糟是酿酒后的一种副产品，常用来喂羊。大量饲喂酒糟，缺乏其他饲料的适当搭配，或饲喂了发霉变质酒糟，都会引起羊只中毒。

【临床症状】 急性中毒者先表现兴奋不安，而后出现胃肠炎，

食欲减退，腹痛，腹泻，心动过速，呼吸急促，共济失调，四肢麻痹，倒地不起，最后因呼吸衰竭而死亡。

慢性中毒者呈现消化不良，可视黏膜潮红、黄染，发生皮疹或皮炎，尤其系部皮肤明显。起初呈湿疹样病变，后期肿胀、坏死，有时排血尿。

【防治措施】

1. 预防　用酒糟喂羊时要搭配其他饲料，且添加量不能超过日粮的20%～30%。酒糟要保存好，发霉、变质的不可用于喂羊。贮存过久的酒糟，用前先用石灰水浸泡，再用清水洗净，以除去多余的乙酸，防止中毒。

2. 治疗　发病后，立即停喂酒糟，改用其他饲料。

促进毒物排出可用8%硫酸钠溶液1 000～2 000毫升，口服。或用碳酸氢钠10～20克，口服。

增强机体抵抗力、解除酸中毒可用10%安钠咖注射液3～5毫升，10%维生素C注射液10～20毫升，10%葡萄糖注射液300～500毫升，静脉注射。或用10%石灰水10～20毫升，口服。或用滑石粉100～150克，加水适量，口服。或用硫代硫酸钠1～2克，加水适量，口服。

局部皮肤病变，可按湿疹的治疗方法处理。

中药可用米醋50毫升，白糖30克，沸水冲调，候温口服。

氢氰酸中毒

氢氰酸中毒是由于家畜采食富含氰苷的饲料，在胃内由于酶和盐酸的作用，产生游离的氢氰酸而发生的中毒病。临床上以严重的呼吸困难，肌肉震颤和可视黏膜呈鲜红色为特征。

【病　因】　高粱、玉米，尤其是新生幼苗中含有氰苷，特别是再生苗含量更高。其他植物如桃、杏、李、枇杷、樱桃等的叶子、种子中都含有氰苷，羊只采食这些植物后即会导致中毒。

【临床症状】 一般在采食后30分钟发病。

最急性者突然极度兴奋、不安，严重的呼吸困难，可视黏膜呈鲜红色，呼出气有苦杏仁味。

急性者首先兴奋不安，很快抑制，全身衰弱无力，步态不稳，后肢麻痹，肌肉痉挛。呕吐，口流泡沫样唾液，全身或局部出汗，常伴有胃肠臌气。

一般体温正常或下降，瞳孔散大，脉搏细弱无力，心搏动徐缓，反射减弱或消失，可迅速死亡。

【防治措施】

1. 预防 不要在含有氰苷的玉米或高粱幼苗地放牧。

2. 治疗 初期可用0.1%高锰酸钾溶液或3%过氧化氢溶液洗胃，然后用硫酸亚铁5～10克，口服。或用1%亚硝酸钠注射液20～30毫升静脉注射，随后用10%硫代硫酸钠注射液10～30毫升静脉注射。或用美蓝，每千克体重2.5～10毫克，制成2%注射液，静脉注射。或用10%葡萄糖注射液250毫升，10%维生素C注射液5～10毫升，10%安钠咖注射液2～4毫升，静脉注射。

强心和兴奋呼吸中枢可用10%安钠咖注射液3～5毫升，肌内或静脉注射。或用回苏灵8～16毫克，配入适量5%糖盐水中，静脉注射。

中药治疗可用以下方剂。

方剂一：金银花120克，绿豆500克，煎汤口服。

方剂二：金银花20克，菊花65克，蒲公英25克，紫花地丁20克，甘草60克，研末，沸水冲调，每剂分2次灌服。

方剂三：绿豆250克，铁锈6克，甘草65克，水煎口服。

方剂四：汉防己40克，白糖100克，水煎口服。

方剂五：陈麦糠100～200克，水煎口服。

棉籽饼中毒

棉籽饼中毒是由饲喂生棉籽饼引起的一种疾病。临床上以出血性胃肠炎、神经症状、水肿为特征。

【病　因】 棉籽饼中含有丰富的蛋白质和必需氨基酸，可以作为蛋白质饲料应用，但如果长期大量、单一饲喂，或饲喂时未经过减毒处理，就会引起羊只中毒。

【临床症状】 病羊先便秘后腹泻，粪便中带血，呈黑褐色。初期兴奋不安，战栗。后期精神沉郁，四肢无力，走路摇摆。眼视觉障碍，畏光流泪，有时出现失明。呼吸困难，鼻孔周围有泡沫样液体，听诊肺部有嘶哑音和捻发音。

食欲减退，反刍停止，体温一般不高，心跳快而弱，结膜发绀或黄染，排尿困难，排血尿和血红蛋白尿，公羊往往发生尿结石。

【防治措施】

1. 预防 限量饲喂棉籽饼，妊娠母羊和羔羊不得饲喂棉籽饼。

饲喂前，可将生棉籽饼加热（炒、蒸、煮），使棉酚变性失去毒性再用。也可用0.1%硫酸亚铁溶液浸泡24小时，再用清水冲洗干净后喂羊。

2. 治疗 发病后，立即停喂棉籽饼，饲喂青绿饲料和胡萝卜等，改喂其他蛋白质饲料。

破坏毒物，加速毒物排出可用0.1%高锰酸钾溶液或3%碳酸氢钠溶液洗胃，然后口服硫酸亚铁3～5克。或用10%葡萄糖注射液300～500毫升，10%维生素C注射液5～10毫升，静脉注射。

抗菌消炎、保护胃肠黏膜可用2%环丙沙星注射液，每千克体重0.1毫升，肌内注射，每天2次。或用面粉50克，制成浆剂，口服。或用10%氯化钙注射液10～20毫升，10%维生素C注射液5～10毫升，静脉滴注。或用25%山梨醇注射液300～500毫升，静脉注射。利尿可用氢氯噻嗪0.05～0.2克，口服，每天2次。

有机磷农药中毒

有机磷农药中毒是由于接触、吸入或误食某种有机磷农药所致的一种中毒病。临床上以神经功能紊乱为特征。

【病　因】 羊只采食、误食或偷食施过有机磷农药不久的农作物、牧草、蔬菜等，就会出现中毒。误食拌过农药的种子，饮水被农药污染，用同一库房贮存农药和饲料，或在饲料间内配制农药和拌种等，均会导致羊只中毒。

【临床症状】 急性病羊全身肌肉痉挛，角弓反张，运动障碍，站立不稳，倒地后四肢呈游泳状划动，迅速死亡。流涎，口吐白沫，腹痛不安，肠音高亢，连绵不断，粪便稀薄如水，粪便中带有血液。高度呼吸困难，张口喘气，肺部听诊有湿性啰音。呼出气体和排出的粪便有大蒜味。体温升高，排尿失禁。全身出汗，口、鼻、四肢末端发凉，瞳孔缩小，眼球震颤，可视黏膜发绀，脉搏细弱无力。

【防治措施】

1. 预防 认真执行《剧毒农药安全使用规程》等有关规定，建立、健全农药的购销、保管和使用制度。喷过农药的农田、菜地，7天内不能让牲畜进入；喷洒过农药的牧草，1个月内不能用作饲料。

2. 治疗 用2%碳酸氢钠注射液1 000～2 000毫升洗胃（敌百虫中毒时禁用），然后用硫酸钠50～100克，加水1 000～2 000毫升，口服。同时，用5%糖盐水500～1 000毫升，10%维生素C注射液5～10毫升，静脉注射。

氯磷定，每千克体重15～30毫克，配成2.5%注射液，缓慢静脉注射，2～3小时后剂量减半重复注射1次。

双复磷，每千克体重10～15毫克，用法同氯磷定。

硫酸阿托品，每千克体重0.5～1毫克，肌内注射，每天1次。

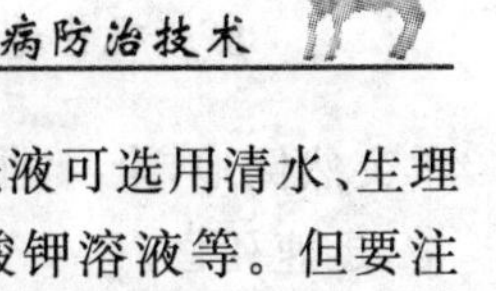

经皮肤吸收中毒者应及时清洗皮肤，清洗液可选用清水、生理盐水、3%碳酸氢钠溶液、肥皂水、0.1%高锰酸钾溶液等。但要注意，敌百虫中毒不可用碱液（肥皂水、碳酸氢钠溶液）清洗，因其在碱性环境下，会形成毒性更强的敌敌畏。不明药物中毒时，最好用清水冲洗。

肺水肿时，应用高渗剂减轻肺水肿，并同时应用兴奋呼吸中枢的药物，如樟脑、戊四氮等。有胃肠炎时应抗菌消炎，保护胃肠黏膜。兴奋不安时，用氯丙嗪等镇静药。

解磷定对敌敌畏、敌百虫、乐果、马拉硫磷中毒的治疗效果差，应选用其他解毒药。解磷定不能与碱性药物配伍，因其在碱性条件下水解形成剧毒的氰化物。

阿托品中毒时，不能用新斯的明等拟胆碱药对抗，兴奋不安时可用水合氯醛、巴比妥等镇静。

中药治疗可用以下方剂。

方剂一：甘草500克，水煎取汁混合滑石粉冲服，第一次用30克，10分钟后再用15克，以后每隔15分钟口服15克，连用5～6次。

方剂二：甘草10～20克，绿豆30～50克，研末，沸水冲调，候温灌服。

有机氟化物中毒

有机氟化物中毒是羊只采食被有机氟化物处理或污染后的饲料或饮水而引起的一种中毒性疾病。临床上以呼吸困难和神经兴奋为特征。

【病　因】 有机氟化物包括氟乙酰胺、氟乙酸钠、甘氟等，是主要用于杀虫、灭鼠的一类剧毒药物。羊只误食被有机氟化物处理过或污染了的植物、种子、饲料、饮水以及毒饵等而引起中毒。

【临床症状】 羊只食入有机氟化物后0.5～2小时内发病，病羊突然倒地，全身抽搐，一般持续 2～3 小时。心动过速，心律失常，迅速死亡。

慢性病羊，精神委顿，食欲减退，呼吸加快，心律失常，共济失调，肌肉震颤。常在其他刺激下突然发作，惊恐不安、磨牙、呻吟，在抽搐中死于心力和呼吸衰竭。

【防治措施】

1. 预防　禁喂用氟化物农药喷洒过的植物茎叶、瓜果以及被污染的饲料、饮水。施用过有机氟化物的农作物，从施肥到收割期必须经过 60 天以上的排毒期，否则容易发生中毒。

使用有机氟农药防治蚜蛹和鼠害时，严禁污染水源。

2. 治疗　解氟灵(乙酰胺)，每天每千克体重 0.1～0.3 毫克，以 0.5%普鲁卡因注射液稀释，分 2～3 次肌内注射，首次注射为日量的一半，连用 3～7 天。或用乙二醇乙酸酯(醋精)50～100 毫升，混于适量水中口服。或每千克体重用 5%酒精 2 毫升、5%醋酸 2 毫升，口服。

促进毒物排出应立即更换可疑饮水、饲料，用 0.1%高锰酸钾溶液洗胃后，口服硫酸钠 50～100 克，加水 500～1 500 毫升。或用 10%葡萄糖注射液 500～1 000 毫升，10%维生素 C 注射液 5～10 毫升，10%樟脑磺酸钠注射液 2～10 毫升，10%葡萄糖酸钙注射液 50 毫升，静脉注射。

控制痉挛，可用葡萄糖酸钙注射液；镇静可用巴比妥、氯丙嗪；兴奋呼吸中枢用尼可刹米。另外，注意补液、强心和解除酸中毒。

中药可用甘草、绿豆各 200 克，水煎口服。

尿素中毒

尿素是应用最为广泛的农作物肥料，同时在畜牧业上也被广泛用作反刍动物的蛋白质饲料添加剂，当饲喂方法不当或用量过大时，可引起中毒，临床上以神经症状和呼吸困难为特征。

【病　因】 羊只偷食尿素或因过度口渴偷饮氨水，或误把尿素当成食盐饲喂羊只，均可造成羊尿素中毒。

另外，反刍动物可以少量喂饲尿素以补充蛋白质，但如果一次用量过大，或初次饲喂时没有逐渐加喂的过程，或饲喂尿素后马上饮水等，都会导致中毒。

根据试验，成年羊每天饲喂尿素以 20～30 克为宜。在开始时，必须经过一段时间的逐渐增量过程，才能达到这一用量。

【临床症状】 羊吃下过量尿素 15～45 分钟后即出现中毒症状，病羊兴奋不安，肌肉震颤，呻吟，共济失调，尖叫，眼球震颤，倒地后四肢划动，很快死亡。流涎，口吐白沫，瘤胃臌气，腹痛不安。胃肠蠕动音减弱或消失。有严重的呼吸困难，张口喘气，肺部听诊有湿性啰音，鼻孔周围常有泡沫状液体。心搏动亢进，达每分钟 100 次以上，出汗、瞳孔散大。如果是偷饮氨水引起的中毒，还伴有口、唇、舌、咽部的炎症和水肿症状。

【防治措施】

1. 预防　加强化肥保管，防止误食、误用。在用尿素喂羊时，剂量要适当。初次应用时要有一个由小到大的适应过程，饲喂尿素后不能马上饮水。

2. 治疗　1％醋酸溶液 200～300 毫升，白糖 100～200 克，加温水适量，口服。10％硫代硫酸钠注射液 20～40 毫升，25％葡萄糖注射液 300～500 毫升，静脉注射。0.5％食用醋水溶液 200～300 毫升，口服。稀盐酸 2～4 毫升，水 300～400 毫升，口服。乳酸 3～5 毫升，水 300～400 毫升，口服。酸牛奶 500～700 毫升，口服。

另外，用高渗剂、利尿剂制止渗出，减轻肺水肿，用水合氯醛或氯丙嗪镇静，瘤胃臌气时要及时放气，有继发感染时应用抗生素治疗。

有毒紫云英中毒

有毒紫云英中毒是羊只吃了有毒紫云英引起的中毒性疾病。临床上以狂暴不安、步态不稳及后肢麻痹为特征。

【病　因】 紫云英是豆科、黄芪属多年生植物，在我国分布较广，主要分布在西北部草原。紫云英可分为有毒和无毒2种，某些有毒品种被羊只采食后能引起中毒。

【临床症状】 根据发病经过可分为急性和慢性2种。急性者多突然发生，2～3天内死亡；慢性者可拖延数月至数年。绵羊多发生急性中毒，通常在吃入大量毒草后2～3天出现症状。全身衰弱，步态不稳。重度中毒时，卧地难起，在3～5天内死亡，妊娠母羊流产，有时流产率高达80%，其中死胎占70%，可产出畸形胎儿。病羊常有听觉和视力障碍。

【防治措施】 首先要清除牧草地丛生的毒草和饲草中混杂的毒草，在每年的5～6月份种子尚未成熟时将其铲除。

治疗可用硫代硫酸钠50～100克，加水500～1 500毫升，灌服。或用10%～25%葡萄糖注射液200～500毫升，10%维生素C注射液5～10毫升，10%安钠咖注射液3～5毫升，一次静脉注射。或用地塞米松注射液3～6毫升，肌内注射。

萱草根中毒

萱草根中毒是指羊只采食萱草的根引起的中毒病，临床上以轻瘫、四肢麻痹、双目失明为特征，故有“瞎眼病”之称。在我国陕西北部和甘肃西南部及安徽、浙江等省的某些地方均有流行，给当地养羊业造成很大损失。

【病　因】 本病的发生是由于羊只吃入有毒的萱草根而引起。自然发病有明显的季节性与地方性，北方地区均在每年的冬春枯草季节发病，此时牧草缺乏，表层土壤解冻，萱草根适口性很

好，羊只因刨食而发生中毒，或因捡食移栽后被抛弃的根而发病。萱草根中所含的有毒成分为萱草根素。据中国农业科学院兰州兽医研究所报告，萱草根的致死量绵羊为每千克体重38.3毫克，奶山羊为每千克体重29～30毫克。

【临床症状】 因食入萱草根的数量不同，症状出现的时间和严重程度亦有很大差异。轻度中毒病羊，由于食入萱草根数量较少，一般采食后3～5天发病。病初精神迟钝，尿液呈橙红色，食欲减退，反应迟钝，离群呆立。继之双目失明。失明初期表现不安，盲目行走，易惊恐或行走谨慎，四肢高举或做转圈运动。随后，除失明外，其他恢复如常，可以人工喂养。

重度中毒的病羊，由于食入萱草根数量较大，发病十分迅速。表现离群，呆立，或头抵墙壁，胃肠蠕动加强，粪便变软，排尿频数，排尿困难，胸部及四肢肌肉痉挛，磨牙，不断呻吟，空口咀嚼，眼球水平颤动，双目瞳孔散大、失明，眼底充血，视乳头水肿。行走无力，继之四肢麻痹，卧地不起，终因昏迷、呼吸麻痹而死亡。

【病理变化】 肝脏表面呈紫红色背景，其上有黄褐色斑纹。胆囊增大，充满胆汁。肾稍肿大，色暗红，肾小球充血，有的坏死。肠道黏膜有轻度出血性炎症。膀胱胀大，呈淡紫色，其内充满橙红色尿液。脑膜、延髓及脊髓软膜上常有出血斑点。

【防治措施】 做好宣传工作，杜绝羊采食萱草根的机会，避免中毒。本病目前尚无有效治疗方法。

铅中毒

羊铅中毒是由于羊只长期直接或间接食入含铅化合物而引起中毒性疾病，临床上以流涎、腹痛、兴奋不安和贫血为特征。

【病　因】 羊舔食或咀嚼饲槽、饮水器、自来水管或围栏上的含铅油漆或其他含铅废弃物，采食被铅矿、炼铅厂排出的废水和废气污染的牧草、饲料和饮水以及公路两侧被汽车排出的含铅废气污染的牧草、饲料和饮水等，都可引起铅中毒。

【临床症状】 急性中毒常突然发生，多在食入后12～24小时发病，病羊初期常发出吼叫声，步态蹒跚，并表现眼球震颤和口吐泡沫。在兴奋期表现肌肉痉挛，关节僵硬，牙关紧闭，癫痫样发作，感觉过敏，狂躁不安，向前冲，表现狂暴状态、便秘或腹泻等。继而转入麻痹期，呈现全身麻痹后陷于昏睡。

慢性中毒病羊精神沉郁，食欲缺乏或废绝，便秘，进行性消瘦。伴有腹痛，磨牙，空口咀嚼。妊娠母羊可能流产。有时能见到急性发作时的典型症状。

【病理变化】 尸体消瘦，肌肉苍白如水煮样。内容物中发现小铅块或铅片、油漆残片、黑色机油或其他含铅异物，急性病羊常有胃肠炎和肾肿大。

【防治措施】 平时不要在厂矿和公路附近放牧，避免羊只饮用含铅的厂矿污水，盛过油漆的容器不要乱抛，防止羊只接触和食入。发现病羊，应先把病羊移入无铅来源的安全场所。

治疗可用1%硫酸钠或硫酸镁溶液洗胃，也可口服蛋清、牛奶或豆浆后再应用盐类泻剂。或用10%葡萄糖酸钙注射液10～20毫升，每天1～2次，连用2～3天。或口服乳酸钙1～2克，每天3次，连用2～3天。

慢性中毒时应及时使用解毒剂。依地酸二钠钙，每千克体重110毫克，配成12.5%注射液，或溶于5%糖盐水100～500毫升中，静脉注射，每天2次，连用4天。如病羊腹痛和兴奋不安时，可给予吗啡、水合氯醛或溴制剂。

铜中毒

羊铜中毒是由于给羊长期摄入过多铜盐而引起的中毒疾病，临床上以呕吐、流涎、剧烈腹痛和腹泻为特征。

【病　因】 在使用过含铜喷雾或土壤含铜量高的牧场放牧，

饲料中添加铜盐过多,羊驱虫时使用浓度过大等均可引发本病。

【临床症状】 急性中毒病羊主要表现呕吐、流涎,剧烈腹痛、腹泻,心动过速,惊厥,麻痹和虚脱,最后死亡。粪便中含有黏液,呈深绿色。慢性中毒病羊表现精神沉郁,食欲减少,黏膜贫血、黄疸,尿液中含有血红蛋白,粪便变黑,最后衰竭而死。

【病理变化】 胃肠黏膜充血、水肿、溃疡。肝脏肿大、黄染,肾脏肿大呈暗黑色。血液稀薄呈巧克力色。取胃内容物和粪便加入氨水,若由绿色变为黄色,则为阳性。

【防治措施】

1. 预防 防止硫酸铜喷雾污染草料,药用硫酸铜制剂要严格掌握用量。使用铜饲料添加剂时,必须混合均匀,控制喂量。发病后,应将病羊置于安全处所,更换饲料,加强护理。

2. 治疗 促进铜盐排出可用0.1%亚铁氰化钾溶液洗胃;也可灌服牛奶、蛋清、豆浆或活性炭等肠黏膜保护剂,以减少铜盐的吸收。

慢性中毒者,每天每只羊补给钼酸铵50～100毫克、硫酸钠0.3～1克,连用3周。

蛇毒中毒

蛇毒中毒是由于羊在放牧过程中被毒蛇咬伤,蛇毒通过伤口进入体内而引起的中毒性疾病。临床上以咬伤部位急性肿胀以及神经症状为特征。

【病　因】 灌木丛、山坡、杂草丛、溪旁和乱石堆附近常可见到各种蛇类出现,当羊在这些区域放牧时,被毒蛇咬伤就会发生蛇毒中毒。我国蛇类有160种,其中毒蛇有47种,多数分布于南方地区,有些地区因毒蛇咬伤而引起羊只死亡的情况十分常见。

【临床症状】 引起中毒的蛇毒有神经毒、血液循环毒和混合毒三类。通常一种蛇只含一类毒素。无论咬伤羊体哪一部分,伤痕都不明显。如果咬伤部位有大量血管，毒素能够迅速进入血液，并加速机体的中毒。咬伤后的伤势程度与咬伤的部位有关。

1. 头部咬伤 轻症时，口唇、鼻端、颊部及颌下腺极度肿胀。有热痛表现，呼吸稍困难。病羊表现不安。刺破肿胀部时，有淡红色或黄色液体流出。严重时上、下唇不能闭合。鼻黏膜肿胀，表现呼吸非常困难，在很远处即能听到慢长的呼吸音。结膜肿胀，呈红黄色。有的病羊垂头，站立不动或卧地不起。全身出汗，肌肉震颤，体温稍升高。心悸亢进，有时心跳间歇。

2. 四肢咬伤 以球关节咬伤较多。表现为被咬部位肿胀、热痛，甚至肿胀可上达腕关节。病羊跛行，患肢不能负重，站立时以蹄尖着地。严重时，肿胀可达肩臂部，跛行明显，有时卧地不起。食欲不振，精神沉郁，体温达39℃～40℃。心悸亢进，结膜呈黄红色。如果咬伤四肢的大静脉，可导致迅速死亡。

3. 全身症状 因毒素不同而异。神经毒类的全身症状，首先是四肢麻痹，由于呼吸中枢和血管运动中枢麻痹，导致呼吸困难，血压下降，休克以至昏迷，常死于呼吸麻痹和循环衰竭。血液循环毒的主要症状是全身战栗，继之发热，心跳加快，血压下降，皮肤和黏膜出血，有血尿、血便，最后死于心脏麻痹。

【防治措施】 羊被咬伤时，首先应将羊放在安静凉爽的地方，然后采用以下方法治疗：四肢被咬伤时，立即用绳带扎紧距伤口5厘米的近心端。每隔10～15分钟放松数秒钟，直至治疗后30分钟。然后，为减少和消除毒性作用，可先分点刺破肿胀部或将局部切开，使污血流出，也可选用1%高锰酸钾溶液、2%漂白粉混悬液、5%碘酊、3%过氧化氢溶液等，直接注射于伤口1～2毫升，或分3～4点注射于伤口周围组织，每点2毫升。也可用0.5%普鲁卡因溶液50毫升(内加青霉素20万～40万单位)和经滤过的1%高锰酸钾溶液20～40毫升，在患部周围进行交叉点状注射。也可用3%～5%高锰酸钾溶液进行温敷，或用0.25%普鲁卡因溶液在患部周围封闭注射，再用冷敷。同时酌情选用：10％硫代硫酸钠注射液30～50毫升，静脉注射；5％碳酸氢钠注射液300～500毫升，静脉注射；5％糖盐水1 000毫升，静脉注射；皮下注射20％安钠咖注射液2～5毫升，以保护心脏；也可以皮下注射25％尼可刹米注射液1～4毫升，以增加呼吸；体温升高时，可应用磺胺、抗生素疗法。中药治疗可用以下方剂。

方剂一：半边莲、马齿苋、七叶一枝花、鬼针草，共捣烂敷于患处。

方剂二：青木香、天南星（或半夏）、苎麻叶、乌桕叶，共捣烂敷于患处。

方剂三：爬地蜈蚣、地榆、白药子共捣烂敷于患处。

方剂四：蜈蚣适量研末，加猪胆汁调匀，涂于创面。

方剂五：五灵脂4份，雄黄3份，白芷3份，共研细末，用白酒调敷。

方剂六：虎杖根（去皮），加白酒（伤久者加醋）捣烂敷于患处。

方剂七：禹白附（独脚莲）根部加醋摩擦咬伤处，每天2次。

方剂八：蜈蚣2条，山豆根10克，吴茱萸15克，雄黄0.5克，白芷12克，川芎12克，共研为末，加白酒50毫升，调擦患部。

方剂九：雄黄0.5克，白矾10克，冰片10克，共研为末，加白酒50毫升，混匀后擦于患部。

方剂十：将季德胜蛇药片溶于水内，距伤口周围约1.5厘米处涂敷（不能涂在伤口上）。或用季德胜蛇药片30～50片，加75％酒精10毫升，咬伤初期口服有效。

方剂十一：明雄散，雄黄、白矾、铁锈各等份，研末，用凉开水调和，外涂。

方剂十二：用水冲旱烟筒内的烟油1～2小杯，灌服。

方剂十三：烟叶末、柏树枝叶（松树皮也可）烧成炭灰，各取适量，每次口服一小把。

方剂十四：小槐花、马齿苋、青木香、金银花、虎杖各 25 克，水煎候温灌服。

方剂十五：山苍子根 250 克，水煎候温灌服。

方剂十六：用 3～4 个鸡蛋清一次给山羊灌服，或用韭菜 250 克，加水捣汁和蛋清一起灌服。

方剂十七：豆浆 300～500 毫升，一次灌服。

方剂十八：绿豆 250 克，甘草 50 克，水煎去渣，加樟脑粉混合灌服。

第五节　产科病防治技术

妊娠毒血症

妊娠毒血症是妊娠母羊在妊娠后期发生的一种毒血症，临床上以头颈抽搐、酮尿为特征。多发生于怀双羔、三羔的母羊，5～6 岁的羊只多发。

【病　因】 病因尚不完全清楚，认为主要与营养不足(怀双羔而饲喂精饲料太少)或营养过于丰富(精饲料过多，缺乏粗饲草)和因舍饲喂养，运动不足有关。品种、年龄、肥胖、胎次、怀胎过多、胎儿过大、妊娠期营养不良及环境变化等因素均可导致本病的发生。

本病的发生首先是体内肝糖原被消耗，接着动员体脂去调节血液中葡萄糖的平衡，结果造成大量脂肪积聚于肝脏和游离于血液中，造成脂肪肝和高血脂，肝功能衰竭，有机酮和有机酸大量积聚，导致酮血症和酸中毒；大量酮体经肾脏排出时，又使肾脏发生脂肪变性，有毒物质更加无法排出，造成尿毒症；同时，因机体不能完成调节葡萄糖平衡而出现低血糖。因此，妊娠毒血症是酮血症、酸中毒、低血糖和肝功能衰竭的综合征。

【临床症状】 轻者症状不明显，病羊离群呆立，可见精神沉

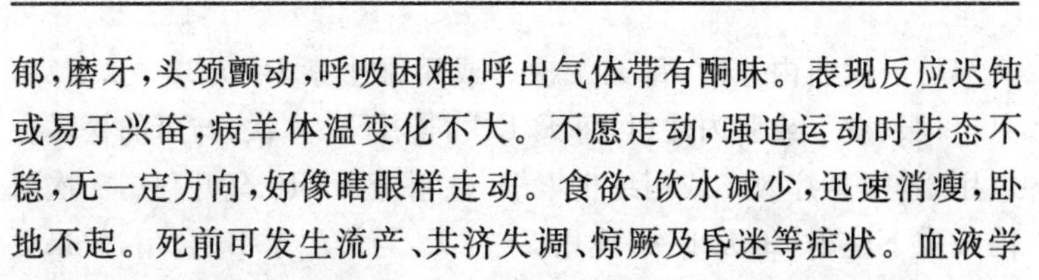

郁，磨牙，头颈颤动，呼吸困难，呼出气体带有酮味。表现反应迟钝或易于兴奋，病羊体温变化不大。不愿走动，强迫运动时步态不稳，无一定方向，好像瞎眼样走动。食欲、饮水减少，迅速消瘦，卧地不起。死前可发生流产、共济失调、惊厥及昏迷等症状。血液学检查可见非蛋白氮含量升高，血钙含量减少，血磷含量增加，丙酮试验呈阳性。

【病理变化】 尸体消瘦，母羊子宫内常有数只死羔。肝脏明显肿大，呈柠檬黄色或土黄色，质脆弱易碎，胆囊肿大，胆汁呈黄绿色水样。肾脏稍肿大，包膜粘连，多有黄色条斑或出血区，肾上腺肿胀，皮质及髓质明显充血、出血，并有严重的脂变。心脏柔软，心肌变性、色淡，有灰黄色斑块，心内、外膜有大小不等的出血斑点，心室扩张。脾脏有严重的充血和出血。胃肠浆膜及黏膜下多有出血性及坏死性炎症，小肠病变比大肠严重。胎水量多，呈污红色。腹水增多。

【防治措施】

1. 预防 在妊娠后期防止营养不足，应供给富含蛋白质和碳水化合物并易消化的饲料，不喂劣质饲料。同时，应避免突然更换饲料及其他应激因素。对肥胖和怀胎过多、过大的母羊，以及易发生本病的品种，可在分娩前后适当补给葡萄糖，可防止妊娠毒血症的发生与发展。

2. 治疗 大量供糖，可在饮水中加入蔗糖、葡萄糖或糖浆，浓度为20%～30%，每天重复使用，连用4～5天。或用25%～50%葡萄糖注射液50～100毫升，一次静脉注射，每天1次。

或用10%维生素C注射液20～40毫升，一次肌内或静脉注射，每天1次，连用5～7天。

促进代谢可用氢化可的松注射液0.02～0.08克，用时以5%～10%葡萄糖注射液稀释后一次静脉注射，每天1次，从第二天起每天递减用量1/6～1/4。也可用醋酸可的松注射液2～5毫

升/只，一次肌内注射，每天 1 次。或用维生素 B_6 0.25～0.5 克/只，口服、皮下或肌内注射，每天 1 次，连用 3～4 次，与可的松联合应用，可提高疗效。或用维生素 B_1 注射液 5～10 毫升/只，一次肌内或皮下注射，每天1 次，连用 5～7 天，与维生素 B_2 合用，效果更佳。

纠正酸中毒可用 5%碳酸氢钠注射液 30～100 毫升，静脉注射，隔日或每日 1 次，连用 3～6 次。也可用乳酸钠等制剂。有水肿时，以少量多次使用为宜。

当危及母羊生命时，可施行人工引产术。此时，先将母羊阴部及术者手臂清洁消毒并涂以磺胺软膏，术者手伸入母羊阴道，边扩张边依次将食指、中指及无名指等插入子宫颈口内，剥离胎膜，然后用温生理盐水 1 000 毫升灌入子宫，即可达到流产目的。

另外，病羊水肿严重时，给予利尿药；腹痛不安时，给予镇痛药；心跳快且节律失常时，给予强心药；食欲大减时，给予健胃助消化药物。

流　产

流产是指胚胎或胎儿与母体的正常生理关系被破坏，从而使妊娠中断，胚胎在子宫内被吸收，或排出死亡的胎儿。

【病　因】 可分为传染性流产和非传染性流产。

引起非传染性流产的原因有以下几种：一是饲养管理不当。由于饲料品质不良，缺乏某些营养物质，以及饲养管理失误，羊只贪食过多等而引起。二是机械性损伤引起子宫收缩而导致流产，如冲撞、拥挤、长途放牧运动等。三是习惯性流产。主要由于子宫内膜病变及子宫发育不全等引起。四是母羊在妊娠时大量服用泻剂、利尿剂、驱虫剂和误服子宫收缩药物、催情药和妊娠禁忌的其他药物。五是继发于某些疾病，如子宫阴道疾病、胃肠炎、热性病及胎儿发育异常等。

传染性流产主要包括由布鲁氏菌病、沙门氏菌病、胎儿弯曲菌病、衣原体病等而引起的流产。

【临床症状】

1. 隐性流产 即胚胎在子宫内被吸收。通常无临床症状，只是配种后不再发情，已确认妊娠，但过一段时间后又再次发情，从阴门中流出较多的分泌物。

2. 早产 有和正常分娩类似的征兆和过程，排出不足月的胎儿，称为早产。一般在流产发生前2～3天，母羊乳房肿胀，阴唇肿胀，乳房可挤出清亮的液体。腹痛、努责、从阴门流出分泌物或血液。

3. 小产 排出死亡的胎儿，是最常见的一种流产。

4. 延期流产 也称死胎停滞。即胎儿死亡后长久不排出，死胎在子宫内变成干尸或软组织被分解液化。早期不易被发现，但母羊妊娠现象不见进展，妊娠后一段时间腹围不再增大而逐渐变小，不发情，有时从子宫内排出污秽不洁的恶臭液体，并含有胎儿组织碎片及骨片。

【防治措施】

1. 预防 主要在于加强饲养管理，防止意外伤害及合理管理。妊娠后饲喂品质良好及富含维生素的饲料。发现有流产预兆时，应及时采取保胎措施。

2. 治疗 保胎、安胎可用黄体酮30毫克肌内注射，同时应用维生素E注射液4毫升，肌内注射，每天1次，连用4～5天。或用绒毛膜促性腺激素100～300单位，肌内注射，每周1次，连用3次。促使胎儿排出可用已烯雌酚2～3毫克，肌内注射，同时配合应用催产素。也可用妊娠母羊新鲜尿液25～30毫升，皮下注射。

对延期流产，可开张子宫颈口，排出胎儿及骨骼碎片，冲洗子宫并投入抗菌消炎药，必要时进行全身疗法。

中药治疗可用以下方剂。

方剂一:当归、熟地黄、菟丝子各6克,川芎4克,黄芩3克,阿胶12克,艾叶9克,共研为末,沸水冲调灌服,每天1剂,连用2天。

方剂二:苎麻根150克,煎汁口服。

方剂三:莲子肉30克,糯米35克,苎麻根25克,煎汁口服。

方剂四:艾叶20克,煎汁,加鸡蛋2个,口服。

方剂五:荷叶蒂25克,南瓜蒂20克,煎汁口服。

方剂六:桑寄生15克,川续断20克,菟丝子20克,煎汁口服。

方剂七:葱白25克,伏龙肝40克,艾叶15克,煎汁口服。

方剂八:卷心荷叶45克,艾叶10克,煎汁,加红糖50克,口服。

方剂九:大黑豆70克,核桃仁15克,加水煎15分钟,加黄酒50毫升,口服。

方剂十:蚕豆壳(炒干研末)20克,砂糖15克,沸水冲调,口服。

阴道脱

阴道脱是阴道一部分突出于阴门外,或者整个阴道脱垂于阴门之外,多见于年龄较大的母羊,有时也发生于产后。

【病　因】 阴道脱主要是由于固定阴道的组织松弛、腹内压增高以及强烈努责而引起。妊娠母羊老龄经产、营养不良、缺乏运动等易使固定阴道的组织松弛而发病。妊娠母羊长期卧于前高后低的地面上或双胎妊娠,使腹内压升高,子宫及内脏压迫阴道也可引起阴道脱。严重便秘或腹泻,引起母羊强烈努责时,也可导致发病。

【临床症状】 根据脱出的程度不同,分为部分脱出和全部脱出。

1. 部分阴道脱 病初妊娠母羊卧下时,从阴门突出如桃子大

小、表面光滑的红色球状物，站立后又自行缩回。如长期反复脱出，阴道壁组织逐渐松弛，站立后也难回缩，且逐渐增大，黏膜红肿、干燥。

2. 完全阴道脱 从阴门突出红色的鹅卵大至拳头大的球状物，表面光滑，病羊站立时也不能缩回，脱出部分的末端可见到子宫颈外口。病久者，脱出部分黏膜淤血，变为紫红色，并发生水肿，进而表面干裂或糜烂，渗出血水。黏膜上附有粪土、草末等污物。

【防治措施】 对妊娠母羊要改善饲养管理，加强运动，以提高全身组织的紧张性。妊娠母羊患产前截瘫不能站立时，应加强护理，适当垫高其后躯。

对脱出部较小、站立后能自行缩回的病羊，应改善饲养管理，补喂矿物质及维生素，适当运动，防止卧地过久，保持体躯处于前低后高的位置，以减轻腹内压。同时，口服补中益气散。

阴道完全脱出的病羊，必须加以整复和固定。具体方法是：羊只站立保定，呈前低后高状态，也可将羊只提起后肢保定。用0.1%温高锰酸钾溶液、2%白矾溶液或0.1%新洁尔灭溶液等，彻底清洗消毒脱出部，除去坏死组织，并涂以碘甘油或抗生素软膏。用消毒纱布托起脱出部，趁母羊不努责时，用手掌将脱出部分向阴门内推进，待全部送入阴门后，再用拳头将阴道顶回原位，并轻轻揉压，使其充分复位。

整复后为防止再脱出，可实行阴门缝合固定。用粗缝合线在距阴门3～4厘米处下针进行2个双内翻缝合。在露出外面的线段上，最好套上短胶管或纽扣，以免撕裂阴门组织。阴门下1/3不缝合，以免妨碍排尿。缝合局部定期消毒，以防感染。拆线不宜过早，如病羊不再努责，可拆除缝线。若缝合期间母羊出现分娩预兆，应立即拆线。

胎衣不下

羊只分娩后，胎衣在正常时间内未能排出，称为胎衣不下。羊胎衣正常排出的时间为4小时。

【病　因】

1. 产后子宫收缩无力　妊娠母羊运动不足，饲料中缺乏矿物质、维生素；年老体弱、过于肥胖或过于瘦弱，均可导致子宫收缩无力，引起胎衣不下。

2. 胎盘的炎症　由于子宫内膜或胎膜发生炎症，使母体胎盘与胎儿胎盘之间发生炎症，从而导致粘连。

此外，在布鲁氏菌病、结核病等疾病的过程中，往往引起胎衣不下。

【临床症状】　胎衣全部不下时，可见由阴门排出部分胎衣，或胎衣全部停滞于子宫内。

山羊对胎衣不下耐受性小，全身症状严重，病程急骤，常继发败血症而死亡。

【防治措施】

1. 预防　加强妊娠母羊的饲养管理，增加妊娠后期的运动和光照，给予富含蛋白质、矿物质、维生素的饲料，增强母羊体质。

2. 治疗

(1)西药治疗　其目的在于促进子宫收缩，使胎儿胎盘与母体胎盘分离，促进胎衣排出。

垂体后叶素5～10单位，肌内注射。2小时后重复注射1次；也可用麦角新碱0.2～0.4克或催产素0.8～1毫升，肌内注射。

5%～10%氯化钠注射液50～100毫升，静脉注射。

为了促使胎儿胎盘与母体胎盘分离，可向子宫黏膜与胎膜之间注入5%～10%氯化钠溶液500毫升。

如阴道流出污褐色恶臭的液体，应及早进行抗菌消炎。可用

青霉素2万～4万单位/千克体重，链霉素100万～200万单位/只，肌内注射，每天1～2次，连用3～4天。或用四环素50万～100万单位，5%葡萄糖注射液100毫升，静脉注射，每天2次，连用3～4天。

10%～25%葡萄糖注射液300毫升，40%乌洛托品注射液10毫升，静脉注射，每天1～2次。

用1%冷食盐水300～500毫升冲洗子宫，排出盐水后注入青霉素40万～80万单位、链霉素100万单位，每天1次。

用0.1%依沙吖啶溶液或0.1%高锰酸钾溶液冲洗子宫，并向子宫黏膜与胎膜之间投放金霉素胶囊3～4个或其他抗生素，每天1～2次，直至胎盘碎片完全排出为止。

(2)手术剥离

①术前准备　病羊取前高后低站立保定，尾巴拉向一侧，用0.1%新洁尔灭溶液洗涤外阴部及露在外面的胎膜。向子宫内注入5%～10%氯化钠溶液200～300毫升。

术者按常规准备，戴长臂手套并涂以灭菌润滑剂。

②手术方法　术者用左手握住外露的胎衣并轻轻向外拉紧，右手沿胎膜表面伸入子宫内，探查胎衣与子宫壁结合的状态，而后由近及远逐渐螺旋前进，分离母子胎盘。剥离时用中指和食指夹住子叶基部，用拇指推压子叶顶部，将胎儿胎盘与母体胎盘分离开来。剥离子宫角尖端的胎盘比较困难，这时可轻拉胎衣，再将手伸向前方迅速抓住尚未脱离的胎盘，即可较顺利地剥离。在剥离时，切勿用力牵拉子叶，否则会将子叶拉断，造成子宫壁损伤，引起出血，从而危及母羊生命安全。

胎衣剥完之后，如胎衣发生腐败，可用0.1%高锰酸钾溶液或0.1%依沙吖啶溶液冲洗子宫，待完全排出后，再向子宫内注入抗生素，以防子宫内感染。

(3)中药治疗　可用以下方剂。

方剂一：当归、益母草各 9 克，白术、红花各 6 克，桃仁、川芎、陈皮各 3 克，水煎口服。

方剂二：白糖 60～100 克，水适量，混匀后口服。

方剂三：鸡蛋 2 个，醋 50 毫升，混匀后口服。

方剂四：鲜荷叶 200 克，煎汁，加糖 100 克，口服。

方剂五：牛膝 6 克，芒硝、滑石各 12 克，煎汤口服。

方剂六：蛇蜕 5 克，研末加水调匀，口服。

方剂七：当归尾 25 克，川芎、穿山甲珠、芡实、没药各 15 克，五灵脂 20 克，炒香附 50 克，煎汁后加白酒 25 毫升，口服。

方剂八：生大黄 25 克，益母草、当归各 15 克，川芎、生蒲黄、五灵脂、党参各 10 克，煎汁口服。

方剂九：干萝卜叶 100～250 克，水煎口服。

方剂十：蔓菁叶 1～2 千克，任羊自食。

方剂十一：向日葵茎秆的芯 50～100 克，水煎口服。

方剂十二：车前子 100～200 克，用白酒或 70％酒精拌匀，点火后边烧边搅拌，火熄灭后待凉研末，加温水口服。

子宫脱

子宫脱是指母羊子宫部分或全部经由子宫颈、阴道脱出于阴门之外。

【病　因】 常由于妊娠母羊运动不足、营养不良等，使骨盆韧带及会阴部结缔组织弛缓无力，或由于胎儿过大、胎水过多，造成韧带持续伸张而发生子宫脱出。母羊在妊娠末期或产后羊只处于前高后低的厩床，努责过强，使腹压增大，以及在难产、助产失误以及胎衣不下剥离时强力牵拉，或在露出的胎衣上系上过重之物等，均可引起子宫脱。

【临床症状】 子宫完全脱出后，子宫内膜翻转在外，黏膜呈粉红色、深红色至紫红色不等，可见脱出子宫上有许多子叶。子宫脱

出后血液循环受阻，子宫黏膜发生水肿和淤血，黏膜变脆，极易损伤，有时发生高度水肿，子宫黏膜常被粪土、草渣污染。脱出时间久后，黏膜发生干燥、龟裂乃至坏死。

【防治措施】

1. 预防 加强妊娠母羊的饲养管理，分娩前1～2个月要保持合理运动，助产时操作要规范，牵拉胎儿不要过猛、过快。胎衣不要系过重物体。

2. 治疗 子宫脱出后应及时整复，越早越好。否则，子宫肿胀，损伤污染严重，易造成整复困难而预后不佳。

(1)保定 病羊站立保定，取前低后高姿势。

(2)麻醉 为减少病羊努责，可肌内注射氯丙嗪。

(3)消毒 用0.1%高锰酸钾溶液或0.1%依沙吖啶溶液将脱出子宫洗净，清除粪便、草屑、泥土等污物。如有出血，应进行缝合、结扎止血。如果水肿严重，可用针刺破挤出，也可用2%白矾溶液浸泡、湿敷。

(4)整复 由助手2人用经消毒的大搪瓷盘或塑料布将子宫托起与阴门同高，术者先由脱出的基部向内逐渐推送，在努责时停止推送，并用力加以固定以防再脱出。不努责时小心地向内整复，待大部分送回之后，术者用拳头顶住子宫角尖端，趁母羊不努责时，用力小心地向内推送，最后使子宫展开复位。然后向子宫内投入抗生素。

(5)固定 为防止再脱出，整复后令病羊处前低后高的厩床上，阴门做几针纽孔状缝合。或用阴门压定器、空酒瓶等加以固定，为减轻努责，可施行腰荐间隙硬膜外腔麻醉。

子宫整复后，于两侧阴脱穴(阴唇中点旁1厘米)各用75%酒精5毫升注入。

中药可用黄芪、升麻、柴胡各15克，党参12克，白术、当归、熟地黄、陈皮各10克，炙甘草8克，水煎服。

子宫内膜炎

子宫内膜炎是子宫黏膜的黏液性或化脓性炎症。临床上以阴门中排出灰白色含有絮状物的分泌物或脓性分泌物为特征。

【病　因】 由于产后子宫内膜受损伤感染而发病。或继发于难产、胎衣不下、子宫脱等产科疾病，也可继发于结核病、布鲁氏菌病等传染病。

【临床症状】

1. 急性子宫内膜炎 病羊食欲减退，体温升高，拱背，尿频，不时努责，从阴门中排出灰白色含有絮状物的分泌物或脓性分泌物，卧下时排出量较多。阴道检查可见子宫颈外口肿胀、充血，有时可看到渗出物从子宫颈流出。

2. 慢性化脓性子宫内膜炎 病羊往往表现全身症状，逐渐消瘦，阴唇肿胀，从阴门流出黄白色或黄色的黏液性或脓性分泌物。

【防治措施】

1. 预防 对妊娠母羊应给予营养丰富的饲料，并进行适当的运动，以增强体质及抗病能力。助产时应按规范操作，胎衣不下时要及时处理。在实施人工授精、分娩、助产及产道检查时，要严格消毒，分娩后圈舍要保持清洁、干燥，预防子宫内膜炎的发生。

2. 治疗 急性、慢性黏液性子宫内膜炎可用温热的1%氯化钠溶液100～500毫升，用子宫洗涤器反复冲洗，直至排出液透明为止。然后经直肠按摩子宫，排除冲洗液，放入抗生素或其他消炎药物，每天1次，连用2～4天。

化脓性子宫内膜炎可采用0.1%高锰酸钾溶液100～200毫升、0.1%依沙吖啶溶液、0.1%新洁尔灭溶液，1%～2%碳酸氢钠溶液冲洗子宫，而后注入青霉素80万～120万单位。

全身治疗及对症治疗可应用抗生素及磺胺类药物疗法。

防止酸中毒可用10%葡萄糖注射液100毫升，复方氯化钠注

射液100毫升，5%碳酸氢钠注射液20～30毫升，静脉注射。同时，用10%维生素C注射液5～10毫升，肌内注射。

中药治疗可用以下方剂。

方剂一：蒲黄、当归、五灵脂各10克，研末，沸水冲调，候温口服。

方剂二：向日葵茎秆(连白芯)15～20克，臭椿树皮70克，棉籽25克，捣碎后煎汁口服。

方剂三：鲜藕片250克，胡萝卜缨100克，捣烂，水煎10分钟，加红糖100克，口服。

方剂四：蚕豆梗150克，苋菜籽15克，煎汁，加红糖100克，口服。

方剂五：芝麻花、根各20克，玉米须30克，煎汁，加白糖70克，口服。

方剂六：白茄根30克，干芹菜50克，韭菜根65克，煎汁，加红糖50克，口服。

方剂七：桃仁、红花各20克，益母草25克，煎汁口服。

方剂八：连根大葱50克，炒蒲黄40克，加水煎15分钟，打入鸡蛋2个，口服。

方剂九：干苋菜70克，薄荷15克，大蒜50克，捣烂水煎15分钟，候温口服。

产后瘫痪

产后瘫痪又叫生产瘫痪、产后麻痹，也称乳热症，是产后母羊突然发生的严重钙代谢障碍性疾病。临床上以舌、咽、消化道麻痹，知觉丧失，四肢瘫痪，体温下降和低血钙为特征。

本病多发生于营养良好的泌乳量高的奶山羊，且多发生于产后12～72小时。

【病　因】　产后母羊发生急性钙代谢调节障碍，是与本病发生关系最为密切的原因。产后大量的钙质进入初乳导致血钙浓度急剧下降,病羊丧失的钙量超过了它能从肠道吸收和骨骼动用的钙量总和,就会导致发病。

【临床症状】 通常出现于分娩后不久,少数病例见于妊娠后期和分娩过程。病初精神沉郁,食欲减退,反刍减少,不愿走动,后躯摇摆,站立不稳,四肢(有时是其他部位)肌肉震颤。头向前伸,不食,停止排便和排尿。皮肤对针刺反应很弱。少数羊出现意识抑制和知觉丧失的特征性症状。病羊昏睡,眼睑反射微弱或消失,眼球干燥,瞳孔散大,对光线刺激无反应。肛门松弛,反射消失。舌头下垂,咽喉麻痹。心音减弱,节律加快,每分钟达 80～120 次。脉搏微弱,难以触摸。呼吸缓慢。

病后期病羊常常用嘴呼吸,卧下时呈现一种特征姿势,即伏卧,四肢屈于躯干之下,头向后弯至胸部一侧。随着病程的进展,体温逐渐下降,最低可降至 35℃～36℃。临死前呈昏迷状态。

【防治措施】

1. 预防 母羊分娩前应适当减少日粮中钙的摄入量,饲喂含低钙高磷的饲料,这样可以激活甲状旁腺的功能,从而提高吸收钙和动用钙的能力。因此,可以增加谷物饲料的喂量,减少豆科饲料的喂量,使日粮中的钙、磷比例保持在 1～1.5∶1。在临产及分娩之后立即增加钙的饲喂量。

2. 治疗 10%葡萄糖酸钙注射液 50～100 毫升,注射后 6～12 小时如无效果,可重复注射,但最多不能超过 3 次。

5%氯化钙注射液 60～80 毫升,20%葡萄糖注射液 120～140 毫升,氢化可的松注射液 2～3 毫升,静脉注射,每天 2 次。同时,结合乳房送风疗法和肌内注射维丁胶性钙注射液 25～30 毫升。连用 2 天不见效者,改用 10%氯化钠注射液 50～100 毫升,低分子右旋糖酐注射液 100～200 毫升,氢化可的松注射液 2～3 毫升,庆大霉素 20 万～30 万单位,混合后一次静脉注射。12 小时后如

不站立，可补注15%磷酸二氢钠注射液20～40毫升。每次用药后1小时，应扶助病羊站立，或用手捂住鼻子使其憋气站立。

5%氯化钙注射液60～80毫升，10%葡萄糖注射液120～140毫升，10%安钠咖注射液5毫升，静脉注射。

10%葡萄糖酸钙注射液25～50毫升，分点肌内注射。同时，用黄芪多糖注射液10～20毫升，肌内注射，每天1～2次，连用3天。

补钙、补镁无效时，可用15%磷酸二氢钠注射液20～40毫升，缓慢静脉注射（禁与钙剂同用）。

10%维生素B_1注射液10～20毫升，另加维丁胶性钙注射液20毫升，肌内注射，每天1次，连用3～5天。

也可采用乳房送风疗法，即用乳房送风器或连续注射器，通过插入的乳头导管将空气打入每个乳房，输入量以乳房皮肤紧张、乳腺基部边缘清楚并且变厚，轻敲乳房时产生鼓音为准。输入后可用手指轻轻捻转乳头肌，并用纱布条扎住乳头，以防空气逸出，过1～2小时后解除。大多数病例打入空气后半小时左右即能痊愈。

中药治疗可用以下方剂。

方剂一：党参、白术、红枣、益母草、黄芪、甘草、当归各30克，白芍、陈皮各20克，升麻、柴胡各10克，水煎，加白酒100毫升，口服。

方剂二：鲜松针200克，黄芪100克，生姜25克，煎汁，加乳糖100克，候温口服。每天1剂，分早、晚服用，连用3天。

方剂三：龙骨150克，熟地黄、当归各25克，红花10克，麦芽100克，煎汤，每天分早、晚灌服或拌料投喂。

方剂四：于乳基穴（靠近脐部乳头前外侧左、右各一穴）注入鲜乳汁，每穴5毫升，每天1次，连用2～3天。

乳房炎

乳房炎是乳房受到物理性、化学性和生物性因素作用而引起的炎症，临床上以乳房发热、红肿、疼痛，影响泌乳功能和产奶量为特征。本病是羊的多发病，对养羊业危害极大。

【病　因】

1. 病原微生物感染　如链球菌、葡萄球菌、大肠杆菌、化脓性棒状杆菌、结核杆菌等，通过乳头管侵入乳房，从而导致感染。

2. 饲养管理不当　不及时更换垫料，使污物污染乳头等。

3. 机械损伤　乳房遭受打击、冲撞、挤压等机械性作用，也是引起本病的原因。

4. 继发于某些疾病　子宫内膜炎及生殖器官的炎症等可继发本病。

【临床症状】　病羊有明显的临床症状，乳房红肿、热痛，泌乳减少或停止。乳汁变性，呈水样，或呈淡红色或红色，并含有絮状物和乳凝块。全身症状明显，体温升高，食欲不振，反刍减少或停止。

【防治措施】

1. 预防　保持羊舍、羊体卫生，定期消毒。保护乳房避免受挤压、冲撞等机械性损伤。

改善饲养管理，提高机体抵抗力，圈舍要保持清洁、干燥，注意乳房卫生。

2. 治疗　常采用向乳房内注入抗生素溶液的治疗方法。先挤净患病乳房内的乳汁及分泌物，用消毒药液清洗乳头，将乳头导管插入乳房，然后慢慢将药液注入。注射完毕用双手从乳头基部向上顺次按摩，使药液扩散于整个乳腺内，每天1～3次。常用药物为青霉素40万～80万单位，稀释于30毫升蒸馏水中做乳房注射。

出血性乳房炎禁止按摩，轻轻挤出血奶，用0.25%～0.5%普

鲁卡因溶液10毫升，青霉素40万～80万单位，注入乳房内。或可实行乳房基部封闭，即在乳房前叶或后叶基部之上，紧贴腹壁刺入8～10厘米，用0.25%～0.5%盐酸普鲁卡因注射液20～30毫升，加入青霉素40万～80万单位注入。

病初还可实行冷敷，每天2次，每次15～20分钟。随后用0.25%～0.5%普鲁卡因注射液10毫升，青霉素40万～80万单位，分3～4点注入乳腺。

冷敷2～3天后可行热敷，用10%硫酸镁或硫酸钠溶液1 000毫升，加热至45℃，每天外洗热敷1～3次，连用2～3天，以促进吸收，消散炎症。

青霉素160万～240万单位，生理盐水100毫升，静脉注射，每天2次，连用3～4天。或用青霉素160万～240万单位，链霉素100万～200万单位，注射用水20毫升，肌内注射，每天2次，连用3～4天。或用0.2%诺氟沙星注射液100毫升，静脉注射，每天2次，连用3～4天。或用头孢唑啉钠1克，生理盐水100毫升，静脉注射，每天1次，连用3天。

化脓性乳房炎排出脓液后再用3%过氧化氢溶液冲洗，再以0.1%～0.2%依沙吖啶纱布条引流。同时配合抗生素全身治疗。或取健康羊奶30～40毫升，加温至50℃，用乳导管注入乳房内。也可用0.5%黄色素溶液20～50毫升，静脉注射。

中药治疗可用以下方剂。

方剂一：当归15克，生地黄、连翘、赤芍、川芎、瓜蒌、栀子各6克，蒲公英30克，金银花12克，龙胆草24克，甘草10克。研末，沸水冲调，口服。每天1剂，连用5天。

方剂二：新鲜蒲公英100克，通草10克，捣烂，沸水冲调，口服。

方剂三：初期用蒲公英100克，中期用鹿角霜40克，加红花10克，水煎后分2次口服。

方剂四:金银花、蒲公英、紫花地丁各25克,连翘12克,研末,沸水冲调,加黄酒60毫升,口服。

方剂五:白芷、土贝母各15克,天花粉10克,研末,沸水冲调,口服。

方剂六:丝瓜络50克,野菊花30克,大蓟25克,煎汁口服。

方剂七:牛蒡子叶35克,水煎口服。

方剂八:紫花地丁35克,板蓝根20克,炙甘草10克,煎汁口服。

方剂九:香附15克,生蒲黄20克,研末,沸水冲调,口服。

方剂十:葱白500克,捣烂取汁,加白酒40毫升,口服。

方剂十一:地龙15克,生花生仁70克,研末,加白酒35毫升,沸水冲调,口服。

方剂十二:鲜韭菜用沸水泡后,捣烂敷于患部。

方剂十三;枸杞叶、醋糟各等份,捣烂敷于患处。

方剂十四:马齿苋500克,白矾30克,捣烂,加醋调敷患处。

方剂十五:油菜叶,捣烂敷于患处。

方剂十六:生烟叶捣烂,加醋调敷患处。

方剂十七:鲜南瓜叶150克,黄柏40克,捣烂加蜂蜜适量敷于患处。

胎粪不下

胎粪不下又称胎便滞留、胎粪秘结,是新生羔羊出生1天以上仍不见排便的一种疾病。

【病　因】 羔羊出生后不能及时吃上初乳或初乳不足、品质不良,引起肠蠕动缓慢,致使胎粪排不出来。妊娠后期母羊饲养管理不当,造成羔羊先天性发育不良,出生后体质虚弱等,也可引起胎粪滞留。

【临床症状】 羔羊出生1天后仍不见排出胎便,表现精神不

振，吃奶次数减少或完全不吃奶，肠音微弱，拱背，努责，常做排便姿势。严重者出现腹痛、腹胀，频频起卧，后腿伸直，发出哀叫声。后期精神委靡，全身无力，卧地不起。腹部触诊有时可以触摸到硬条状的肠段。

【防治措施】

1. 预防 给妊娠母羊提供营养丰富的饲料。羔羊出生后，要保证吃到足量的初乳，随时观察羔羊的情况，以便早期发现、及时治疗。

2. 治疗 用温肥皂水100～200毫升或2%食盐水做深部灌肠，必要时经2～3小时后重复灌肠。也可向直肠内灌注液状石蜡5～10毫升或清油10～20毫升。也可用开塞露5～15毫升，深部灌肠。

脐 炎

脐炎是指新生羔羊脐血管周围组织受到细菌感染而发生的炎症。如处理不及时，易引起破伤风、腹膜炎或败血症而死亡。

【病 因】 接产时脐带消毒不严导致脐带被污染，或脐带断端过长被踩、拉伤、咬伤等，使微生物侵入而发炎。

【临床症状】 病初脐带部发红、肿大、变黑，脐孔周围肿胀变硬，充血、发红、发热、疼痛。羔羊收腹弯腰、多卧少动。脐带残段脱落后脐孔形成溃疡，肉芽增生，有的有脓性渗出物或形成脓肿。严重者引起败血症或破伤风，出现体温升高，呼吸、心跳加快，全身体况急剧下降、恶化。

【防治措施】 接产时脐带断端宜短些，一般不做脐部结扎，要用碘酊经常消毒，促进其干燥脱落。保持圈舍干燥、清洁卫生。若发现脐带、脐孔处潮湿，应及早处理。

治疗应重视局部处理。先剪净脐孔周围的被毛，用青霉素普鲁卡因注射液分点或环状封闭，创内涂以5%碘酊。已化脓或局部坏死严重者，先用3%过氧化氢溶液冲洗，再用0.2%～0.5%依沙吖啶溶液反复冲洗，最后涂以抗菌药物。局部形成脓肿时涂以鱼石脂，成熟后切开排脓冲洗。形成溃疡者应涂以抗菌油剂或软膏。为防止炎症扩散或已有全身感染者，应全身给予抗菌药物和对症处理。

第六节 外科疾病防治技术

结膜炎

结膜炎是眼结膜受外界刺激和感染而引起的炎症，是羊常见的眼病。临床上可分为卡他性、化脓性、滤泡性、假膜性和水疱性结膜炎几种类型。多由机械性、物理性和化学性刺激等原因所致。

【临床症状】 病羊畏光流泪，结膜潮红、肿胀、疼痛，眼睑闭合，且有性质不同的各种分泌物。根据临床症状与特点，结膜炎又可分为以下几种不同类型。

1. 急性卡他性结膜炎 初期结膜潮红、充血、肿胀，呈鲜红色，有较少的浆液性分泌物，初似水样，继而变为黏液性。随着病程的发展，眼睑肿胀，畏光，疼痛，温热，睑结膜与球结膜充血，并有出血斑。若炎症进一步向结膜下组织蔓延，其肿胀明显，疼痛剧烈，于上、下眼睑之间露出紫红色的肉块样组织，继而坏死而呈黑褐色。若治疗不及时，则可导致结膜-角膜炎，3～5天后可转为慢性或化脓性结膜炎。

2. 慢性结膜炎 多由急性型转来，症状较轻，多数不再畏光流泪，结膜充血减轻，但厚度增加，呈暗红色，分泌物减少。角膜上仅留有白色或灰白色的点状、线状、云雾状色素斑。病羊因为发痒而到处摩擦，导致皮肤感染和坏死。

3. 化脓性结膜炎 病羊畏光流泪，眼睑肿胀，温热明显，疼痛

比较剧烈，甚至结膜因充血、水肿而外翻。有多量黄色脓性黏稠分泌物充斥眼内，严重时可将眼睑粘在一起。化脓性结膜炎常波及角膜而形成溃疡。

【防治措施】

1. 预防 防止机械性损伤，除去病因，减少化学药品刺激，对一些征候性的角膜炎首先治疗原发病，用抗生素阻止或消散炎症，是治疗本病的原则。

2. 治疗 用微温的2%～3%硼酸溶液、0.1%新洁尔灭溶液、生理盐水或冷开水等，冲洗眼睛。

用青霉素油剂或猪胆汁、牛奶混合液（1∶1）点眼，每天2～3次。

用醋酸可的松眼药水点眼，每4～6小时使用1次，直到急性炎症消退为止。

白矾0.075克，硼酸0.3克，蒸馏水100毫升，混合后每天点眼3～4次，每次3～5毫升（用于急性结膜炎）。

白天用0.5%新霉素眼药水点眼，每2～3小时使用1次，晚上可用0.5%金霉素或0.5%土霉素等眼膏点眼。

病初充血显著时可冷敷，而在分泌物黏稠时只能用温敷，并用1%～2%硝酸银溶液涂抹眼结膜1～2次。硝酸银溶液点眼1～2分钟后，须用生理盐水冲洗，以免发生银沉着。若分泌物已减少或趋于吸收时，可用0.5%～2%硫酸锌溶液、2%～5%蛋白银溶液或0.5%～1%白矾溶液点眼，每天2～3次。

疼痛严重时用硫酸锌0.05～0.1毫克、5%盐酸普鲁卡因注射液1毫升、硼酸粉0.3毫克、0.1%肾上腺素2滴、蒸馏水10毫升，混合点眼。

2.5%醋酸可的松混悬液，结膜下注射，每次0.4毫升，待药液吸收后可做第二次注射。

青霉素20万单位，链霉素1克，分别加注射用水1毫升与2

毫升，稀释摇匀后，分别取青霉素溶液0.5毫升与链霉素溶液0.2毫升，混合后结膜下注射。

0.5%～1%普鲁卡因注射液2～3毫升、氢化可的松10毫克、青霉素5～10单位，或用青霉素加少量0.1%肾上腺素注射液，结膜下注射，隔日1次。

20%新霉素注射液0.5毫升于结膜下注射，或用0.5%新霉素溶液点眼。

自家血1毫升，或氢化可的松10毫克，上眼睑皮下注射。

山莨菪碱注射液5毫升，青霉素10万单位，混合后于上、下眼睑皮下平行注入。

15%硫酸铜溶液点眼，每天1次，连用3～5次。

0.5%磺胺醋酰钠眼膏点眼，每天3～5次（用于病毒性结膜炎）。

风湿病

风湿病是一种容易反复发作的急性或慢性非化脓性炎症性疾病。临床上以突然发病、肌肉或关节疼痛且疼痛有游走性和容易复发为特征。本病常侵害对称性肌肉、关节、蹄及心脏。本病在寒冷地区发病率高。

【病　因】 羊舍长期阴冷潮湿，夜宿湿地、雪地，长途驱赶后受风雨侵袭，羊只缺乏营养、体弱等因素，均容易诱发风湿病。但真正的原因还不完全清楚，一般认为与A型溶血性的链球菌感染有关。

【临床症状】 风湿病的主要症状是发病部位并不局限于一处，常有游走性，患病肌群、关节及蹄表现疼痛和功能障碍，且症状时轻时重。病羊步态僵硬，运动开始时跛行明显，行走一段时间后，跛行减轻或不明显。使用水杨酸钠疗法，效果显著。

1. 颈部风湿 患部肌肉僵硬、疼痛。两侧颈部肌肉风湿时，

病羊低头困难。一侧肌肉风湿时，病羊表现斜颈。

2. 肩臂部风湿（前肢风湿）　患肢减负体重，表现悬跛。两前肢同时发病时，病羊头颈高抬站立，两前肢前踏，以蹄踵着地。运步时步幅短缩，关节伸展不充分。

3. 背腰部风湿　腰背部肌肉僵硬，站立时腰背部拱起，凹腰反射减弱或消失。行走时该部不灵活，后躯强拘。步幅较短，起立与卧下均比较困难。

4. 臀股风湿（后肢风湿）　该部肌肉僵硬、疼痛。行走缓慢，跛行症状明显。

【防治措施】

1. 预防　加强饲养管理，羊舍保持干燥，冬季防寒、保暖，避免雨淋，并尽量保持羊只运动。

2. 治疗　撒乌安注射液（10%水杨酸钠注射液 20 毫升、40%乌洛托品注射液 10 毫升、10%安钠咖注射液 5 毫升），静脉注射，每天 1 次，连用 5～7 天。也可用 30%安乃近注射液或复方氨基比林注射液 5～10 毫升，肌内注射，每天 1 次。或用 10%水杨酸钠注射液 20 毫升、20%葡萄糖注射液 100 毫升，静脉注射，每天 1 次，连用 5～7 天。

2.5%醋酸可的松注射液 1～2 毫升，肌内注射，每天 1 次，连用 5～7 天。或用 0.5%氢化可的松注射液 5 毫升，静脉或肌内注射，每天 1 次，连用 3～4 天。

2.5%醋酸氢化可的松注射液 1 毫升，进行穴位注射或关节腔内注射，治疗风湿性关节炎效果较好。

热敷疗法可用炒热的酒糟或醋麸皮，一次热敷 20～30 分钟，每天 1～2 次，连用 7 天，对慢性风湿病疗效较好。也可每天用松节油或樟脑酊涂擦患部，行动自如后，将水杨酸钠 6.5 克，用温水混合，调入饲料中喂服。

中药治疗可用以下方剂。

方剂一：柳树芽（晒干研末）20 克，嫩桑枝 40 克，防风 15 克，煎汁口服。

方剂二：鲜芝麻叶 60 克或芝麻秆 100 克，秦艽 20 克，煎汁口服。

方剂三：天山雪莲（干品）200 克，常水 3 000 毫升，煎至 2 000 毫升，每次 150 毫升，口服。

创　伤

创伤是指由于外力作用，致使羊的皮肤或黏膜等组织的完整性受到破坏的现象，根据伤体的形状与性质，可分为刺创、砍创、咬创、撕裂创、切割创、挫创和火器创等。刺创是由细长而尖锐的物体所致，伤口虽不大，但比较深，甚至可以伤及深部血管和脏器，致伤物体也可因折断而遗留在体内，导致破伤风等深部组织感染。砍创是由斧头、柴刀、马刀、铲子等砍切组织而发生的损伤。咬伤是由动物牙齿咬伤所致的组织损伤。撕裂创是由尖锐物体刮破皮肤等组织所致，创伤范围常常较大，创缘不整齐，伤口裂开显著，但出血不多，疼痛程度不一。切割创是由锋利器物伤及皮肤、肌肉和腱等组织所致，出血较多，但周围组织损伤较轻，疼痛轻微。挫创则是指羊体受到钝物的打击、碰撞、挤压或摔跌等，造成面积较大、较深的创伤，其创缘不整、肿胀、外翻，有血液浸渍，创内组织挫灭、断裂、坏死，或并发骨折，甚至伤及内脏并引起外伤性休克，疼痛显著，其创面常被被毛、粪便、泥土等污染，极易感染化脓。若挫创伤及较大血管，血液溢流积聚于皮下或组织间而形成的肿胀称为血肿；若伤及淋巴管，造成淋巴液大量流至胸前垂皮或其他疏松组织部位出现的肿胀，则称为淋巴外渗。

【临床症状】 各种创伤的特征和严重程度不同，其临床症状也有显著的区别，但不外乎都有伤口、出血或溢血、肿胀、疼痛、功能障碍等表现，严重的可伴发明显的全身症状。

1. 伤口　伤口的大小与裂开程度，取决于受伤的性质、部位，伤口的方向、长度和深度，以及受伤组织的弹性和收缩力。刺创的伤口虽不大，但比较深；挫创多造成面积较大、较深的创伤，但多没有开放性伤口；活动性较大的肌肉丰厚部位的横创、挫创和撕裂创等，多裂开显著，且易受感染而影响愈合。

2. 出血　出血是新鲜创的主要症状之一，出血量的大小常与动脉、静脉、毛细血管、实质性器官及损伤的大小有关。大血管出血或实质性器官出血则必须采用结扎、填压或用止血带等措施进行紧急止血，否则将危及生命。

3. 肿胀　由于血液和淋巴液渗出、炎性渗出物积聚和肌纤维断裂等，在挫创部位常发生不同程度的肿胀。肿胀在无色素的皮肤上时，可见到紫红色、温度稍高、较坚实的区域性病理变化。四肢上部的挫伤，除跛行与局部变化外，其下方肿胀呈无热的捏粉样；下腹部挫伤，常形成腹壁疝或血肿。

4. 疼痛　由于神经末梢受到损伤，渗出物和肿胀对神经末梢的压迫，导致病部敏感和躲避不让接触。损伤部位和强度不同，疼痛的程度也不一样。皮肤及皮下组织损伤疼痛较轻，肌肉、骨骼与关节损伤则疼痛比较明显，神经损伤可出现闪电样剧痛。羊对疼痛比较迟钝，但蹄冠、腹膜、骨膜等损伤时疼痛显著。创内剧烈发炎时常加剧疼痛。挫伤轻时可出现一过性疼痛，严重时可出现暂时性知觉丧失。

5. 功能障碍　多由疼痛与相应功能丧失所致，跛行与消化系统功能障碍是最常见到的功能障碍。四肢肌肉、腱、滑液囊、关节和骨骼发生损伤时，多有跛行发生；而腹部损伤时，多发生精神沉郁、食欲减退、体温升高或腹痛等；动脉性损伤还可引起机体远端缺血、水肿、发绀、溃疡甚至坏死；严重损伤还可出现大失血与休克等全身症状；内脏器官和体腔损伤还可引起相应的特殊表现。

【防治措施】

1. 预防 加强护理，改善饲养管理条件，及时治疗全身性疾病，增强机体抵抗力，创造促进创伤愈合的条件。

2. 治疗

(1)创伤的检查 检查时，应先了解受伤的原因与时间，判断是新伤还是旧创，再根据需要进行全身检查，如体温、脉搏、呼吸、精神状态、黏膜状况等。局部检查先观察创伤的部位、大小、形状、性质、裂开程度、出血污染情况等。创伤的内部检查，首先应遵守无菌原则，所用器械和创伤周围经消毒后再检查创内，看创缘是否整齐光滑、有无肿胀溢血和异物、坏死等。对感染化脓创液进行pH值、颜色、气味等的检查。显微镜检查可确定病原，及时进行抗菌治疗。创伤深度可手指探查，但操作人员一定要戴消毒指套，应用探针更为安全，严禁粗暴操作。

(2)创伤的治疗方法

①及时止血 根据出血的部位、性质和程度，除采取压迫、填塞、钳压、结扎等方法止血外，还可采用如下药物止血。

用纱布浸透0.1%肾上腺素溶液、3%三氯化铁溶液或3%白矾溶液等进行填压止血。

全身止血可用10%氯化钙注射液10～20毫升，静脉注射。维生素K_3注射液5～10毫升，肌内注射。1%仙鹤草素注射液或安络血注射液5～10毫升，肌内注射。凝血质注射液10毫升，皮下或肌内注射。止血敏注射液5～10毫升，肌内注射。10%柠檬酸钠注射液10～15毫升，静脉注射。

②清洗创围 创围剪毛，用3%过氧化氢溶液或3%来苏儿溶液清洗创围，再用75%酒精消毒创围皮肤，最后用5%碘酊涂布创围皮肤。

③清洗创腔，除去创腔内的异物 用生理盐水、3%过氧化氢溶液、0.1%高锰酸钾溶液、0.1%依沙吖啶溶液、0.05%洗必泰溶

液、0.01%～0.05%新洁尔灭溶液或0.05%度米芬溶液，任选1种，反复冲洗创腔，直至干净为止。

④创面应用药物 用5%碘酊涂布创面，或用0.1%碘酒精洗涤创腔，或用0.25%～1%普鲁卡因青霉素注射液(青霉素80万～160万单位)10～20毫升，行创内灌注或病灶周围封闭，以防休克，控制感染。

若创伤较轻、创面整齐，可用5%碘酊涂布，或用3%甲紫溶液或10%磺胺类软膏涂布。创面大且又不能缝合的创伤，可选用青霉素粉、磺胺类药物粉末、硼酸粉、碘仿磺胺粉、碘仿硼酸粉撒布，而后包扎。

对于组织损伤和污染严重且无法彻底清创的创伤，可选用硫酸镁80克，碳酸钠4克，甘油280克，5%碘酊20毫升，2%～3%洋地黄浸液180毫升，蒸馏水80毫升，配制成溶液，湿敷于创面。或用纱布条浸透填入创内进行引流。或用3%过氧化氢溶液、10%氯化钠溶液各100毫升，精制松节油10毫升，混合后湿敷或引流，再视创口状况进行创口缝合、包扎。

化脓创多由新鲜创失时治愈或拖延治疗所致，临床上以化脓感染、组织坏死与形成化脓性瘘管为特征。治疗时须先清除创内坏死组织和异物，可用0.1%高锰酸钾溶液、3%过氧化氢溶液等消毒药液冲洗，之后对有坏死组织或脓液较多的创伤，可先用蛋白溶解酶清创，再用油类药物引流或用防腐生肌散促进其愈合。

对化脓性瘘管，在彻底冲洗后，可采用硫酸铜撒布纱布条引流，或先注入20%碘酊或10%硝酸银溶液等腐蚀性药物后再引流，也可采用手术进行切除。如果创腔深而排脓不畅，为求充分引流，可造1个与伤口反向的引流孔。引流纱布须用10%碘仿醚、魏氏流膏(松馏油5毫升，碘仿3克，蓖麻油100毫升)、松碘油膏(松馏油3～5毫升，5%碘酊3毫升，蓖麻油或其他植物油100毫升)或磺胺碘仿甘油合剂(5：3：100)浸湿，并随伤口愈合缩小而逐渐减少使用。

⑤全身用药　为防止败血症和酸中毒，可用10％氯化钙注射液15～25毫升、10％葡萄糖注射液100～200毫升、40％乌洛托品注射液5毫升、5％碳酸氢钠注射液30～50毫升，静脉注射。

⑥中药治疗　创伤浅小者，可用生石灰250克、大黄45克，先将生石灰用水发熟成末，再与大黄同炒至石灰变为红色，去除大黄，将生石灰研为细末，过筛，用时取适量撒布创面。出血不止者，可用海螵蛸60克，枯矾、五倍子各30克，共研为细末，撒布于伤口。或用白矾、松香(或蒲公英)各50克，研末后撒布患部。或用地榆、蒲黄、白芷各等份，共研为末，撒布患处。或用轻粉、儿茶、龙骨各9克，乳香、没药各15克，硇砂6克，共研为末，创腔内撒布。或用枯矾、血竭、白及、百草霜适量，研末撒布创口，用布包扎。也可用黄芪3份，白及2份，煅石膏1份，研末撒布创口。

治疗化脓创应先用消毒药液反复清洗创腔，洗净脓液，除去坏死组织和异物，再按新鲜创处理。如脓液较多、腐肉未脱时，可取精制樟脑1.5份，白糖2份，大黄末0.5份，研细混匀，取适量填入创腔。也可在创腔填入白糖至创口，再用药棉填塞，每天1次。或用大葱捣烂，与蜂蜜调成糊状，敷于创面，每天1次，连用3～5天。或将大蒜捣烂如泥，与蜂蜜按1∶4比例调成糊状，放入创内，用纱布包扎，隔2～3天换药1次，连用2～3次。

腐蹄病

腐蹄病是羊只蹄间发生的一种皮肤炎症，以患部腐败恶臭、疼痛剧烈为特征，也叫蹄间腐烂或指(趾)腐烂。

【临床症状】　病初蹄间发生急性皮炎，患部皮肤潮红、肿胀、知觉过敏，病羊频频举肢，呈现跛行。炎症逐渐波及蹄球与蹄冠部，严重的化脓而形成溃疡、腐烂，并有恶臭的脓性液体流出。病羊精神沉郁、食欲不振、产奶量下降，而后蹄匣角质开始剥离，往往

并发骨、腱、韧带的坏死,体温升高,跛行逐渐严重,有时蹄匣脱落。潮湿季节极易造成本病流行。

【防治措施】

1. 预防 加强羊蹄护理,经常修蹄,及时处理外伤。注意圈舍卫生,保持清洁干燥,尽量避免在低洼、潮湿地区放牧,防止蹄部角质软化。发现病羊及时治疗。

2. 治疗

(1)蹄部消毒 应用饱和硫酸铜或高锰酸钾溶液消毒患部,并除去坏死组织。

(2)患部用药 患部消毒后撒布高锰酸钾粉、硫酸铜粉或磺胺粉,或涂抹青霉素鱼肝油乳剂(青霉素 20 万单位、蒸馏水 5 毫升、鱼肝油 50 毫升,混合搅拌成乳剂)。同时,全身用抗生素、磺胺类药物。

群发时,可设消毒槽,槽中放 1%～3%硫酸铜溶液,使病羊每天通过 2～3 次。同时,圈舍进行全面消毒。

参考文献

[1] 牛挥卫,沈忠. 实用羊病诊疗新技术[M]. 北京:中国农业出版社,2006.

[2] 钱存忠. 新编羊场疾病控制技术[M]. 北京:化学工业出版社,2009.

[3] 郑国清,崔保安. 羊病防治[M]. 郑州:中原农民出版社,2008.

[4] 胡元亮. 中兽医验方与妙用[M]. 北京:化学工业出版社,2009.

[5] 胡元亮. 兽医处方手册[M]. 北京:中国农业出版社,2005.

[6] 周淑兰,曹国文,付利芝. 羊病防控百问百答[M]. 北京:中国农业出版社,2010.

[7] 卫广森. 羊病[M]. 北京:中国农业出版社,2009.

[8] 王钧昌. 畜禽病经效土偏方[M]. 北京:金盾出版社,1998.

[9] 沈正达. 羊病防治手册(第二次修订版)[M]. 北京:金盾出版社,2005.

[10] 王建辰,曹光荣. 羊病学[M]. 北京:中国农业出版社,2002.

[11] 王光雷,王善志. 新疆畜禽寄生虫病防治[M]. 乌鲁木齐:新疆人民出版社,1987.

[12] 刘世堂. 实用羊病防治大全[M]. 延吉:延边人民出版社,2003.

[13] 田树军,王宗仪,胡万川. 养羊与羊病防治[M]. 北京:

中国农业大学出版社,2003.

[14] 阎继业．畜禽药物手册[M]. 北京:金盾出版社,2003.

[15] 张建岳．新编实用兽医临床指南[M]. 北京:中国林业出版社．2003.

[16] 高迎春．动物百病良方[M]. 济南:山东科学技术出版社,2009.

[17] 金笑敏．兽医药方手册[M]. 上海:上海科学技术出版社,2008.

[18] 唐兆新．兽医临床治疗学[M]. 北京:中国农业出版社,2002.

[19] 张居农．高效养羊综合配套新技术[M]. 北京:中国农业出版社,2001.

[20] 朱维正．新编兽医手册[M]. 北京:金盾出版社 2004.

[21] 石国庆．绵羊繁殖与育种新技术[M]. 北京:金盾出版社,2012.

[22] 孔繁瑶．家畜寄生虫学[M]. 北京:中国农业出版社,1981.

书名	定价
青贮饲料的调制与利用	6.00
青贮饲料加工与应用技术	7.00
饲料青贮技术	5.00
饲料贮藏技术	15.00
青贮专用玉米高产栽培与青贮技术	6.00
农作物秸秆饲料加工与应用(修订版)	14.00
秸秆饲料加工与应用技术	5.00
菌糠饲料生产及使用技术	7.00
农作物秸秆饲料微贮技术	7.00
配合饲料质量控制与鉴别	14.00
饲料添加剂的配制及应用	10.00
猪饲料添加剂安全使用	13.00
中草药饲料添加剂的配制与应用	19.00
饲料作物栽培与利用	11.00
粗饲料资源高效利用	15.00
水产动物用药技术问答	11.00
淡水养鱼高产新技术(第二次修订版)	29.00
淡水养殖 500 问	23.00
淡水虾实用养殖技术	9.00
池塘养鱼新技术	22.00
池塘养鱼与鱼病防治(修订版)	9.00
池塘养鱼实用技术	9.00
稻田养鱼虾蟹蛙贝技术	13.00
海参海胆增养殖技术	12.00
海水养殖鱼类疾病防治	15.00
鱼病防治技术(第二次修订版)	13.00
鱼病诊治 150 问	7.00
鱼病常用药物合理使用	8.00
塘虱鱼养殖技术	8.00
良种鲫鱼养殖技术	13.00
翘嘴红(鱼白)实用养殖技术	8.00
大鲵实用养殖技术	8.00
黄鳝高效益养殖技术(修订版)	9.00
黄鳝实用养殖技术	7.50
黄鳝高效养殖关键技术	10.00
黄鳝仿自然繁育技术	11.00
农家养黄鳝 100 问(第 2 版)	7.00
泥鳅养殖技术(第 3 版)	7.00
农家高效养泥鳅(修订版)	9.00
河蟹增养殖技术	19.00
河蟹养殖实用技术	8.50
小龙虾养殖技术	8.00
养龟技术(第 2 版)	15.00
养龟技术问答	8.00
养鳖技术(第 2 版)	10.00
节约型养鳖新技术	6.50
龟鳖饲料合理配制与科学投喂	7.00
粮油产品加工新技术与营销	17.00
林副产品加工新技术与营销	22.00
食用菌加工新技术与营销	16.00
果品加工新技术与营销	15.00

书名	定价
茶叶加工新技术与营销	18.00
水产品加工新技术与营销	26.00
畜禽产品加工新技术与营销	27.00
农产品加工致富 100 题	23.00
粮食与种子贮藏技术	10.00
农家小曲酒酿造实用技术	11.00
豆制品加工技艺	13.00
豆腐优质生产新技术	9.00
小杂粮食品加工技术	13.00
马铃薯食品加工技术	12.00
马铃薯淀粉生产技术	14.00
马铃薯贮藏技术	15.00
蔬菜加工实用技术	10.00
果品采后处理及贮运保鲜	20.00
果品的贮藏与保鲜(第 2 版)	15.00
果品产地贮藏保鲜与病害防治	13.00
蔬菜产地贮藏保鲜与病害防治	12.00
果蔬贮藏保鲜实用技术问答	12.00
桃杏李樱桃果实贮藏加工技术	11.00
柿子贮藏与加工技术	6.50
核桃贮藏与加工技术	7.00
葡萄贮藏保鲜与加工技术	9.00
金柑贮藏保鲜与加工技术	18.00
香蕉贮运保鲜及深加工技术	6.00
炒货制品加工技术	14.00
中国名优茶加工技术	9.00
禽肉蛋实用加工技术	8.00
蜂蜜蜂王浆加工技术	9.00
兔产品实用加工技术	11.00
毛皮加工及质量鉴定(第 2 版)	12.00
畜牧饲养机械使用与维修	18.00
农用运输工程机械使用与维修	29.00
农产品加工机械使用与维修	8.00
农用运输车使用与检修技术问答	28.00
农村常用电动机维修入门与技巧	19.00
农村常用摩托车使用与维修	26.00
微型客车使用与维修	42.00
大中型拖拉机机手自学读本	23.00
大中型拖拉机使用维修指南	17.00
农用动力机械选型及使用与维修	19.00

以上图书由全国各地新华书店经销。凡向本社邮购图书或音像制品，可通过邮局汇款，在汇单“附言”栏填写所购书目，邮购图书均可享受 9 折优惠。购书 30 元(按打折后实款计算)以上的免收邮挂费，购书不足 30 元的按邮局资费标准收取 3 元挂号费，邮寄费由我社承担。邮购地址：北京市丰台区晓月中路 29 号，邮政编码：100072，联系人：金友，电话：(010) 83210681、83210682、83219215、83219217(传真)。